THE SPY WHO KNEW
TOO MUCH

裏切り者は誰だったのか

CIA対KGB
諜報戦の闇

ハワード・ブラム
Howard Blum
芝 瑞紀／高岡正人 訳

原書房

KGB職員アナトリー・ゴリツィン。1961年に亡命し、壮大な陰謀を明らかにした。（政府公開情報）

KGB少佐ピョートル・デリアビンのIDカード。ピート・バグレーが機械用の木箱に隠して「モーツァルト急行」（下段）でウィーンから脱出させた人物。亡命後は「ピーター」としてCIAの分析官を務める。二人の若いスパイのキューピッド役も果たす。（ウィィメディア・コモンズ）

KGB 職員ユーリ・ノセンコ。1962 年にジュネーブの隠れ家でピート・バグレーと初めて接触。バグレーはノセンコをめぐる謎を「ロゼッタ・ストーン」になぞらえて追求を重ねた。(『ニューヨーク・タイムズ』紙)

ピート・バグレー。CIA を引退した元スパイ。「もつれた糸の結び目を一つずつ解きほぐす」という任務に乗り出す。(バグレー家の写真)

ジュネーヴの〈ABC シネマ〉のホール。ノセンコがふたたび姿を見せたとき、変装したバグレーが「ブラッシュ・パス」で秘密裡に接触した場所。(ジュネーヴ図書館)

マーティ・ピーターソン。モスクワ支局で初の女性工作担当官。ソ連の運転免許証をもち、ずんぐりとしたジグリを運転し、〈トリゴン〉が残した情報を受け取りに向かう。（ピーターソン家の写真）

ジェームズ・アングルトン。評価が分かれるベテランスパイ。ピートの考えでは、誰かを犠牲にする以上に、自分が犠牲になることのほうが多かった人物。（AP 通信）

OSSの若き射撃の名手レイ・ロッカ(左)。アングルトンの下で活躍し、やがて「防諜部長の右腕」として認められる(右)。(CIA公開情報)

オレグ・ペンコフスキー：MI6とCIAの指示を受けて、マイクロフィルムに収めた機密情報を大量に持ち出す。1962年に逮捕され、裁判を受けたのち処刑。ピートは、ソ連がいつ彼に目をつけたのかを疑問視する。(ウィキメディア・コモンズ)

ジョン・ペイズリー。CIA のエリート職員。最高機密のプロジェクトにかかわりながら数々の動乱を引き起こす。ウィリアム・コルビー長官からメダルを授与されている。（政府公開情報）

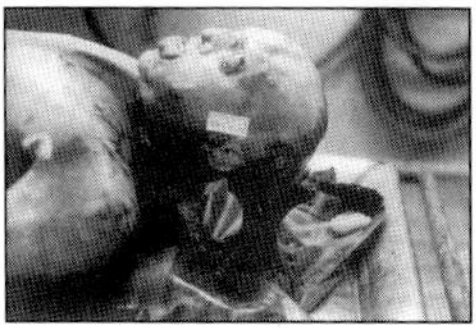

チェサピーク湾で回収された腐乱死体。ペイズリーとして公式に発表される。だが、本当にそうなのか——。（政府公開情報）

The day Paisley (above), a 55-year-old C.I.A. analyst, disappeared, he went sailing on his sloop, which carried radio equipment designed for top-secret transmissions.

THE MISSING C.I.A. MAN

By Tad Szulc

His 'suicide' was bizarre; the nature of his C.I.A. work, top-secret. Who was John Arthur Paisley, and what actually happened to him?

On the moonlit night of Sept. 23, 1978, John Arthur Paisley vanished in the waters of Chesapeake Bay, the silent kingdom of oysters and crabs. He was a quiet 55-year-old man who had a passion for solitary sailing; he was also an expert on Soviet nuclear capability who had worked for the Central Intelligence Agency. Paisley was last seen that morning, crossing a narrow section of the bay aboard his sloop Brillig, a name he had picked from Lewis Carroll's "Through the Looking-Glass." The empty boat ran aground under full sail the following morning, its ship-to-shore radio still crackling.

Tad Szulc is a national-security-affairs writer based in Washington, D.C.

A week later, on Oct. 1, a bloated and badly decomposed body was found floating in the bay, a 9-millimeter gunshot wound in the back of the head, weighted diver's belts around the waist. The next day, the body was identified by Maryland's Chief Medical Examiner as that of John Arthur Paisley. Over the next 17 days, however, fingerprint identification could not be made — neither the C.I.A. nor the Federal Bureau of Investigation could locate a set of Paisley's fingerprints. The hands were severed and sent to the F.B.I., and the body was cremated in a C.I.A.-approved funeral home outside Washington, D.C.

The Maryland State Police initially suggested that death was by suicide, and the C.I.A., to questions posed by reporters, saw "no reason to disagree." The Maryland State Police later concluded that death was "undetermined" after a belated investigation marred by what they called the "contamination" of evidence by C.I.A. security officers, who were the first to search the boat. Presented with this statement by the Maryland State Police, C.I.A. spokesmen said that the agency was not an investigative one and had not taken part in any criminal investigation.

The C.I.A. spokesmen were circumspect, too, when it came time to release information on John Arthur Paisley. As a matter of policy, the C.I.A. almost never discloses complete biographical data on its officers; various aspects of their careers could provide clues about secret operations they may have been engaged in and thus compromise the agency's "sources and methods."

In its public statements, therefore, the C.I.A. portrayed Paisley as a rather unimportant intelligence officer and analyst. Prior to his official retirement in 1974, Paisley had served as deputy chief of the C.I.A.'s Office of Strategic Research, which deals with assessments of Soviet nuclear forces, and the agency emphasized that he was just another senior analyst, having nothing to do with clandestine operations. After further prodding by reporters, C.I.A. spokesmen acknowledged that Paisley was still a "consultant" to the agency at the time of his disappearance, but they insisted that he had had no access to highly classified information since his retirement.

Yet, from information supplied to this reporter by extremely authorita-

The New York Times Magazine / January 7, 1979　13

CIA は、過去のさまざまな経験に反して嘘がうまくない。結果的に、メディアはペイズリーの死の真相を究明しようと躍起になった。（『ニューヨーク・タイムズ』紙）

カール・ケッヘルとハナ・ケッヘル夫妻。チェコの工作員。CIAに潜入する一方、身分を偽りながら「性の自由」を謳歌する。（ケッヘル家の写真）

DIAはもともと、ソ連海軍亡命者ニコラス・シャドリンにあまり関心を払っていなかった。しかし、FBIとCIAのミスもあって命を失ってから、事後的に名誉が讃えられた。（政府公開情報）

ベルリンの壁の崩壊（上）と、ルビヤンカ広場でのフェリックス・ジェルジンスキー像の撤去（下）。ピートには「月の裏側」を見ているように思えた。（ウィキメディア・コモンズ /AP 通信）

セルゲイ・コンドラシェフ。KGB 高官。何十年もピートを悩ませた謎の答えを見つける手助けをする。（ウィキメディア・コモンズ /C-SPAN）

裏切り者は誰だったのか

CIA対KGB諜報戦の闇

目次

第三部

生涯の友、フィル・ウェーバーに
そして、いまは亡きレオナルド・ノヴィンスに

登場人物（登場順）

◉アメリカ人

テネント・〝ピート〟・バグレー……元CIAソ連圏部副部長。CIAに〝モグラ〟が潜んでいるという確信をもつ。

マーティ・ピーターソン……CIAモスクワ支局女性工作担当官《ケース・オフィサー》

ジョン・ペイズリー……CIA分析官。亡命者に対する尋問のほか、ソ連の軍事戦略や核兵器能力の分析まで、幅広い活動を行う。

レイ・ロッカ……CIA防諜部調査分析主任。

ジェームズ・アングルトン……CIA防諜部長。

クレア・エドワード・ペティ……CIA特別調査グループ（SIG）のメンバー。

クリスティーナ・バグレー・ロッカ……ピート・バグレーの娘。CIA職員。DIA（国防情報局）分析官ゴードン・ロッカ（レイ・ロッカの息子）と結婚。

ウィリアム・コルビー……ＣＩＡ現地工作員《フィールドマン》。のちのＣＩＡ長官（一九七三―一九七六）。

ジョージ・キセヴァルター……ロシア生まれのＣＩＡ職員。複数の二重スパイを管理する管理官《ハンドラー》でもある。

ジャック・モーリー……ＣＩＡソ連圏部長（一九六二年時点）。

ウィリアム・フード……冷戦下のＣＩＡウィーン支局長。

デイヴィッド・マーフィー……ＣＩＡソ連圏部長（一九六四年時点）。かつてはベルリンで現地工作員《フィールドマン》を務めた。

リチャード・〝ディック〟・ヘルムズ……ＣＩＡの前身である戦略情報局（ＯＳＳ）職員。昇進を重ね、ＣＩＡ長官に就任（一九六六―七三）。

ジョン・アビディアン……モスクワのアメリカ大使館警備担当官。ＣＩＡの作戦を実行。

ブルース・ソリー……ＣＩＡ保安部職員。ノセンコの件をめぐってピートと対立。のちに、二重スパイのニコラス・シャドリンのオペレーションでミスを犯す。

レオナルド・マッコイ……ＣＩＡ報告官。ノセンコはソ連の工作員ではないと主張。

ジョン・ハート……ＣＩＡ職員。ノセンコの容疑を晴らし、のちに下院暗殺特別委員会でピートを批判する。

キャサリン・ハート……ＣＩＡ海外支局担当事務主任。ジョン・ハートの妻。

マリアン・ペイズリー……ジョン・ペイズリーの妻。かつてはキャサリン・ハートの部下の事務員としてＣＩＡで勤務。

デイヴィッド・サリヴァン……ＣＩＡ分析官。のちに、ジョン・ペイズリーに対する疑惑を保安部に通報する。

◉ロシア人
アレクサンドル・オゴロドニク……二重スパイとしてＣＩＡに機密を提供。コードネームは〈トリゴン〉。
ピョートル・ポポフ……ロシア連邦軍参謀本部情報総局（ＧＲＵ）中佐。ＣＩＡに機密を提供。反逆罪により処刑される。
オレグ・ペンコフスキー……ＧＲＵ大佐。ＣＩＡとＭＩ６に機密を提供。反逆罪により処刑される。
レオニード・ブレジネフ……ソ連共産党書記長。
ボリス・ナリヴァイコ……ウィーン駐在のＫＧＢ職員。ＣＩＡ諜報員を罠にかける。
オレグ・グリバノフ……ＫＧＢ第二総局長。「欺瞞作戦」に特化する特別部隊を設置。
セルゲイ・コンドラシェフ……ＫＧＢ高官。外国に対する諜報・防諜作戦で幅広く活躍する。

◉ポーランド人
ミハル・ゴレニエフスキー……ポーランド諜報員。コードネームは〈狙撃手《スナイパー》〉。

◉チェコ人

カール・ケッヘル、ハナ・ケッヘル……チェコ諜報機関のスパイ夫婦。ＣＩＡへの潜入を果たす。

◉亡命者

ピョートル・デリアビン……ＫＧＢ職員。亡命後はＣＩＡの分析官に転向。

ユーリ・イワノヴィッチ・ノセンコ……ＫＧＢ工作員。ケネディ暗殺事件後に亡命。

アナトリー・ゴリツィン……ＫＧＢ職員。亡命後、ＣＩＡ防諜部と緊密に協力。

イゴール・コチノフ……ＫＧＢ工作員。離反を装い、ＣＩＡとＦＢＩを罠にかける。

ニコラス・シャドリン……ソ連海軍大佐だったが、亡命してアメリカの二重スパイとして活動。ＫＧＢに拉致され、処刑される。

元スパイなど存在しない
——KGBの格言

二日目に、一艘の帆船が近づき、さらに近づいて、ついに俺を救いあげた。その船はあの道草をくって巡航していた「レーチェル」号で、行方不明の子供たちを探して行きつ戻りつしているうちに、もう一人の孤児を見いだしたのであった。

——ハーマン・メルヴィル『白鯨』(富田彬訳)

読者への注記

本書の目的は、冷戦が残した大きな謎を解き明かすことだ。そしてそれは、裏切りの証拠を追い続けた一人のスパイの真実に焦点を当てることでもある。この二つを成し遂げるために、私は機密事項に分類されていた政府文書や回想録を情報源として活用し、さらには現役および退役した諜報機関関係者へのインタビューも行った。しかし、何より役立ったのは、この物語の登場人物と浅からぬ関係にある人たちから聞いた話だった。情報源は本書の末尾に章立てに沿って記載してある。

もう一つ、ここで触れておきたいことがある。本書の主人公ピート・バグレーは、みずからの死期を悟ったとき、友人に宛てて次のような言葉を書き残している。「いつの日か、新たな事実が発覚し、鋭敏なジャーナリストや歴史家が一連の出来事に興味をもつかもしれない。その人たちが真相を掘り下げ、過去の亡霊を安らかな眠りに就かせてくれることを願う」

それこそ、本書を通じて私がしようとしたことだ。

ハワード・ブラム

プロローグ――罪の重圧

罪の重圧は大きい。心にのしかかり、絶え間ない苦痛をもたらす。だが、彼女はその痛みから逃れようとはしなかった。批判をかわそうと弁解することもなかった。

むしろ、積極的に罪を受け入れた。自分が違う行動を取っていたら、結果は変わっていたかもしれない――彼女にとっての罪とはそういうものだった。自分がすべきことを理解し、実行に移したか。それができなければ罪なのだ。

あの夜、彼女は車に同乗していなかったが、それは重要なことではない。事故が起きたのが中央情報局（ＣＩＡ）の正門に続くハイウェイの出口だったことも、夫と自分がＣＩＡの職員だったことも、たいした問題ではなかった。

問題はただ一つ。死んだハンサムな少年が息子の親友だったこと。

悪夢のような出来事のあと、彼女の非難は夫にも向けられた。夫に罪がないのはわかっていた。あの夜の痛ましい事件に夫はいっさいかかわっていない。それでも妻として、おおよその事情は理解していた。この無謀な世界をつくったのは夫だ。そのせいで、今回の悲劇が起きてしまったのだ。

怒りと嫌悪感、そして恥がつのっていき、彼女は二〇年近く続いた婚姻関係を解消しようと離婚を申し出た。だがその結果、夫は彼女の親友のもとへ行ってしまった。

やがて彼女は、すべての責任は自分にあると考えるようになった。何もかもが崩れ落ちていくなかで、すがれるものがあれば何にでもすがった。そして最終的に、彼女の人生は破綻した。終わることも、薄れることもない罪の意識――それが彼女に与えられた罰だった。

しかし、その苦痛も、いまとなっては取るに足らないものだ。彼女は悪意に満ちた新たな秘密を知ってしまった。あらゆるものに変化を及ぼし、かつての真実さえも嘘に変える力をもつ、きわめて危険な秘密だ。

だが、誰かに伝えることはできない。彼女自身、話すつもりはなかった。その秘密は、彼女の胸の奥深くに永遠にしまい込まなければならないものなのだ。

第一部

「もう一度あの突破口へ突撃だ」
1977年―1983年

1

一九七八年一〇月　ブリュッセル

二つの死は、ピート・バグレーを過去へと引き戻した。どちらも自殺として処理されたが、スパイの世界に深く根ざし、不可解な謎に包まれていた死だ。汚名を着せられて諜報機関を退き、異国で平穏な日々を送っていたピートは、それらの死によって、暗い戦場に続く曲がりくねった道をふたたび歩むことになった。それが自分にとって最後の任務であり、組織と家族を傷つけた公私にわたる数々の裏切りを正す最後のチャンスになることは、彼にもよくわかっていた。人生の最後に、やり残した仕事に立ち向かうべく勇気を奮い起こす多くの男たちと同じように、まだ手遅れでないことをピートは願った。

一つ目の死がピートに伝わるまでには時間がかかった(ピートの洗礼名はテネントだが、母親が早くからピートと呼んだためにこの名前が定着した)。彼は当時、美しいブリュッセルの街で本に囲まれながら、妻とともに物思いにふける引退生活を送っていた。実際、その〝自殺〟——本当に自殺だったと仮定するなら——は極秘事項とされていた。ところが一カ月ほど経つと(正確な時系列は明かされていない)、ソ連側がこの事件をリークさせた。たしかに、緊迫した拘束劇も、それに続く外交上のいざこざもすでに落ち着いていたので、オペレーションの観点からは秘匿しておく理由はない。だが、CIAソ連圏部(SB)の職員たちは怪訝《けげん》な顔をした。かつてピートが副部長を務めたこの部署には、冷戦で傷を負った戦士たちが集まっている。いつもは寡黙なKGBの連中の口が軽くなったのは、CIAモスクワ支局の心臓部に突き刺したナイフをさらに奥までねじり込むためではないかと彼らは考えた。

この物語における最も争いの少ない部分は、一九七七年七月一五日に始まった。事態の深刻さとは裏腹に、穏やかで静かなモスクワの夏の夜だ。涼しい風がモスクワ川を撫《な》でていくなか、仕事を終えた官僚たちは赤の広場を横切って家路を急ぎ、恋人たちは手を取り合い、平和大通りの雑踏を離れて薬草園の人目につかない場所へと消えていく。一方で、CIAモスクワ支局は厳戒態勢にあった。ノヴィンスキー大通り、アメリカ大使館の七階にある〝巣〟のなかで、スパイたちはオペレーションの報告を待ちながら、自分たちの最も恐れていることが杞憂《きゆう》に終わるのを願っていた。

工作員との音信が途絶えたとき、そこには必ずしも深刻な理由があるわけではない。工作員も表の世界ではふつうの生活を営んでいる。インフルエンザに罹《かか》ることもあれば、厳しい上司の要求に応えようとして疲弊することも、とつぜん訪ねてきた義理の家族をもてなさなければならないこともある。待ち合わせの日時を間違えてカレンダーに書き込んだ可能性もあるだろう。だが、現実的なプロフェッショナルたちはそういうふうには考えない。希望的観測が正しいことなどほとんどないと知っているからだ。だから、ふだんは有能な工作員と連絡が取れなくなったなら——あるいは落ち合う場所に姿を見せなかったり、情報受け渡し《デッドドロップ》に失敗したりしたのなら——おぞましい現実と向き合わざるをえない。つまり、その工作員がすでに捕らえられ、ルビアンカ［KGBの刑務所］の独房で衰弱しつつあるのは間違いないということだ。もちろん、銃殺隊によってただちに処刑されたのでなければ、ということだが。

今夜、真実が明らかになる。モスクワ支局が敵の要塞の奥深くに潜入させている花形工作員、コードネーム〈トリゴン〉をめぐる不穏な謎がすべて解き明かされるのだ。

事の始まりは四年前にさかのぼる。コロンビアのボゴタ、蒸気が立ちのぼるトルコ式サウナで、一人のCIA職員がアレクサンドル・オゴロドニクに近づいた。オペレーションに取りかかるうえでの最低限の礼儀として、腰にはタオルを巻いていた。目的は、ソ連大使館に勤務する温和な中堅外交官のオゴロドニクを勧誘することだ。既婚者であるこの経済担当の外交官は、ラテンアメリカに着任して日が浅いにもかかわらず、ありとあらゆる不埒《ふらち》な行為に手を染め、およそ外交官とは思えないような生活を送っていた。二人の会話記録は残っていないが、CIA職員は手始めにオゴロドニクの乱行の数々を事細かに列挙したのだろう。同僚の妻たちと不倫を繰り返しているとか、外交官割引で購入した自動車を横流ししているとか、多額の借金を抱えこんでいるといったことだ。直近では、不倫相手の若いコロンビア人女性から妊娠を告げられたという話もあった。このとき、CIA職員が暗に示したのは次のようなことだ。「アメリカがたいした苦もなくこれだけのことを知りえたのだから、ソ連のお仲間たちがおまえの悪ふざけに気づくのも時間の問題だ」。あえて言うまでもないが、ソ連の外交官たちは厳格で、情け容赦なく鉄槌《てっつい》を下す。CIAの男は、オゴロドニクが汗をかいているのが蒸気のせいだけではないことを確認すると、今度は寛大な態度で窮地《きゅうち》を脱するすべを提示した。金を稼ぐチャンスを与えてやる、うまくいけば山積みの問題を片付けられるし、今後の生活も安泰だろう、と。

どのようなオペレーションにおいても、そこから先が正念場になる。何が起きてもおかしくないからだ。ターゲットが怒りに任せて叫び出すことも、静かにその場を離れてから銃で自分の頭を撃ち抜くことも考えられる。しかし、CIAの報告によると、オゴロドニクは意外なほど素直に誘いに乗ったという。彼はまず、自分はソ連の体制の支持者ではないと断言し、心のなかではいつでも資本主義者だと語りはじめた。そして、その発言を裏づけるかのように、情報提供の対価として多額の報酬を求めた。

それから数週間、ボゴタの中心にあるヒルトンホテルの一室で、スパイ活動のための特訓が行われた。万年筆の中に隠した小型のＴ50カメラで文書を撮影するのも、情報受け渡し《デッドドロップ》のルールを覚えるのも、きわめてむずかしいことだ。だが、管理官《ハンドラー》にとってはありがたいことに、オゴロドニクは苦労することなく技術と知識を吸収していった。こうして、驚くほどの早さで、工作員〈トリゴン〉の活動が始まった。

だが、期待が失望に変わるまでに時間はかからなかった。たしかに、〈トリゴン〉の撮影技術は第一級で、受け渡しもスムーズに進んだが、多額の資金を投入したにもかかわらず、手に入ったのはがらくた同然の情報ばかりだったのだ。ＣＩＡ本部《ラングレー》の面々は、買い物は失敗に終わったと肩を落とさざるをえなかった。

一九七四年になると、オゴロドニクはモスクワに戻され、外務省で勤務にあたることになった。そこでは、最高機密のメモや企画文書などの情報が絶え間なく行き交っている。ＣＩＡの高額投資は、一転して価値のある買い物に変わったのだ。〈トリゴン〉はまもなく、大量のＴ50フィルムを定期的に提供するようになった。フィルムを現像するたびに、貴重な秘密が明かされた。いまや、ＣＩＡモスクワ支局には敵陣の内部が見える。ラングレーは夢中になってさらなる情報を求めた。

しかし、二年ほど経つころには、当初の興奮は冷め、陰鬱とした空気が漂いはじめていた。危険信号がたびたび現れるようになったのだ。一九七七年一月のある日、ＣＩＡ職員がスキーを滑らせて大吹雪のなかを抜け、モスクワ郊外の森にある指定の情報受け渡し場所《ドロップサイト》に向かった。だが、そこには何もなかった。モスクワ支局の職員たちは不安を覚えたが、「〈トリゴン〉は雪のせいで足止めを食らったのかもしれない」という楽観的な見方を信じ、ひと月だけ待つことにした。そして一カ月後、今度は通信機器（以前から〈トリゴン〉が要求していたもの）を受け渡し場所の丸太木の空洞のなかに入れておいたのだが、いつまで経っても回収されることはなかった。ところが四月になると、モスクワ支局内で歓声が上がった。オゴロドニクが、フィルムを入れたケースを予定どおり置いていたのだ。しかし、技術者たちがそのケースを点検したところ、新たな疑問が二つわいてきた。スパイはみな、秘密の作業を遂行する際の独自のやり方、いわゆる〝筆跡〟をもっている。大使館付きの分析官の鋭い目は、そのケースは〈トリゴン〉がつくったものではないと判断した。つくりがあまりに雑なのだ。〈トリゴン〉があらゆる作業のなかで発揮する几帳面《きちょうめん》さがそこには感じられなかった。

しかし、何者かがトリゴンのふりをしているという考えは、モスクワ支局としても受け入れがたい。そこで、もう一度テストをしてみることにした。「仕事を再開する準備ができているなら、事前に打ち合わせておいたシグナルを送ってほしい」というメッセージを暗号化して、短波無線で流すというものだ。

やがて、モスクワ支局の〈トリゴン〉支持者たちはふたたび興奮に包まれた。シグナルが届いたのだ。モスクワ市内の学校のすぐそばにある「子どもが横断中」という交通標識に、赤い点が描かれていたのだ。

一方で、モスクワ支局には懐疑的な者もいた。懐疑派たちは、このシグナルを明らかな罠だと見なしていた。注意深く観察すると、赤い点は型紙を使って書いたものだとわかる。本物の工作員が、人前に姿をさらしてそのような手間のかかることをするはずがない。また、その点はソ連の国旗と同じ鮮やかな赤色で描かれている。そのことも、人目をしのぶ工作員の仕事とは思えない理由の一つだ。何もかも、あまりにわざとらしい。スパイの原則は目立たないことなのだ。

結局、事実を確かめる方法は一つしかないということで、支持派と懐疑派の意見は一致した。


そのスパイはブラウスのボタンを外し、小さな無線受信機をマジックテープでブラジャーに取りつけた。メッシュの入った長いブロンドの髪がイヤホンを隠している。たとえKGBの監視人《ウォッチャー》が彼女を尾行していても、その通信の内容は彼女にも伝わる。とはいえ、それらは安心材料と呼ぶにはあまりに心もとない。敵がこの計画に勘づいているのであれば、すでに手遅れだ。〈トリゴン〉にとっても、彼女自身にとっても。

七月のモスクワ、午後六時を過ぎたタイミングで、マーティ・ピーターソンはアパートメントを出て情報受け渡し場所《ドロップサイト》に向かった。年齢は三二歳、すらりとした体つきのこの女性は、モスクワ支局で初めての女性工作担当官《ケース・オフィサー》だ。彼女のバッグには黒いアスファルトのようなものが入っている。遠目からはわからないが、それは秘密の小物入れになっていて、中には通信文と新型の高性能小型カメラが入っている。どちらも、ラングレーの技術者たちがオゴロドニクのために用意したものだ。

ピーターソンは、ずんぐりした〈ジグリ〉の運転席に座り、今夜はすべてがうまくいくと信じようとした。作戦に乗り気な支局長は、彼女を安心させるためにこう言っていた。KGBの連中は時代遅れの性差別者ばかりだから、ＣＩＡがこの地で女性工作員を動かしているなどとは思ってもいない、きみのように若くて魅力的な女性であればなおさら疑われることはない、と。彼女自身、モスクワでの二年間を慎重に過ごしてきたという自負があったので、自分の正体はばれていないと思っていた。大使館員に目を光らせている第一総局の監視人《ウォッチャー》から見た彼女は、単なる秘書であり、諜報の世界とは何の関係もないはずだ。それでも、ＫＧＢの職員が市内各所に張り付いていることはピーターソンにもわかっている。町を巡回する車や、通りを歩く人々だけでなく、モスクワ中に仕掛けられた隠しカメラにも注意しなければならない。とくに夏の夜は、太陽がいつまで経っても沈まず、一〇時になってもあたりは明るいままだ。監視人《ウォッチャー》たちは自然をも味方につけているのだ。

訓練を受けたプロの工作員として、ピーターソンは慎重に、慣れた手つきで車を走らせた。バックミラーに目をやりつつ、右へ左へとハンドルを切ってモスクワ中を走る。尾行を振り切るためのテクニックだ。誰もついてきていないことを確認すると、彼女は車をとめて地下鉄に向かった。最初の駅で降りて、路線を変え、今度は反対方向に向かう。車窓に映る乗客の顔を見ながら、自分を観察している人がいないかを確かめる。まもなくピーターソンは、監視人《ウォッチャー》の姿はないと確信した。ただし、仮に今夜の担当がアルファ部隊だとしたら、この状況でわざわざ自分を監視するはずがないこともわかっていた。

ピーターソンはルジニキのスポーツ・スタジアムで電車を降りた。ありがたいことに、ちょうどサッカーの試合が終わったところだった。スタジアムからあふれ出る大勢の観客の流れに身を任せ、少しずつ前に進む。誰も自分に注意を払っていないことをあらためて確認すると、人混みから抜け出て情報受け渡し場所《ドロップサイト》に向かった。鍛えられた時間感覚のおかげで、予定どおり一〇時一五分ちょうどに目的地に到着した。

モスクワ川にかかる橋の上にそびえ立つ古い石塔は、さながら中世の要塞のように銃眼が施されている。ピーターソンは、すり減って滑りやすくなった階段を慎重に上っていき、四〇段まで数えたところで顔を上げた。聞いていたとおり、そこに開き窓があった。星の光が差し込み、黒ずんだ分厚い壁にぼんやりとした影を落としている。彼女は、窓枠からちょうど腕の長さぶん離れたところにアスファルトの塊を置いた。事前に知らされていない人間にはけっして気づかれない場所だ。

できることなら、急いで階段を下りて一刻も早くこの場を離れたい。しかし、ピーターソンは鉄則に従い、余裕たっぷりに足を進めた。一段ずつ、ゆっくりと下りていく。繭《まゆ》のように窮屈な空間。罠にかかったような気分だ。逃げようとしても逃げ場がない。不快な気分を追い払うように、彼女はまばらに聞こえてくる夜の音に耳を澄ました。

石塔の外に出た瞬間、三人の男が突進してくるのに気づいた。モスクワ川、古びた灰色の石塔、下りたばかりの夜の帷《とばり》という背景のせいで、男たちのシャツは必要以上に白く見えた。その瞬間、彼女の頭のなかをさまざまな考えが駆けめぐった。ＫＧＢの連中は、彼女を尾行する必要などなかった。連中は、アパートメントを出る前から彼女の行き先を知っていた。つまり、〈トリゴン〉はすでに捕まっているのだ。だが、確証はないので、ここに近づかないようにと彼に警告しなければならない。ピーターソンは肺に残った空気を絞り出し、「何するの！」と大声で叫んだ。一瞬、ハリウッド映画に出てくるスパイのように川に飛び込むことも考えたが、逃げられるとは思えなかった。着水の衝撃に耐えられたとしても、やつらは船を出して自分を捕らえるだろう。

男たちがいっせいに彼女の身体に手を伸ばした。一人の男がブラウスを破り、通信機を探しはじめた。男は手をゆっくり動かしながら、いかにも探し物を楽しんでいる様子だった。三対一である以上、勝ち目がないことはわかっていた。だが、男の手の動きがあまりにしつこいせいで、ピーターソンの怒りに火がついた。彼女は激しく抵抗し、男の顔を何度も殴りつけた。男たちが彼女の両腕をつかんで両脇に押さえつけたので、今度は思いっきり蹴りを放った。強力な蹴りは相手の股間に命中し、男は悲痛な叫び声を上げて地面に倒れ込んだ。

だが、まもなく一台のバンが近づいてきて、中からさらに何人かの男が降りてきた。男たちは彼女を取り囲むと、一人が写真を撮りはじめた。フラッシュが曳航弾《えいこうだん》のように光る。「放して！」彼女は叫んだ。男の一人が、すでに回収していたアスファルトの塊を頭上に掲げ、ゴールを決めた選手のように喜んでいるのが見える。ピーターソンは、「これは何かの間違いだ」と言い張り、アメリカ大使館に連絡するよう訴えた。しかしプロとして、もう逃げられないことはわかっていた。

ピーターソンはバンでルビアンカまで移送されると、手錠をかけられ、長いコンクリートの中庭を歩かされた。彼女が恐れていたのは、独房に何日も閉じ込められ、自白書にサインするまで延々と尋問を受けることだ。だが実際に待っていたのは、念入りに準備された芝居のような取り調べだった。彼女はまず、窓のない部屋のテーブルの前に座らされた。そして、あらゆる証拠を記録するためにカメラが回るなかで、例のアスファルトの塊が運ばれてきた。取り調べの責任者は、帽子からウサギを出す手品師のように得意げな顔をしながら、隙間《すきま》に手を入れて中身を一つ一つ取り出しはじめた。暗号メッセージが刻まれた三五ミリフィルム。カメラが隠された黒い万年筆。内通者への報酬である、固く巻いたルーブル紙幣とエメラルド。ピーターソンは表情を変えず、感情をいっさい表に出さないよう努めた。

彼女はその夜遅くに釈放され、無愛想なアメリカ領事担当官が運転する車で大使館に移送された。モスクワ支局は絶望感に包まれていたが、ピーターソンの記憶が鮮明なうちに結果報告《デブリーフ》を受ける必要があった。暗号化された報告書の要約が「大至急」の電報としてラングレーに送信されたのは朝の三時半だった。ピーターソンは「好ましくない人物《ペルソナ・ノン・グラータ》」の烙印《らくいん》を公式に押され、その日のうちにモスクワを発った。もし誰かに気分を尋ねられたら「あなたと同じ気持ちだ」と答えることに決めていた。

もはや、モスクワ支局にできるのは待つことだけだった。いったい、どれほど悪い報告が届くのかを。

結果的に、最悪の事態が訪れた。オゴロドニクの運命については二つの説があった。どちらもその後一、二カ月の間にソ連の半公式のルートからリークされたものだ。一九七七年六月二一日の夜――ピーターソンが襲われるひと月ほど前――に起きたことに関しては、二つの説に多少の違いはあるが、凄惨《せいさん》な結末という意味ではどちらも同じだった。

最初の説は次のようなものだ。KGB第七総局の将軍が率いる強硬部隊が、クラスノプレスネンスカヤ堤防にある〈トリゴン〉のアパートメントのドアを叩き壊して中に入り、隠してあったCIAの通信機器を見つけ出す。クレムリンが事前に「わざわざ裁判にかける必要はない」という決定を下していたので、部隊はその場でオゴロドニクを処刑する。

もう一つの説は、オゴロドニクがより勇敢な最期を遂げるというものだ。強行部隊がアパートメントに踏み込んでくるという点は同じだが、第二の説では、捕らえられた〈トリゴン〉は無理やり下着姿にさせられ、容赦のない尋問を受ける。尋問官は、誰とコンタクトを取っていたのか、情報受け渡し場所《ドロップサイト》はどこかといった、敵の情報を洗いざらい吐かせようとする。消耗し、涙を流しながらも口を割らないオゴロドニクだったが、同じような状況に置かれた人間がやがてそうなるように、彼も最後には折れる。そして、憔悴《しょうすい》した顔でこう口にする。「お願いだ……もうやめてくれ。わかった、話すよ。そこのペンを取ってくれ。紙に書く」。オゴロドニクは、机の上にあった黒いパーカーペンを受け取ると、すぐさまインク吸引部に嚙みつき、仕込んであった青酸カリを飲み込む。驚いた尋問官がペンを取り上げようとするが、オゴロドニクの手はすでに冷たくなっている。

〈トリゴン〉の正体がなぜ発覚したかのはわからなかったが、のちにKGB本部《モスクワ・センター》から流れてきた情報によって真相が明らかになった。KGBの上層部は、その一件を第二総局の防諜員の手柄だと見なしていた。防諜員たちはあるとき、オゴロドニクの車が戦勝記念公園近くの同じ場所に何度もとめられているのに気がついた。そこはアメリカ大使館の職員がよく通勤で通る道だった。彼らは何かが仕組まれているのではないかと疑い、オゴロドニクを監視することにした。やがて、オゴロドニクが情報受け渡し場所《ドロップサイト》で何かを受け取っている姿が目撃された。防諜員の手柄を疑い、単なる偶然だと考える人もいるかもしれない。だが、第二総局の〈トリゴン〉逮捕チームのリーダーは、実際にその功績を称えられ、栄誉ある赤旗勲章を授与されたと公表されている。

やがて、この一連の騒動の経緯と、その後行われた分析の大まかな内容が、ブリュッセルで暮らすピートのもとに届いた。彼は本で埋め尽くされた書斎に座り、すべての情報を整理しようとした。いまや外部の人間になったピートがしたのは、スパイの杜撰《ずさん》な仕事を責めることでも、立て続いた不運に同情することでもなかった。いつもと同じように、彼の思考は混乱し、怒りと不安に満ちた過去へと引き戻された。ピートは真実を知っている——組織にいたときからずっと。彼には確信があった。かつての恐怖が、ふたたび脳裏によみがえった。

2

だが、ピートの確信を強め、決断を迫ったのは二つ目の死だった。その〝自殺〟は、最初の死から一年あまり経ったころ、敵国ではなく、ピートが逃れてきた祖国のアメリカで起きた。現場が海だったこともピートの関心を惹きつけた理由だ。彼は船乗りの息子だった。

ピートは、伝統のある船乗りの家系に生まれた。長年にわたって、名高い海軍兵士を輩出してきた家柄だ。ある小艦隊では、フリゲート艦から巡洋艦にいたるあらゆる船に、ピートの父やおじたちの名前がつけられている。二人の兄も、家族の伝統に則《のっと》ってアメリカ海軍兵学校に入学し、のちに大将として四つ星の肩章をつけるまでになった（兄弟そろって大将の座に就くのはそれが初めてだった）。しかしピートは、視力が悪かったせいで、海軍兵学校への入学が認められず、しかたなく家族の伝統から外れ、一七歳の若さでプリンストン大学に入学した。ところが、戦争の火蓋が切られると、彼は海兵隊に入隊し、運命に導かれるように空母の海兵隊分遣隊の中尉として海に出ることになった。冷戦では海兵隊の予備隊士官として短期の任務をいくつかこなし、やがて諜報の世界に進んでいくのだが、その経緯にも彼の家系が大きくかかわっている。

一九四九年、ピートは復員兵援護法〔退役軍人に対する学業支援〕の手当を受けながら毎日のように議会図書館の机に向かい、複雑きわまる一九世紀の外交に関する論文を研究していた。だが本当は、研究に没頭するよりも、フロリダ・アベニューに住むおじ、ビルの家で過ごす夜の時間のほうが好きだった。研究の道を進んだところで平凡な未来しか待っておらず、しかも本当の意味で国家に奉仕する機会は得られない。そこでピートは、ある晩の夕食の席で「博士号を取得したら、新設の中央情報局（ＣＩＡ）に志願しようと思う」とおじに伝えた。

「いい考えだ」。おじのビルは賛成した。ビルことウィリアム・Ｄ・リーヒは海軍元帥で、ＣＩ

Aの前身である中央情報グループの創設に立ち会った人物だった。

「私からヒリーに言っておこう」とビルは言い、協力することを約束した。「ヒリー」とは、CIA長官のロスコー・ヒレンケッター少将のことだ。この二人の付き合いは長かった。一九四〇年から四一年にかけて、ビルが占領前のフランスで大使を務めたとき、海軍武官として彼の下についたのがヒリーだったのだ。一九四九年当時、ビルはトルーマン大統領にも意見できる男として、ワシントン界隈では名を知られる存在だった。その評判がピートの望みの妨げになるはずがない。

まもなく、ピートのCIAの願書に合格印が押された。

その後、彼はスパイとして冷戦の最前線で活動してきた。だがいまでは、諜報の世界を外側から眺めながら不快感に襲われている。二つ目の不可解な死――他殺であろうが自殺であろうが――が彼の感情を揺さぶるのは、海に関係しているからというだけではなかった。ピートはその死体の身元を知っていた。かつて影の世界でピートと接点があった人物だった。

ブリリグ号は大きな白い帆を広げ、さわやかな秋風を受けて走った。朝の陽射しにきらめくチェサピーク湾をスループ型帆船がさっそうと滑っていくさまは、見る者を大いに魅了した。一九七八年九月二五日、気持ちのいい月曜日の朝で、時刻は九時をまわっていた。ロバート・マッケイは、地元のメリーランド州リッジ港の沖合で、長年にわたってカニ漁で生計を立ててきた海の男だ。年季の入ったミス・リンディー号のデッキにいたマッケイは、ヨットが近づいてくるのに気がついた。「すごいな。レースみたいだ」。彼は船乗りらしい感嘆の声を上げた。

だが、すぐに事態の異様さに気がついた。そのヨットは、スピードを落とすことなくまっすぐこちらに迫っている。このままでは七ノットの速度で突っ込んでくるだろう。

マッケイは、ヨットの船長に向かって大声で悪態をつきながら、ミス・リンディー号の舵《かじ》を大急ぎで左舷に切った。だが、ヨットはなおもすさまじい勢いで近づいてくる。マッケイは衝突を覚悟した。

だが幸いにも、暴走したヨットは衝突することなく通り過ぎていった。ブリリグ号が横を駆け抜けていく瞬間、マッケイの怒りは一転して驚きに変わった。操縦席には誰もいなかった。それだけでなく、デッキの上にも人の姿が見えなかったのだ。

船長は下の船室にいたのだろうか。眠っていたのだろうか。二日酔いなのか。あるいは病気か。マッケイの頭に何十通りもの考えが浮かんだ。

船乗りとしての長年の経験から嫌な予感を覚えたマッケイは、それから四五分間、ブリリグ号のあとを追った。だが、何度大声で呼びかけても返事はない。大丈夫かと叫んでも、その声はチェサピーク湾の奥に消えていくだけだった。

やがて風向きが変わると、ヨットは方向転換し、帆を広げたまま海岸に向かって進みはじめた。全長三一フィートのブリリグ号はキールが深く、突風が吹いてもバランスを崩すことなく走行できる。しかもその朝は、深いキールのおかげで難破を免れることにもなった。すさまじい勢いで岸に近づいていくブリリグ号が、ヘイズ・ビーチの沖合にある鋭い岩礁にぶつかると思われたとき、チェサピーク湾の泥が万力のように深いキールをとらえた。泥にはまったブリリグ号は急速にスピードを落としていき、やがて力尽きたように動かなくなった。

モルズ・コブの入江を見下ろす岬には沿岸警備隊の基地があった。マッケイは、そこがいちばん近い連絡先だと考え、無線機に手を伸ばした。

メリーランド州の自然保護官《パークレンジャー》の仕事に就いた者は、マニュアルどおり「ジェネラリストであれ」と上司から念押しされる。ポイント・ルックアウト州立公園で働くジェラルド・スワードは自分の仕事が好きだった。保護官の仕事は、湾の向こうに広がる青い水平線を延々と見つめるだけではない。夏の日光浴のせいでⅢ度の熱傷を負った患者を救急輸送したことや、迷子になった幼児を探し出したこともある。南軍の収容所跡地で毎年行われる南北戦争の再現劇がリアルになりすぎた結果、殴り合いの喧嘩に発展し、その仲裁を任されたこともあった。そのため、勤務が始まってまもない午前一〇時二五分ごろに、「スコットランド・ビーチの北三キロの地点でヨットが座礁した」と沿岸警備隊から連絡があったときも、彼は熱意をもって現場に駆けつけた。しかし、のちにスワードはこう述べている。秋が深まりつつあったあの日の朝、自分が目にした不可思議な光景の前では、ジェネラリストとしての経験はまったく役に立たなかった、と。

「ブリリグ号！　誰かいるか！」現場に着いたスワードは叫んだ。座礁したスループ船は帆を広げたまま、波打ち際からわずか二メートルの場所に停まっていた。返事は聞こえない。気になるのは、砂浜に足跡が残ってないことだ。つまり、誰も船から降りていないのだ。

スワードはデッキに上がってみた。足元は滑りやすく、甲板のあちこちに未使用の弾薬が散らばっている。おそらく九ミリ弾だろう。船尾を見てみると、ホイールの自動操舵《そうだ》装置が作動していた。このままでは、船は円を描くように動き続けることになる。スワードには状況が読めなかった。船内に人の気配がないかを探してみたが、やはり誰も見当たらない。

スワードは、船室のドアを開けて下に降りた。中は真っ暗だった。カーテンを開けて外の光を入れると、散らかった室内があらわになった。書類が散乱し、キッチンテーブルは壊れ、床は残飯――ピクルスローフがあるのがにおいでわかる――にまみれている。いったい何があったんだ、とスワードは思った。ずぼらな船長が散らかしたままにしているのか、あるいは喧嘩でもあったのか。だが、彼はひとまずその疑問を頭の隅に追いやった。そして、壁や床に血痕がないことを確かめ、事件性はないと自分に言い聞かせた。

次に、スワードは書類を点検することにした。心臓の鼓動を抑えながら、一枚ずつ目を通していく。書類を読めば、船の持ち主を特定する手がかりになるかもしれない。だが、量が多いこともあって、少しずつ不安がつのっていった。見たところ、なんらかの政府の報告書のようだ。余白には「ミサイル」「ソ連圏」「衛星」といった言葉が受験生のメモのように書き込まれていた。さらに、多くの書類の頭に〝秘〟や〝国家機密〟といったスタンプが警告灯のように押されている。スワードはそれらの文字から目が離せなかった。

山積みの書類の下に、金属製の小さな電話帳が埋もれていた。レバーを特定のアルファベットにスライドさせると、そのページが開く仕組みになっている。スワードは、船の持ち主につながる手がかりを得るために、手当たりしだいにレバーを動かした。ほとんどの電話番号の頭に「351」という番号がついていた。地元の市外局番ではない。持ち主はおそらく、ほかの州に住む人物だろう――そう考えれば説明がつく。休暇でチェサピーク湾にやってきた船乗りが、慣れない潮の流れのせいで船から落ちてしまったのだ。

船室を調べていくと、開いたままの革製ブリーフケースに目が留まった。中には一通の手紙が入っている。宛先は「ワシントンDC　マサチューセッツ・アヴェニュー　一五〇〇番　八四七号室、私書箱九三五五号、ワシントン・ポスト紙エージェント一四〇一番　ジョン・A・ペイズリー」となっている。手紙の送り主は、新聞の配達がいい加減だと文句を言いながらも、受け取った新聞の代金を同封していた。

これで名前と住所がわかった――スワードは、捜査の成果を誇らしく思いながら心のなかでつぶやいた。ジョン・A・ペイズリー。だがすぐに、そんなはずはないと気づいた。一介の新聞配達員が、こんなに豪華なヨットをもっているはずがないのだ。とはいえ、具体的な名前が出てきた以上、一刻も早く上司に報告する必要がある。ヨットも曳航しなければならない。

船室を出ようとしたとき、スワードは船陸間無線が作動していることに気がついた。小さな雑音がずっと鳴っている。もっと早く気づくべきだった、と彼は自分を責めたが、集中していたせいでノイズが耳に入らなかったということにした。

ダイヤルをオフの位置に回したとき、下の棚いっぱいに電子機器のコンソールが並んでいるのが目に入った。スワードは専門家ではないが、それらがふつうの通信装置ではないことはわかる。いったいなぜ、これほど高度な電子機器がヨットに搭載されているのだろう。ボートが『ワシントン・ポスト』紙の配達員のものだとしたら、なおさら理由がわからない。ブリリグ号に乗り込んでからずっと頭を占めている疑問のリストに、新しいものが一つ加わった。

彼は急いでジープに乗り込み、猛スピードで砂地を横切っていちばん近い家までたどり着くと、沿岸警備隊に電話をかけた。

ジェームズ・マクストン上等兵曹は、大柄で赤ら顔の、気性の激しい男だった。ブリリグ号は今朝、彼が所長を務めるセント・イニゴーズの小さな沿岸警備隊基地に曳航された。その派手な船を見たとたん、マクストンは怒りをあらわにした。チェサピーク湾で長年働いている彼は、素人が週末に海に出てひどい事故に遭うのを何度も目にしている。ブリリグ号の一件は、スワードにとっては謎の事件だったものの、マクストンにとってはよくあることでしかなかった。知識も操船技術も足りない素人が、金にものを言わせて海に出たせいで起きた事故だろう——彼は憤慨しながらそう結論づけた。

いつものように、途方もない苦労をして事故の後始末をしなければならないことを思うと、マクストンは怒りでどうにかなりそうだった。「このジョン・ペイズリーとかいう男は、いまごろ海辺のバーでぐでんぐでんに酔っぱらっていて、自慢の派手なヨットが自分を置いてどこかに行ったことにすら気づいていないのだろう。どんな男かは知らないが、気に食わない野郎なのは確かだ」。ペイズリーのことを、そして、それまでに見てきた同じような船乗りたちのことを考えるだけで、血が沸騰《ふっとう》するような気分だった。

マクストン所長のすぐれたところは、このような事態の対処法を熟知していて、そのときも手順どおりに行動したことだ。彼はメリーランド州自然資源警察に電話し、船内に人の姿がないことを報告した。マクストンの報告は、すぐにメリーランド州警察の担当者にも伝わった。その担当者は、深い眠りから起こされたように不機嫌そうな声で、「溺死の可能性もあるから記録しておく」と答えた。

もし、マクストン所長がそのまま事故のことを忘れていたら、少なくともあと数日は心穏やかに過ごせただろう。しかし彼は、不注意者のペイズリーに説教でもしてやろうと考え、スワードが見つけた情報をもとに問い合わせを始めた。

ジョン・ペイズリーは『ワシントン・ポスト』紙の職員だという話だったので、まずはその筋からあたりはじめた。だがまもなく、同紙の販売部長ジョセフ・ハラブルダから、ジョン・ペイズリーという職員はいないという返事が届いた。販売部に限らず、ほかのどんな部署にもそのような人物は雇っていないということだ。ハラブルダの不愉快そうな返答によると、マクストン所長が伝えたＩＤナンバーは、アーチー・アルストンという古株の従業員のものだった。アルストンもペイズリーという名前を聞いたことはなく、見知らぬ男が自分のＩＤナンバーを使っている理由がさっぱりわかっていなかった。

その返答を聞いて、マクストンの怒りは純粋な好奇心に変わった。そして、船内に金属製の旧式の電話帳があったという話を思い出し、さらに調査を進めることにした。

電話帳を調べながら、351から始まる電話番号が手がかりになりそうだと彼は思った。適当に電話をかけてみようと考えたが、その前に電話オペレーターのダイヤルを回し、351という市外局番はどの州のものかと尋ねてみた。するとオペレーターは、熱心に調べたうえで「その番号を使っている州はない」と答えた。351という市外局番は存在しないのだ。

いよいよわけがわからない——マクストンの頭は混乱した。ジョン・ペイズリーとはいったい何者なのか。そもそも、この事件自体、何かがおかしい。マクストンは警戒心を強めたが、自分ではすべてを合理的に説明することなどできないとわかっていた。

マクストンは、もう一度だけ行動を起こすことにした。電話帳に載っている番号に電話をかけ、誰が電話に出るかを確かめるのだ。しかし、沿岸警備隊で長い時間を過ごすなかで、彼の身体には「手順を踏む」ことが染みついていた。仕事には段取りというものがある。そこで、ヴァージニア州ポーツマスの本部に電話し、自分のもつ情報をマレー大尉に話した。頭のなかでは彼なりに破天荒な推論をしていたが、それは心に留めておき、あくまでも客観的な事実だけを伝えた。「事件性があるとは考えにくい。単なる船の事故だ」。報告を聞いた大尉は淡々とした口調で答えた。そして、上層部に報告してからまた連絡する、ひとまず待機するようにと指示を出した。

本部から電話がかかってくるまでに、一時間、あるいは二時間近く経っていた。マクストンはすでに正常な時間感覚を失っていた。電話はマレー大尉からだったが、先ほどの電話とは違い、この事件をただの海難事故だとは思っていなかった。

大尉は、「351で始まる番号は政府の通信網だ」ということを遠回しに伝えてから、この件は「極秘事項」だと念を押した。だが、隠し通すのはむずかしかったようで、最後にははっきりとこう言った。「これはＣＩＡの番号だ」

そして、武装した警備員をブリリグ号に配置するようマクストンに命じた。

ＣＩＡの仕事はとにかく入念なものだった。ＣＩＡの保安部から派遣された口うるさい二人の職員が、数日かけてブリリグ号の船尾から船首までを丹念に調べた。調査が終わると、大量の書類、古びた革製のブリーフケース、機密の電話帳、高性能な電子機器などを箱に詰め、ラングレーに運んだ。沿岸警備隊やメリーランド州警察の捜査官が何かを訴えても、二人のＣＩＡ職員は「国家安全保障が優先だ」とそっけなく答えるばかりだった。また、事件の詳細について尋ねても、「きみたちは知らなくていい」という答えしか返ってこなかった。

その後、ジョン・ペイズリーの妻のマリアンと連絡が取れた。情報通の沿岸警備隊員が、ヴァージニア州マクリーンにある平屋に彼女が住んでいることを突き止めたのだ。マリアンは八月から夫と別居していたが、知らせを聞くと、十代の息子エドワードを連れてワシントンの中心地にある夫の独身用アパートメントに向かった。ブリリグ号で何が起きたのかを示す手がかりがあるかもしれないと考えたようだ。

アパートメントの部屋は、ひっくり返されたかのように荒らされていた。何者かが、おそらく複数人で部屋に入ってひっかきまわしたのだろう——マリアンはそう想像した。犯人は何かを探していたようだ。ＣＩＡの保安部のしわざだと考えるのが妥当だが、問い詰めたとしても返事をもらえるはずがない。彼女は怒りを抑えた。

だが、彼女が感情を押し殺したのは、結婚して二〇年以上が経って自制心を身につけたからではない。マリアン・ペイズリーもCIAの職員だった。セキュリティ・クリアランスを得ていた彼女は、多くの秘密を知りえただけでなく、国家権力のもとでどのように仕事が進められているかを熟知していた。日頃からそういう仕事に加担している以上、今回の不法侵入に文句は言えないだろう。スパイである夫の行方がわからなくなったからといって、マスコミに泣きつくわけにはいかない。彼女にできるのは、ただ静かに、目立たないようにふるまうことだけだ。

しかし、それから一週間後、死体が見つかった。

その日は陰鬱とした雲が広がり、暖かい霧雨が降っていた。一九七八年一〇月一日の日曜日、ミス・チャネル・クイーン号に乗っていた三人の漁師が、釣り糸の先に浮かんでいるものに気がついた。彼らは、警告を与えるギリシア演劇のコーラスのように、いっせいに叫んだ。「おーい、死体だ！」

一時間もしないうちに、沿岸警備隊の監視船がパタクセント川河口の東の海域にやってきて、ワイヤーのかごを下ろして水死体を回収した。引き揚げられた遺体は無残なものだった。腐敗が進んでいるうえ、チェサピーク湾のカニが貪欲にかじりついたせいで原形をとどめていない。皮膚はほとんど残っておらず、青白く膨れ上がった亡霊のように見えた。

しかし、それほど凄惨な状態にもかかわらず、船員たちはすぐに二つの異常に気がついた。一つは、左耳の上の頭蓋骨に穴が開いていて、脳味噌が甲板に流れ出ていること。そしてもう一つは、古代の石棺を固定しているバンドのように、二本の潜水用ベルト（のちに一本の重さは約八・五キロだと判明した）が身体に巻きつけられていることだ。

沿岸警備隊の監視船がソロモン島の近くにある海軍センターに到着すると、無線で連絡を受けた郡の検視官が待っていた。ジョージ・ウィームス医師は、三〇分ほどの予備検査を終えると「これは他殺だ」と判断した。そして、それ以上は何も言わずに、ボルチモアの検死担当医に遺体を送った。

翌日、検死が行われると、スティーヴン・アダムス医師は、死亡した人物は身長一七〇センチ、体重六五キロの白人男性だと記録した。そして、死因は左耳の後ろから撃たれた一発の銃弾で、手榴弾が頭蓋内で爆発したかのように頭蓋骨が破壊されていると言った。だが、身元を特定するのは簡単ではない。血液がほとんど残っていないので血液型は調べられず、手の皮膚が腐っているために指紋の採取もできない。歯型を確認したくても、一週間も湾内の水に浸かったあとでは上下ともに一部の義歯しか残っておらず、判別はむずかしかった。

困り果てたアダムズ博士は、最後の手段として、遺体の両手を切断することにした。膨れ上がった両手は、氷で冷やされた状態でＦＢＩの研究所に送られた。ＦＢＩの技術師であれば、指紋を採取できる可能性があった。

ところがその日、検死責任者のラッセル・フィッシャー医師は、「根拠が不足しているため身元を断定できない」という部下の報告を無視し、遺体はジョン・アーサー・ペイズリーのものだと記載された報告書に迷わずサインした。その報告書の日付は一九七八年一〇月一日になっているが、遺体がフィッシャーの事務所に届いたのはその翌日だった（そのことについて異議を唱える者はいなかった）。またフィッシャーは、ＦＢＩの指紋ファイルのおかげで身元が特定できたと説明したが、報告書にサインした時点では、切断された両手はＦＢＩの研究所に届いていない。そのことについても異議は唱えられなかった。その後、死因は自殺だと公式に発表された。

数日後、ＣＩＡと深いつながりのあるヴァージニア州郊外の葬儀社が遺体を引き取った。遺体は一週間近く地下室に保管されたが、確認する時間を取れなかったマリアン・ペイズリーが、最終的に火葬の許可を求める書類にサインをした。しかし実際には、彼女はどんな書類にもサインなどしていないと主張している。

遺体が灰になったことで、チェサピーク湾で起きた〝自殺〟への関心も煙のように薄れ、未解決の謎もそのまま空に消えていくかのように思われた。事件にかかわったすべての機関が、一連の出来事を忘れはじめていた。

ところが、運命とアルコールの力が働いた。デラウェア州ウィルミントンの小さな新聞社の記者が、沿岸警備隊の友人とビールを飲んでいたときのことだ。ほろ酔いになりながら二人で長々と語り合ったのち、その隊員は謎に満ちた事件のことを話した。翌日、記者は二日酔いの頭を抱えながら調査を始めた。そして一〇日後、彼は「スパイの変死」という込み入った記事を発表した。

その記事が一面を飾ったことで、事件を世間の目に触れさせまいとするＣＩＡの試みは破綻し、全国紙まで巻き込んだ騒動に発展した。下手な嘘が、メディアの懐疑心と執念をいっそうかき立てたのだ。

ＣＩＡのスポークスマンは狼狽《ろうばい》しながらも、ジョン・ペイズリーは「下級分析官」にすぎないと公式に宣言し、子どもに教え諭すように、ペイズリーは数年前に退職した、だから機密文書にアクセスする権限もなくなったのだと説明した。「根も葉もない噂を垂れ流すのはやめて、次の話題に移ったほうが賢明です」と彼は言った。

しかし記者たちは、スポークスマンの公式見解の嘘を次々と暴《あば》いていった。ジョン・ペイズリーは、実際は二〇年のキャリアを経てＣＩＡの上層部にまで上りつめた男で、数々の重要なオペレーションで中心的な役割を果たしていた。表向きには二年前に引退したことになっているが、死亡した時点でも、最高レベルの機密業務にかかわっていたことが確認された。ＣＩＡで最も機密性の高い情報――ソ連の核開発状況を知るための情報源や手段など――にアクセスする権限ももっていた。

ＣＩＡのスポークスマンは、ブリリグ号から回収した電子機器は特殊なものではないと言い張ったが、それも嘘だと見破られた。あの船に搭載されていたのが最高機密のバースト通信機だったこと。あらかじめ設定された周波数で一分間に数万語の送受信ができること。そしてその装置が、おもに諜報機関が人工衛星との秘密通信のために使われるものだったことなどが、次々と明らかになった。さらに、その通信機がアメリカのものなのか敵のものなのか、あるいはペイズリーが交信していたのはアメリカの衛星なのかソ連の衛星なのかといった、さまざまな憶測が飛び交いはじめた。

肉のにおいを嗅ぎつけた記者たちは狩りに夢中になった。あるジャーナリストは、フィッシャー医師に目をつけ、どうやってペイズリーの遺体だと確認したのかと問いつめた。実際、死体は見分けがつかないほど損傷していた。チェサピーク湾に長く浸かっていたために皮膚は剝《は》がれ、頭髪はすべて抜け落ち、ペイズリーの特徴だったひげの痕跡《こんせき》も残っていない。切断した手から指紋は採取できるかもしれないが、ここで信じられない問題が浮上した。FBIもCIAも、「ジョン・ペイズリーの指紋のデータは残っていない」と言ったのだ。CIAのスポークスマンは、「通常であれば全職員の指紋を採取し、そのデータを保管することになっている」と認めたが、ペイズリーの指紋だけは「うっかり破棄してしまった」と平然と言いのけた。生真面目な男が考えたジョークのような話だ。

さらに、もう一つ驚くべき事実が判明した。商船隊の記録によると、ペイズリーは身長一八〇センチ、体重七七キロと記されていたが、検死報告では、身長一七〇センチ、体重六五キロとなっている。また、回収された遺体の下着にはウエスト八一センチと記載されていたが、ペイズリーのアパートメントの引き出しにあった〈BVD〉の下着のサイズは九一センチだ。そして、遺体を最初に確認した郡の検視官のウィームス医師は、インタビューで次のような爆弾発言をした。「首に圧迫されたような炎症がありました。ロープが巻かれていた可能性があります。首まわりのこのような損傷は、首を吊った遺体に見られるのと同じものです」。そして、記者たちの前できっぱりとこう言った。「この首まわりの跡は、この人物が亡くなる前についたものです。

検視官としての二〇年のキャリアにかけて言わせてもらいますが、これは殺人事件でしょう。ボルチモアの医師たちは自殺と判断しましたが、そんなことはありません」。その話を聞いた勤勉なジャーナリストたちは、もう一度、検死報告書に目を通してみた。報告書では、首のすり傷についてはいっさい触れられていなかった。

調べれば調べるほど、自殺という公式見解には無理があるように思われた。まず、銃創は左耳の上にある。右利きのペイズリーが、わざわざ不自然な体勢で頭を撃ち抜く理由がわからない。それに、一七キロの潜水用ベルトは何のためのものだったのか。遺体が浮かび上がってこないようにして、みずからの自殺を隠蔽するつもりだったのだろうか。だが、なぜそんなことをする必要があるのだろう。彼は二つの保険に加入していたが、どちらも死因に関係なく保険金が支払われる。それにブリリグ号には何も残っていなかった。血液も、脳組織も、銃や使用済み弾薬すらも残されていないという事実をどう説明すればいいのか。

メリーランド州警察は、こうした不可解な点を一蹴《いっしゅう》した。彼らの話がすべて本当だと考えるなら、ペイズリーは一七キロの鉛を身体に巻きつけた状態でヨットの端まで移動し、勢いをつけて海に飛び込み、その瞬間、右腕に握った銃を左耳の上に当てて空中で引き金を引いたことになる。何人かの専門家も、よほどアクロバット的な動きをしなければこのような自殺はできないと指摘している。

退職し、祖国を離れてブリュッセルで暮らすピートには、ＣＩＡの資料を参照することはできない。彼にできるのは、新聞で報じられた内容と、かつてともに働いたジョン・ペイズリーという男に関するかすかな記憶だけを頼りに、事態がどう展開するかを追うことだけだ。だが、答えにたどり着く自信があるわけではなかった。チェサピーク湾で回収された遺体は本当にペイズリーだったのだろうか。彼はみずから命を絶ったのだろうか。いったい何があったら、自分の脳を自分で吹き飛ばそうと思うのだろうか——ピートには理解できなかったし、たいていの人にとってもそうに違いない。自分にはわからないことがたくさんあるのだろう、とピートは思った。

だが、心がざわつくのと同時に、自分で真相を突き止めたいという気持ちも芽生えていた。〈トリゴン〉の正体が暴かれたことについての説明は納得がいかないものばかりだった。本当はモスクワで何があったのか。そして、チェサピーク湾で引き揚げられた遺体がペイズリーでないのなら、いったい誰なのか。なぜ他人の死体を使ったのか。なぜ自分の死を偽装したのか。なぜルイス・キャロルが生み出した「ブリリグ」という造語を船の名前にしたのか［ルイス・キャロルの『鏡の国のアリス』に出てくる『ジャバウォックの詩』のなかで「ブリリグ」という言葉が使われている］。何かを示唆しているのか。複雑に絡み合った疑惑と半真実を切り裂けるのは、ヴォーパルの剣［『ジャバウォックの詩』のなかで魔獣ジャバウォックを倒した剣］だけなのだろうか。ペイズリーの凄惨な死の謎は、ピートが長年かけて取り組んできたパズルの一つのピースなのか。それとも、誹謗者《ひぼうしゃ》たちがあざ笑ったように、自分は丸い穴に四角い釘を打ち込んでいるただの愚か者なのか。

かつて浴びせられた罵詈雑言《ばりぞうごん》が頭のなかによみがえる。偏執病的《パラノイア》思考、誇大妄想、強迫観念、陰謀論信者……当時のピートには、そうした批判を完全に否定することはできなかった。彼は烙《らく》印《いん》を押された。だが、引退したのは怖気づいたからではない。抑えきれない怒りのせいで、後ろ手にドアを閉めて部屋を飛び出すしかなかったのだ。

それはもう過ぎたことだ、と彼は思った。当時の、そして現在のピートを駆り立てているのは、妄想でも強迫観念でもなく、もっと根深いものだ。自分は父の息子だ。すべてを投げ打ってでも自分の使命を果たす——それこそ、誇り高い家系において最も重要なことだ。ＣＩＡは間違った方向に進んでいる。以前からわかっていたことだが、いまやピートには確信があった。それは残酷で、危険な確信だ。もう休んでいる時間はなかった。

3

だが、ピートのなかには迷いがあった。ブリュッセルは、現役のスパイだったころから活動しやすい町だったが、ＣＩＡを辞めて八年近くたったいま、活力を残した五四歳のピートにとっては、過去を捨てて表の世界でふたたび暮らすうえで理想的な場所だった。

一九八〇年代に入っても、ブリュッセルの町は相変わらず落ち着いていて、昔ながらの小さな村を思わせた。石畳の道からは焼き栗とチョコレートの香りが漂い、街角のいたるところにワインショップがあり、一〇〇フランも出せばアルデネック産のピノノワールを一本と、ついでに新鮮なチーズを一切れ買えた。妻のマリアには気さくな友人たちがいて、時間があればブリッジに興じていた。さらにマリアにとっては、ハンガリーとオーストリアに散らばっている家族に気軽に車で会いに行けることが何よりうれしかった。三人の子どもたちは、それぞれの目標をかなえるために社会に出ていたが、休暇のたびに家に帰ってきた。ともに食卓を囲みながら、わが子が何時間もかけて近況を話してくれるのを、ピートは誇らしく聞いたものだ。

二年前、息子のアンドリューの親友の母親が、「まもなくアパートメントに空きが出る」と教えてくれた（彼女もマリアのブリッジ仲間で、自分と家族の小さな世界を何よりも大切にしていた）。ピートたちは、その物件をざっと見てすぐに引っ越しを決めた。それまでは、道路の向こうにトウモロコシ畑が広がるような郊外の土地で、材木のひさしの下に寝室を構える古風な家に住んでいたが、新しい家はロレ通りの一角にある赤レンガ造りのアパートメントの最上階だ。王宮のように広い空間に陽光が降り注ぎ、風通しも申し分ない。午後になると、柔らかな日差しが部屋のすみずみまで照らしてくれる。一九世紀の宝石箱のように美しいカンブルの森も近くにあった。エメラルドグリーンの芝生と長いポプラの並木道は散歩コースになっていて、セルリアンブルーの大きな池ではボートにも乗れる。公園の先には、グリム童話に出てくるような、暗くて謎めいた広大な中世の森が広がっている。鳥類学と樹木学に通じているピートは、鳥のさえずりに耳を傾け、高くそびえる木々を観察しながら小道を歩くのが好きだった。

ピートの隠れ家《セーフハウス》はアパートメントの書斎だった。もともとは別のアパートメントの一部だったが、彼らが引っ越してくる何十年も前につなげられていた。とはいえ、書斎のドアにたどり着くためには、いまでも階段を何段か上っていかなければならない。一九三〇年代には、裕福な弁護士がその部屋を事務所として使っていたと聞いていた。霜が降りる夜、暖炉の火の光に照らされた古い壁板は、濃厚な蜜のような光沢を帯びる。マホガニー製の長いダイニングテーブルはピートの机として使われ、その後ろには、蚤の市で手に入れたひび割れた革張りの椅子が置かれている。来客があったときのために、座り心地がいいとはいえないグレーのソファ(最初は白かった)が壁際に寄せてある。床から天井まで届く本棚が存在感を放ち、傾いた棚には本がぎっしりと詰め込まれている。さらに、床にはもっと多くの本が無造作に積んであった。ヨーロッパの歴史、シェイクスピア、植物学——ピートの興味は幅広く、どのテーマに対しても並々ならぬ情熱を注いでいた。

不満と呼べるようなものはない。ピートもマリアも毎日が幸せだった。

ブリュッセルで暮らすという決断をしたのもピート自身だった。一九七二年、CIAのブリュッセル支局長として充実した五年間を過ごし、おおむね満足のいく成果を上げたところで異動の時期がやってきた。上層部は、ピートをラングレーの本部に戻す準備をしていた。しかし、マリアとともに今後のことを考えているうちに、いくつかの懸念が持ち上がった。

第一に、本部で仕事をするにあたっては、一〇代の娘二人と九歳の息子をアメリカに連れて行かなければならない。だが、海外暮らしに慣れてしまうと、アメリカには薬物や性関係の乱れや学生運動といった危険が渦巻いているように思えた。恵まれた学校や郊外のすばらしい土地があるとはいえ、アメリカで子どもを育てるのは危険な旅に出るのと同じだった。

第二に、少し前に連邦年金制度が改正されたことで、ピートは海兵隊での勤務年数をCIAのそれに加算できるようになった。計算したところ、エネルギーあふれる四六歳の自分でも、退職すれば年金を満額もらえることがわかった。裕福な暮らしを望めるわけではないが、子どもたちの学費の心配はしなくてすむ。

それに、ちょうどブリュッセルの友人からビジネスの誘いを受けたところだった。NATOの基地で余った長靴やレインコートなどを買い取り、世界の貧しい地域の人々に転売する仕事だ。新しいことに挑戦するのが好きだったピートにとって、ビジネスを始めるというのは魅力的なアイデアだった。

だが、マリアと話し合うなかで、心の中に何かが引っかかるのを感じた。一九六六年、その長く不快な一年の間に、防諜部は一人の職員にピートの生活をくまなく調べさせていた。ピート自身は、自分が二重スパイだという疑いはあまりにばかげていて、思い悩む必要はないと思っていた。実際、彼の疑いは晴れた。上層部は、せめての罪滅ぼしとばかりに、一九六七年の暮れにピートをブリュッセルの支局長に任命したのだ。たしかにありがたい地位ではあるが、ピートは素直に喜ぶことはできなかった。

「ピートはいつか長官の座に就くと信じていた」と、CIAのトップに上りつめた同僚のリチャード・〝ディック〟・ヘルムズは回想している。事実、ある時期においては、その評価は妥当だった。ピートはすべてを備えたスパイだった。彼の一族の人間はワシントンの公的機関のいたるところにいたし、冷戦のさなかでは、ヨーロッパの裏社会で肝の据《す》わった戦いぶりを見せた。そのうえ風采もよかった。長身、広い肩幅、無造作な淡いブロンドの髪、磁石のように相手を惹きつける青く輝く瞳、アメリカ人らしく歯を見せる笑顔——どこを取ってもさっそうとした諜報員だった。一九六五年、彼がＣＩＡ長官から名誉ある「インテリジェンス・メダル」を授与されたときは、ピートもいつか表彰する側に回るだろうと誰もが信じていた。

　ピートに疑いの目が向けられたのは単純な問題ではない。そのころには、ＣＩＡのあちこちで悪意に満ちたささやき声が聞こえるようになっていた。ラングレーではよくあることだが、組織の方針そのものが変わったのだ。新体制になり、新任の長官が最初にしたことの一つは、四年前に厳粛な雰囲気のなかでピートに与えられたインテリジェンス・メダルを、今度はピートに反感をもつ職員の中心人物に授与することだった。それはつまり、ソ連が長年の策略を実行に移し、ＣＩＡに二重スパイを潜入させたというピートの考えが公式に否定されたのと同じことだ。ＣＩＡソ連圏部の職員は、ピートの考えを「病的思考」だとあざ笑った。しかしピートは、怒りのこもった声でこう反論した。「嘘が何度も繰り返されたせいで、それが常識になり、真実が覆い隠されてしまった」

　ラングレーに戻るのであれば、ピートはみずからの信念を捨てなければならない。ＣＩＡで意義のある仕事に従事し、冷戦というゲームのプレイヤーであり続けたいなら、軍の歩調に合わせて行進することが求められる。そうしなければ、遅かれ早かれ踏みつぶされてしまうだろう。ピートは将来について思いをめぐらせながら、自分に与えられた選択肢を検討した。自分にとってのまぎれもない真実、そして明らかな危険を見て見ぬふりをするべきか、あるいは組織のなかでゆっくりと死を迎えるべきか。組織に残ったとしても待遇は悪くなる一方だろう。いずれ小さなオフィスに追いやられ、書類箱は空になる。将来有望な若手は、廊下ですれ違う自分の姿を見て、「冷戦時代のみじめな遺物」だと鼻で笑うのだろう。ゲームは終わった、とピートは認めた。自分と自分の世代、そして真実を探し求めてきた仲間たちは、もう組織には必要ないのだ。

彼はすべてを終わらせることに決めた。せめて、自分の意思で決断を下したかった。自分の判断が正しかったのかと迷い、CIAの地位に未練を感じたときは、友人であり上司でもあったジム・アングルトンがどれほどひどい目に遭ったかを思い出せばいい。ピートがワシントンで働きはじめた当時、アングルトンは防諜部長として伝説的な名声を得ていた。ピートに目をかけてくれたのもこの男なので、いくら感謝しても足りないだろう。ピートとしては、アングルトンが長年にわたって行ってきたことのすべてが賢明だった、あるいは適切だったと言うつもりはないが、反対派の連中が言うような「悪党」でもないと信じていた。実際、アングルトンがしてきたことは、間違ったことよりも正しいことのほうが多かった。

しかし、彼には長いナイフが向けられていた。最初のうちは、上層部はアングルトンに対して「そろそろやめておけ」「きみのやり方は逆効果だ」などとヒントを与えるだけにとどめていた。だが、それではうまくいかないとわかると、今度は個人的に彼を攻撃するようになった。アングルトンは精神がおかしくなったとか、誇大妄想に囚《とら》われているなどと言って笑いものにしたのだ。アングルトンは耐えたが、最終的に、上層部は『ニューヨーク・タイムズ』紙に情報をリークしてアングルトンを貶《おとし》めた。新聞一面で報じられた「アングルトンが違法行為に手を染めた」という情報は真っ赤な嘘だが、真偽はもはや重要ではない。結局、その記事によってアングルトンのキャリアは終わりを告げた。ＣＩＡ長官は、採算の取れないポートフォリオを処分するかのように、このような記述を残している。「アングルトンは、少なくともここ最近は、資産《アセット》よりも負債《ライアビリティ》の側面のほうが強くなった」

自分はあとどのくらいで「負債《ライアビリティ》」になるのだろうか、とピートは考えた。あとどれくらいで、ほかの職員がいろいろな口実を並べ立てて自分を追い落とそうとするのだろう。実際、ピートへの人格攻撃、つまり悪意に満ちた噂話はすでに始まっていた。「形勢はきわめて不利だ」とピートはこぼした。真実かどうかは関係ない。敵は「歴史を書き換えて」自分を引きずり下ろしにくるだろう。それはまさに、ＣＩＡが何よりも得意とすることだ。ピートは長らく正義のために戦い、ソ連の脅威《レッド・メナス》を抑え込むのにそれなりの貢献をしてきた。その彼が、自分の所属するＣＩＡと戦うなどできるはずがなかった。それに、人生を懸けて忠誠を尽くしたからといって、未練や後悔がないはずがないのだ。

ピートは、そうしたすべてのことを勘案して引退の道を選んだ。〈トリゴン〉とペイズリーの死を知ったことで、心のなかに疑念が持ち上がり、とつぜん現れた古い亡霊に取りつかれてしまったが、それでも八年前に下した決断は正しかったのだとあらためて思った。ピートが好きなシェイクスピアの戯曲『ヘンリー五世』の一節が不意に頭に浮かんだ。「平和時にあっては、物静かな謙遜、謙譲ほど男子にふさわしい美徳はない。だが、一旦戦争の嵐がわれわれの耳元に吹きすさぶときは、虎の行為を見習うがいい」（小田島雄志訳）。マリアとともに築き上げた快適な暮らしのなかで、ようやく「物静かな謙遜、謙譲」の時期に入ったのだ。それを壊してしまうのはあまりに愚かだ。

ワーテルローの戦場は、アパートメントから古い青い〈ホンダ・アコード〉に乗って二〇分ほどのところにあった。ピートはその場所が好きで、たびたび訪れていた。一八一五年の日曜日、ワーテルローで起きた出来事について書かれた歴史書は、ブリュッセルで長年過ごす間に何冊も読んだ。彼は轍《わだち》のできた野原や勾配《こうばい》のある丘に多くの人を案内し、その豊富な知識と見事な説明で評判になっていた。

その〝ツアー〟に参加した人によると、ピートはいつも、ウェリントンの勝利を記念して建てられたライオン像の足下に車をとめ、歩いて案内をしたという。遠くにある何かを探すかのように頭を高く上げ、帽子からは豊かな雪のような白髪がはみ出し、寒さや霧雨をものともせずに早足で歩いたようだ。

案内ルートはさまざまだったが、毎回、ウェリントンが馬にまたがって戦況を見渡した丘に登っていた。そして、古戦場をめぐりながら、フランスの将軍ジェラールの突撃の足跡をたどった。ジェラール将軍が「砲撃音に合わせて進め」と号令をかけたことについて、ピートはその勇気を称えながら、「勇気だけでは足りないこともある。あの日、フランス軍の調子は芳《かんば》しくなかった」と語った。一方で、そこは神聖な土地だと強調し、昔の海兵隊員のように敬意を込めて「四万人もの名誉ある死で血に染まった戦場」だと力説した。

しかし、歴史が過去の壮大な物語であるのに対して、現在というものは、思いもよらない出来事によって形づくられる。ある曇った日の午後、ワーテルローの平原で、ピートは戦士だった過去とふたたび向き合うことになった。その日のことは、外国から訪れていたピートの友人が鮮明に覚えていた。尾行していたのかどうかは定かではないが、一人の長髪の男が自分たちの後ろを歩いていた。ピートと友人は、最初は違和感を覚えただけだったが、だんだん危機感がつのっていった。やがてピートは「あれはＫＧＢの殺人チームの手口だ」と、淡々とした口調で説明した。「ＫＧＢの連中は、ターゲットを前方に追い込んでいく。その先に、銃に弾を込めた殺し屋が待ってるんだ」。そう言うと、ピートはとつぜん回れ右をして、後ろにいる長髪の男のほうにまっすぐ進んでいった。そして、冷ややかな目で相手を見つめると、そのまま平然と男の横を通り過ぎた。

ピートは一人きりでワーテルローに出かけることもあった。戦場を歩きながら考えを整理し、心のなかの葛藤《かっとう》と向き合い、そこから何かを引き出そうとしたのだ。一九八〇年の凍《い》てつく冬の朝も、ピートは戦場を歩きながら自問し続け、どのような決断を下すべきかを考えていた。

ピートはおそらく、自分に向かって次のように問いかけていたのだろう。もし自分の考えが正しく、〈トリゴン〉とペイズリーに直接のつながりがあるとしたら、自分に選択肢はあるのだろうか。この重大な秘密に気づかないふりをして、快適な暮らしを送っていていいのだろうか。もし自分の想像どおりなら――おそらく間違いないだろうが――ＣＩＡ、ひいてはアメリカはいま、きわめて危険な状態にある。ピートの信念が揺るぎないものになった瞬間、彼の好きなシェイクスピアの別の台詞が心のなかに響いた。「もう一度あの突破口へ突撃だ、諸君、もう一度」

(『ヘンリー五世』小田島雄志訳)

記録によると、ワーテルローでもの思いにふけった冬の朝を境に、ピートは書斎に閉じこもるようになったようだ。彼はさまざまな思いを胸に「戦闘復帰」と称する計画の指針をタイプで打ち出し、興奮しながら「過去の謎を暗闇から引きずり出す」と書いた。「度重なる裏切り」の痕跡をたどる。「自分一人で立ち向かう」。狩人《ハンター》はついに「ずっと隠れていたモグラ」を見つけ出すのだ。

家族思いのピートは、クリスマスと新年が無事に過ぎ去るまでは待つことにした。そして楽しい休暇を過ごしたあとで、ワシントン行きの航空券を予約した。パスポートに仕事上の偽名《ワークネーム》を使おうとは思わなかったが、彼も当然わかっていたはずだ――スパイに〝引退〟などないのだと。

第二部
スパイの家族
1954年―1984年

4

バグレー家の会話において、いつまでも色褪《いろあ》せない鉄板のネタがある。「マリアの料理本」に関する話だ。休暇に入り、一家で夕食のテーブルを囲むときは、必ず誰かがその話を始め、そのたびに全員で腹を抱えて笑った。

内容は次のようなものだ。ウィーンのハプスブルク家が栄華を極めていた時代、マリアと家族たちは、料理人をはじめとする優秀な使用人に囲まれながら贅沢《ぜいたく》な暮らしを送っていた。しかし、そうした日々は戦争によって終わりを告げた。一家が疎開先のハンガリーからウィーンに戻ってきたときには、かつての華やかな暮らしの名残りはすっかり消え去り、ひもで綴じられた料理人の手書きのレシピだけが残されていた。そこで、マリアがそのレシピを受け継ぎ、自分の娘たちに伝えることになった。

レシピの内容はきわめて古かった。ありとあらゆる商品がスーパーマーケットに並ぶ現代の人々からすると、懐かしいというよりは滑稽に思える代物だ。たとえば、鶏の調理法の項目は「鶏を買うときは、若すぎるものや年を取りすぎているものを選んではなりません」という親切な書き出しで始まる。そして、「もがく鶏を片手でしっかりと押さえ、もう片方の手でむき出しになった首に手斧をすばやく振り下ろします。手際のよさと正確さがあれば一撃で終わるでしょう」というアドバイスが添えられていた。

ピートは、これから参加するディナーパーティーのことを考えているときに、この家宝の料理本のことを思い出したことだろう。一九八一年、緑豊かなワシントン郊外に春が訪れた時期のことだ。ピートが訪れたのは、ワシントン中心部に通勤する人たちが住む静かな街であり、その日の任務を終えた諜報機関の職員が帰ってくる場所でもあった。ピートがアメリカに戻ってから数週間が経っていた。その間、必要な情報の手がかりを得るべく慎重に調査を重ねていたが、進展はないままだった。スパイというのは、つねに恐怖と背中合わせになりながら、すぐそばに何かが潜んでいるかもしれないという不安を抱えている。ピートはかつての感覚が戻ってきたように感じていた。今夜、事態は新しい展開を迎えるだろう。同時に、自分が引退に追い込まれた事情とあらためて向き合う必要がある。パーティーの主催者のピョートル・デリアビンは、繊細な料理を好むような男ではない。どちらかというと、鶏の首、必要とあらば人の首でも簡単にへし折るタイプだ。それくらいのタフさがなければＫＧＢの少佐やスターリンのボディーガードは務まらないし、それくらいの気概がなければ、忠誠を捨ててＣＩＡに亡命しようとは思わない。

ピョートル・デリアビンは、その複雑に入り組んだ人生を通じていくつもの役割を果たしてきたが、今夜はキューピット役を演じることになっている。ターゲットは二人の若いスパイで、一人はピートの娘、もう一人は防諜部の幹部の息子だ。ピートはその幹部に少なからず因縁がある。ピートの人生が大きく変わったのは、防諜部の特別調査班に属する一人の熱血漢のせいだったが、その息子の父親は、突っ走る部下をとがめようとしなかったのだ。そうした事情もあって、ピートは複雑な心境でその夜の作戦に臨むことになった。


ピートがデリアビンと初めて会ったのは戦後のウィーンだった。一九五四年二月一五日、草原《ステップ》から凍てつく風が吹く夜、渦巻く雪が連合軍の爆撃の傷跡を隠したとき、ロシア人のデリアビンは行動を起こした。ＫＧＢの駐在員として着任して以来、ずっとそのタイミングを待っていたのだ。ひと月かけて思案を重ねたものの、決断しようとするたびに気持ちが萎えた。いいタイミングが来ない、ウィーンで行動を起こすのは無理なのだろうか、とまで考えたあとのことだ。

当時のウィーンは、四カ国の征服者によって分割された〝戦利品〟であり、町のいたるところに悪事がはびこっていた。際限を知らない闇商人、自暴自棄の難民、陰謀を企むナチスの残党らがひしめき、敵対する諜報員たちがつねににらみ合うなかを、アメリカ、イギリス、フランス、ソ連の武装した兵士が闊歩《かっぽ》しているような状態だ。通りを一本渡っただけで、アメリカ領地を出てソ連の領地に入ってしまうかもしれない。そうなったら、何が起きても文句は言えない。ロシア人は、少しでも怪しいと思ったら誰でも捕まえる。一度捕まってしまえば、疑いを晴らさないかぎり戻ってはこられない。ウィーンで暮らすスパイは、つねにナイフの刃先に立たされているような恐怖を味わっていた。

ウィーン中心部の近く、旧世界の優雅な建築物が立ち並ぶ区画には、場違いな侵入者のようにシュティフツカサーネが建てられている。大きな灰色の拳を思わせる、醜いコンクリートの掩体壕《バンカー》だ。ナチスがドイツ帝国の軍事力を象徴するために建てた残忍なシンボルだったが、結局は防空壕として使われていた。ドイツ国防軍の兵士達は、連合軍の戦闘機から身を守るために、厚い壁の後ろに身を潜めたのだ。戦後はアメリカの手にわたり、ウィーンにおけるアメリカの存在感を象徴するものになった。そして、KGBの少佐だったデリアビンは、この建物を新たな人生への玄関口として選んだ。彼は、スターリングラードの戦いで四度の負傷を負いながら生還した英雄だ。連隊にはもともと二八〇〇人の兵士がいたが、生き残ったのは彼を含めてわずか一〇〇人程度だった。デリアビンは、テヘランとヤルタでスターリンのボディーガードとして活躍した実績もあり、ウィーン時代はKGBのオーストリア・ドイツ駐在事務所の防諜責任者を任されていた。

デリアビンは英語をほとんど話せなかったが、知っている単語をいくつか組み合わせ、低いささやき声で見張りを担当していた伍長に事情を伝えた。

その伍長は、サイズの合わないコートを着た大柄な男が何を言っているのかさっぱりわからず、ライフル銃を向けて追い払おうとした。

デリアビンはパニックになるのをこらえて、「ソ連の将校《ソヴィエト・オフィサー》」と言った。

「ソ連軍の将校に電話をかけろ、ということだな？」陸軍の伍長はそう返事をすると、事務所の電話に手を伸ばした。

「違う、やめろ！　アメリカ人、アメリカ人だ」と、デリアビンは必死に訂正した。

ようやく伍長はデリアビンの言わんとしていることを理解し、当直の士官を呼んできた。その士官はロシア語がわからなかったが、だいたいのところは把握できた。そしてあらためて、亡命を望むソ連諜報員の決意のこもった目をじっと見つめた。

その後、デリアビンは暖かい部屋に通され、ロシア語が堪能なＣＩＡ職員と向き合った。その職員は「テッド」と名乗ったが、もちろん偽名だ。テッドは疑いの目を光らせていた。ウィーンでは、亡命希望者が訪ねてくるのはめずらしいことではない。戦後の厳しい状況に置かれた人々が、貧しくて不自由な暮らしから抜け出すためのチケットを求めるのは自然なことだ。だが同時に、身分を偽り、反共産主義者を騙《かた》る連中が玄関のドアをノックしてくるのも日常茶飯事だった。

事務所の職員たちの仕事は、亡命希望者から話を聞き出すことだ。約束も保証もせず、ただ耳を傾ける。ＫＧＢの重要人物が、本気でアメリカに寝返ろうとしている可能性もゼロではない。

テッドはいつものように、基本的な質問を投げかけながらメモを取った。

デリアビンは、長い年月をかけて鍛えた観察力を通じて、テッドが左利きだということを見抜いた。そして、左利きのアメリカ人諜報員に関する報告書がＫＧＢの事務所に出回っていたことを思い出した。デリアビンは不敵に笑い、自信に満ちた声でこう聞いた。「ピーターソン大尉という方をご存じではありませんか？」

その瞬間、テッドの顔色が変わった。彼はかつて、「ピーターソン大尉」という偽名を使って、ソ連の経済担当官セルゲイ・フェオクティストフと接触していたのだ。

デリアビンは、小さな目を輝かせながら笑顔で言った。「もしピーターソン大尉に会うことがあれば、こう伝えてください。あなたの協力者のフェオクティストフは、実際はソ連のために動いていますよ、と」

これ以上の質問は不要だった。デリアビンは、ソ連の二重スパイを明らかにしただけでなく、自分がＫＧＢにおける重要人物だと証明したのだ。テッドは、目の前の男はまぎれもなくプロの諜報員だと確信した。

「ピョートル大帝」――ウィーン支局に集まっていたＣＩＡ職員はデリアビンをそう呼んだ――の脱出計画は、あまりほめられたものではなかった。ただ、ほかの案に比べたらいくらかましだったというだけだ。最初の計画は、彼を小型機に乗せて、ウィーン市内から安全なアメリカ占領地に移送するというものだった。ウィーンのアメリカ軍管区の一角に小さな飛行場があるので、過去にも同じ方法で成功した事例があった。だが、それまでの亡命者とは違い、デリアビンは敵にとっても重要度の高いターゲットだ。ソ連側が怒りに任せて強引な手段を取る可能性も大いにある。ロシア空域で小型機を飛ばそうものなら撃ち落とされてもおかしくはない。連中は、国際問題になったとしても気にしないのだ。

　高速道路でウィーンから脱出するという案についても同じことが言えた。ソ連管轄区の入出時には検問所を通過しなければならない。何台ものトラックに乗ったソ連の重武装兵と銃撃戦になるのは、いくらウィーン支局の強者といっても気が進まない。そういうわけで、消去法で「モーツァルト急行」を使うことに決まった。

　モーツァルト急行とは、ウィーンからザルツブルクのアメリカ管轄区まで毎日運行するアメリカ軍の列車の通称だ。だが、途中でソ連の管轄区を通らなければならず、そのときに何が起きてもおかしくないという懸念があった。ふだんなら、列車の司令官であるアメリカ人と、境界の出入りを監督するソ連軍将校との間で淡々と渡航書類の受け渡しが行われるだけだ。しかし、自国の諜報員が逃亡したことをKGBが知っていたら、いつものようにはいかないだろう。すべての車両を確認し、すべての乗客の身元を調べようとする可能性もある。そうなれば、アメリカ側としても獲物を逃すまいとして対抗するに決まっている。戦いは避けられない。冷戦はあっという間に熱を帯び、オーストリアの火種が世界中に燃え広がっていくかもしれない。

　この計画があらゆる点で不確実だということは誰もが認めていたが、それでもデリアビンに付き添う二人のCIA職員は、最善を尽くして任務にあたるしかなかった。責任者は、ウィーン支局の作戦主任ビル・フード。屈強で酒豪なこの男は、戦時中のX−2［戦時中に設立された防諜組織］での活動から、現在ウィーンで繰り広げられているスパイ同士の争いにいたるまで、数々のオペレーションに携わってきたベテランだ。彼は海兵隊出身の若手職員を相方に選んだ。フード自身、かつては海兵隊にいたので、そこでしごかれた人物なら作戦に危険が迫ったとしても逃げ出すことはないとわかっていたのだ。そうして選ばれたのがピート・バグレーだった。

オペレーションの内容上、綿密な計画を立てることはできなかった。何が起こるかまったく予測できないからだ。デリアビンは、「MACHINERY（機械類）」とわざとらしく刻印された大きな木箱のなかに隠れ、そのまま貨物車に積み込まれた。隣の車両には分隊規模の兵士たちが乗り込んでいたが、態勢を整えておくよう命令を受けただけで、具体的な指示は何も出ていなかった。ピートとフードは客室に陣取り、列車が進みはじめてからはチェスをして時間を潰したものの、心ここにあらずといった状態だった。

列車は順調に目的地に向かって走ったが、ソ連の区域の真ん中あたりでとつぜん甲高いブレーキ音が鳴った。まもなく、列車は完全に止まってしまった。二人は心配そうに顔を見合わせたが、お互いに何も言わなかった。静寂のなかで不安がつのっていく。このあと、銃を構えたロシア兵が乗り込んできて、乗客全員を尋問し、すべての貨物を検査しようとするのだろうか。それとも、何事もなかったかのように走りはじめるのか。

列車は動く力を失ったかのように止まったままだった。ピートはジャケットの下に忍ばせていた拳銃に手を添えながら、焦って行動しないよう気持ちを落ち着けた。いまはじっと待つしかない。モーツァルト急行の旅がまた始まるのか、これで終わりなのか。終わりだとするなら、デリアビンを引き渡すべきか、撃ち合いで決着をつけるべきか。どちらかを選ぶ必要がある。

一〇分が経過した。ピートにとっては一生ぶんの長さに感じられたかもしれない。しかし、列車はゆっくりと動き出し、だんだんと速度を上げていった。

二日後、ピートはデリアビンとともに、バイエルン・アルプス山中の雪に覆われた山小屋《シャレー》に身を潜めた。谷間に広がる村の家並みは、さながら絵本のように幻想的だった。結果報告《デブリーフ》は数日かけて集中的に行われた。それが幾度にもわたる事情聴取の始まりにすぎないことは、二人ともよくわかっていた。それでも、最初の報告にラングレーの上層部たちは歓喜した。その後、ピートとデリアビンは車に乗せられ、凍てついた道を通ってミュンヘン郊外の軍用飛行場まで運ばれた。C－54貨物機には暖房がなく、飛行中は震えが止まらなかったが、途中で給油のためにアゾレス諸島のテルセイラ島に着陸した。灼熱の太陽と、花畑の強い香りを感じながら、ピートは久しぶりにくつろいだ気分を味わうことができた。


それから二五年あまりが過ぎた。運命とは不思議なもので、貴重な亡命者だったデリアビンは、いまやＣＩＡの敏腕分析官だ。そのうえ、今夜は結婚仲介者《マッチメーカー》としての役目も果たそうとしている。結局のところ、諜報の世界に生きる者にとって、人を操ることは第二の天性なのだ。

デリアビンは、クリスティーナとゴードンの話を聞いたことがあった。仲のいいＣＩＡ職員二人には、それぞれ成人した息子と娘がいて、どちらもたまたまヴァージニア州アーリントンの庭付き集合住宅に住んでいるが一度も会ったことがないらしい、と。そのときは、クリスティーナ・バグレーがＣＩＡの訓練生だということも、ゴードン・ロッカが国防情報局（ＤＩＡ）の分析官として機密業務に従事していることも触れられなかった。だが、同業者同士の暗黙の了解というべきか、意味ありげな話し方や遠回しな表現を見れば、おおよその趣旨は伝わった。デリアビンがはっきりと知っていたのは、二人とも聡明で、見た目もよく、大学を卒業してまもない二〇代の若者だということと、どちらも政府関係の仕事に就きながらキャリアを積んでいることだけだった。かつてのKGB将校が、二人を「理想のスパイ・カップル」だと思ったのも無理のないことだ。

主催者のデリアビンは、スパイたちに囲まれたテーブルの上座に腰を下ろした。ピートはその右側に座ったが、彼が注意を向けていたのは、遠い昔に西側に密航させたかつての亡命者でもなければ、意気投合しているように見える二人の若者でもなかった。ピートの目には、パーティーが始まる直前に到着したゲスト、CIAの古株たちが〈ロック〉と呼ぶ男だけが映っていた。

その夜、〈ロック〉の妻は自分の母親のもとに出かけるために家を留守にしていた。そのことを知ったデリアビンは、急遽《きゅうきょ》〈ロック〉を招待することにした。息子が来るのだから、父親に声をかけてもいいだろう、と考えたのだ。もしもピートが、〈ロック〉を呼ぶべきかどうかの意見を求められていたら、すぐさま怒りをあらわにしただろう。だが結局、ピートは不意打ちを食らうことになった。ピートの気分しだいでは、楽しいディナーの場が戦争の舞台に変わってもおかしくはなかった。

5

一九四七年

当時のレイ・ロッカは、サンフランシスコ出身の瘦《や》せた若者だった。戦略情報局（ＯＳＳ）を退役してまもない彼は、戦後の混乱が続くなか、ローマを拠点にイタリアでの諜報活動に従事するジム・アングルトンとチームを組んでいた。ロッカの拳銃の腕前は一流だったので、周囲からは「頭脳明晰な上司を腕力の面で支えるために起用されたのだろう」と考えられていた。だが、現実はもっと複雑だ。ロッカのほうも、カリフォルニア州立大学バークレー校で歴史学の修士号を修得した思慮深い男だった。最初のうちは、二人は互いの間に微妙なずれを感じていたが、絆が深まるにつれて表面的な差異は気にならなくなっていった。

アングルトンは、謎の多いスパイとして知られていた。神秘的、と言ってもいいかもしれない。一九五四年にワシントンに戻り、ＣＩＡ本部での任務に専念するようになってからは、二〇年にわたって冷戦下の世界で暗躍してきた。大胆な策略を練り、陰から作戦の糸を引くのが彼の仕事だった。正式な肩書きは「機密防諜部長」で、おもな任務は、ＣＩＡに潜り込んだ〝モグラ〟（ソ連の信奉者である二重スパイや、銀貨一三枚で国家を売り渡す裏切り者など）を穴から追い出すことだった。アングルトンは、自分の仕事を「謎に満ちた領域、いわば『鏡の荒野』を歩き回ること」だと表現したのだが、Ｔ・Ｓ・エリオットの上品な言葉を使ったことで、紳士としての気品を備えたスパイとしての彼の伝説はいっそう高まった。しかし実際は、彼の本質は卑しさであり、汚い仕事に手を出すこともいとわなかった。要求が多く、変化の激しい戦場に身を置く人間は、すべてを疑わなければ生き残れない。いつ誰に裏切られてもおかしくはないのだ。潔白が証明されるまでは、相手が誰であろうと信じるわけにはいかない。

アングルトンは、本部の二階にある広々とした「王座の間」に陣取って采配を振るった。ヴェネツィア・ブラインドはつねに閉じられ、オークの机の上に散らばった書類を一台のランプが照らす、洞窟を思わせる執務室だ。その空間が、謎めいたイメージをつくり出すために、劇場から着想を得て意図的につくり出されたものなのか、単に彼の秘密主義的な性格が反映されただけなのかはわからない。だが、時間とともに動機はどうでもよくなった。とにかく神秘的であることが重要なのだ。

外見も神秘的なイメージにふさわしいものだった。服装は葬儀屋のように地味で、かしこまっていた。スリーピースのスーツを着ることが多く、白髪頭に黒いホンブルグ帽をよくかぶった。顔は面長で、病に冒されているかのように活力が感じられない。だが一方で、その鋭い目は輝いていた。それは戦いの興奮のせいとも、昼食のときに飲む三杯（ときには四杯）のマティーニのせいとも考えられた。ほかにも、多額の資産を相続したとか、高尚な趣味をもっているとか、ボヘミアン的な知識主義者だとかいった噂も巷《ちまた》を賑わせた。さらに、会話に夢中になると、相手が当惑していようがおかまいなしに話を進めることでも有名だった。また、笑えるような話もある（ピートはよくこの話を持ち出した）。ＣＩＡが誕生したころ、上層部は紋章をどうするかについて頭を悩ませていた。そのとき、誰かがアングルトンのほうに目をやった。厳格で秘密めいた亡霊のような顔を見たその職員はこう言った。「ひらめいた！　その顔にしよう！」

長い年月をともに過ごすうちに、ロッカは多くの点でアングルトン以上にアングルトンらしくなっていった。ロッカの仕事も、思考力を求められる防諜の分野に属している。アングルトンがロッカに与えた肩書きは「調査分析主任」という抽象的なもので、任務の内容を大まかに言うなら、アングルトンが「連続性」と呼んだものに目を凝らすことだった。つまり、複雑に入り組んだ何百件もの諜報事件を調べ、何百本ものほつれた糸を絶えず整理するのだ。ロッカは、過去の事件を構成する糸が、目の前の大きな疑惑と結びついていないかを調べ続けた。

思索をめぐらせて謎を解くこと——それこそが防諜の本質だ。アングルトンが詩人のような比喩を使ってその作業を表現したのとは違い、ロッカは職人らしく、本質を重視した表現を用いた。「防諜は、他国の諜報機関がわが国で行う活動、または海外でわが国に対して行う活動に対処することである。つまりCI（カウンターインテリジェンス）とは、その名のとおり諜報《インテリジェンス》への対抗《カウンター》を意味する。以上が防諜という言葉の定義だ」。ほかにも、記録には残っていないが、「CIに携わる者はつねに戦争状態にある」「わが家に忍び込んだ敵、侵入を企てている敵に対して警戒を怠ってはならない」といった言葉を付け足していた可能性もある。アングルトンとロッカは、共通の恐怖に立ち向かい、惨憺たる仮説が現実にならないように戦いながら、同じ考え方や信念をもつチームになっていった。

実際、二人は〝塹壕〟の外に出て休息を取るときも、よく同じ趣味に安らぎを求めた。アングルトンは、週末は蘭《らん》の栽培に精を出し、妻のシセリーの名を冠した品種改良の蘭をコンテストに出して受賞することもあった（シセリーは自分の名前をつけることに反対したようだが）。彼は、蘭の魅力は「昆虫を引き込むための狡猾な仕掛けがあること」だと述べている。蘭と仕事にどのような関係があるかまでは言及していないが、狡猾さは諜報員にとっても欠かせないものだ。諜報機関も蘭と同じで、策略を駆使して敵を追い詰めたり、破滅への道に誘い込んだりしているのだ。

ロッカのほうも、蘭と仕事のつながりを理解して蘭の愛好家になった。ヴァージニア州郊外にある彼の家の書斎のわきには、巨大な二本のカトレア蘭が番兵のように立っていた。また、彼もアングルトンと同様、メリーランド州ケンジントンにある蘭の業者の店によく出入りした。やがてロッカも、上司のように禁欲的な顔つきになり、昼夜を問わず古びた文献を読みふけるようになっていた。いつの間にか白髪を生やし、肩幅が狭くなり、諜報員らしくあごひげをたくわえていた。射撃の腕だけが取り柄だったＯＳＳの工作員時代の面影は、もはや遠い昔の思い出となった。

6

一九六六年

しかしピートからすると、アングルトンとロッカにはまた別の、許しがたい結びつきがあった。二人の部下たちが特別調査グループ（ＳＩＧ）の〝モグラ狩り〟を自称し、一年かけてピー

トを苦境に追いやったとき、二人はただ傍観していただけだったのだ。ピートにかけられた容疑
は、何から何まで的外れで、けっして許せないものだ。そして皮肉なことに、今晩の夕食会のホ
ストであるピョートル・デリアビンは、その腹立たしい告発の鍵となる人物だった。
オペレーションのコードネームは〈HONETOL〉だ。CIAがよく使う、アルファベット
を適当に並べただけの名前なのか。あるいは噂されていたとおり、何かの頭文字をとった、アン
グルトンだけが解読可能な暗号《コード》なのか。ほとんどの職員にはその意味がわからなかったが、のち
に〝人狩り《マン・ハント》〟を表していると明らかになった。
クレア・エドワード・ペティは狩人《ハンター》の一人だった。オクラホマ出身で、そばかす顔と長く突き
出た下あごが特徴的な若者だ。戦後、CIAに入った彼は、ドイツ駐在中に西ドイツ情報局（B
ND）の二重スパイの正体を突き止めた。その功績がアングルトンの目にとまり、一九六六年に
SIGチームの一員として本部に呼び戻された。
ペティは、与えられた任務の内容にはいっさい疑問を抱かなかった。忠誠心が強く、一度誓っ
たことはけっして曲げようとしない。「アングルトン以上に防諜を理解している人はいない」と
ペティは考えていた。そのような人物が自分を狩人《ハンター》に任命してくれたのだ。任務に身を捧げる理
由はそれだけでじゅうぶんだった。
オペレーションにおいては、アングルトンとロッカから叩き込まれた信条と信念がペティの指
針になった。根底にあったのは「CIAに敵が潜入している」という確信だ。新聞を見れば、K

GBがイギリスとフランスの諜報機関の上層部に工作員を潜り込ませたのは明らかだった。そのことをふまえると、ソ連はアメリカに対しても同じことをしていると考えるのが自然だ。また、実利を重視するモスクワ・センターの戦略家が、たいした成果を期待できない部署への潜入を企てるはずがない。彼らはつねに、相手に最大のダメージを与えられる場所を見極め、そこに照準を合わせてくるのだ。

モスクワ・センターの野望は、他国の諜報機関の上層部を仲間に引き込むことだろう。理想はCIA長官か、有力な幹部の誰かだ。しかし、アングルトンが部下にも話したことだが、最上層部の人間が敵側につくとは考えにくい。高官に任命される人物は、顕微鏡でのぞき込むかのように、不審な点がないかを徹底的に調べ上げられるからだ。そこでSIGの狩人《ハンター》たちは、よりKGBに勧誘される可能性があるターゲットとして、もう少し下の階層、すなわちソ連圏部（SB）に焦点を当てることにした。

実際、敵がSBに目を付ける可能性はきわめて高かった。まず第一に、この部署の職員は、ソ連を狙ったオペレーションに関する直接の情報を握っている。まさにモスクワ・センターが喉から手が出るほど欲しがっている情報だ。そして第二に、SBはつねにソ連の諜報員を自分たちの側に勧誘しようとしている。だが、逆に考えれば、KGBのほうもSBの課報員に同じことをしようとしているかもしれないのだ。

ターゲットを絞り込むと、ペティはさっそく攻撃に移った。彼は無意識のうちに、自分のオフィスの窓から中庭を隔てて真向かいにある二階の窓を見つめていることがあった。2C43号室のブラインドが閉じていれば、アングルトンがその部屋にいると見て間違いない。この国で最も偉大なスパイがＣＩＡの最高機密ファイルと向き合い、ほかの職員が見落とした手がかりを洗い出そうとしている光景をペティは思い浮かべた。そうすることで、勇気がわいてくるのを感じ、なかなか進展しないやっかいな調査を推し進めようという気持ちになれるのだ。

ペティはまず、亡命者のファイルを調べることから始めた。時間をかけて、ＳＢの偉業の歴史を入念にたどっていく。しかし、調査を進めるなかで、違和感を覚えた。賞賛されている功績のなかに、中身がないものが混ざっている気がしたのだ。疑えば疑うほど、ＳＢの歴史が不気味なものに見えてきた。彼はそのまま前に進み、無秩序に生い茂る雑草を引き抜いていった。やがて、ずっと見過ごされていた亀裂があらわになった。

とうとう見つけた――裏切り者はすぐ近くにいたのだ。

7

ゲームが始まってから、ペティは猛烈に進み続けた。いくつもの疑惑を解く鍵は、ピョートル・デリアビンにまつわる膨大な記録の奥に隠されている。ずっとそこにあったのに、誰も気づかなかったのだ。しかし、悪魔はいつも細部に宿る。そしてそれは、プロの諜報員が言うように、モグラも同じなのだ。

誰もがよく知っているその出来事を調べはじめてすぐに、ペティは自分が追い求めている秘密の片鱗《へんりん》を見つけた。モーツァルト急行でソ連領から脱出し、バグレーとともにバイエルンの隠れ家《セーフハウス》に潜伏していたときに、デリアビンはウィーンに駐在しているＫＧＢ諜報員の名前を提供するよう求められた。その要請に応じて彼が作成した諜報員の名簿は、非常に貴重な情報だと確認された。ラングレーは、バグレーとデリアビンを公式に賞賛した。

しかし、その一件を賞賛する報告書を読み返しながら、ペティは漠然とした不安に襲われた。具体的なことまではわからないが、何かが足りない気がした。やがてその不安は、少しずつはっきりとしたかたちを取りはじめた。

ペティは驚異的な記憶力を発揮して、別のＫＧＢ諜報員の取り調べの記録を思い出した。その諜報員は、ＣＩＡの取調官に対し、「デリアビンが自分の名前と役職を公表したせいでウィーンでの任務から外された」と語ったようだ。当時、その発言はデリアビンの情報が正しいことを裏づけるものとしか考えられなかった。しかし、数々の疑惑を胸に抱えたペティは、こう思わざるをえなかった――ＣＩＡは、なぜモスクワ・センターがデリアビンの情報のことを知っていたのかと問い詰めるべきだったのではないか？

ペティはすさまじい速さで取り調べの記録をたどっていった。すると、何年も無視されてきた一つの事実が明らかになった。ウィーンの任務から外されたその諜報員は、バグレーがデリアビンの取り調べをしたときの記録が上司の机の上に置いてあったと語ったのだ。

つまり、ペティが恐れていたことは真実だった。ＳＢの誰かが情報をリークした。ついに容疑者を見つけたかもしれない。

ＣＩＡポーランド課の保管文書《アーカイブ》は、めったに人が来ない地下の薄暗い二つの部屋に収められている。床から天井まで伸びた金属製の棚いっぱいに、頑丈なダンボール箱が整然と並ぶ。箱には黄ばんだファイルに挟まれた報告書が詰め込まれていて、長い間忘れ去られていた秘密と、意図的に隠された秘密もそこにあった。

怪しいにおいを嗅ぎつけたペティにとって、その部屋は宝庫のようなものだった。隠された資料をもとに、打ち立てた仮説を検証する必要がある。本部に残されたわずかな記録から、ついにこの地下室にたどり着いたのだ。ペティは重い箱を棚から下ろし、ある資料を取り出した。ポーランドの諜報員、ミハル・ゴレニエフスキーの事件記録だ。

その記録は、低俗なスパイ小説のような出だしから始まった。一九五九年四月、スイスのベルンの大使館に「アメリカ大使」に宛てた手紙が届いた。差出人は、「鉄のカーテンの向こう側」にいるソ連の諜報員だという。手紙はドイツ語でタイプされていたが、たいしたことは書かれていなかった。ＣＩＡベルン支局の職員がすでに知っていることばかりだ。ところが差出人は、手紙に書いた情報がごみ同然だということを暗に認めたうえで、「次回からはもっとおもしろいものを提供できる」と書いていた。手紙の署名は「Heckenschütze」となっていた。英語で「狙撃手《スナイパー》」という意味だ。まもなく、差出人のターゲットはソ連なのか、それともアメリカなのかという議論が白熱した。ペティが興味深くその報告書を読み進めていくと、その騒動の中心にいたのがピート・バグレーだったとわかった。

バグレーは当時、順調に昇進を重ね、本部のポーランド課で勤務したのち、ベルンにある大使館の二等書記官に任命されたばかりだった。外交官として配置されたのは、スパイとしての仕事を覆い隠すためだった――もっとも、その覆いは透けて見えるほどに薄いものだったが。敵は、実直かつ上品なスイスを足がかりにして、アルプスの向こう側、東ヨーロッパ全体に対する策略を仕掛けていた。エリートが集まるソ連圏部の一員として、バグレーはＲＥＤＴＯＰＳ（西側諸国で悪事に手を染めるソ連の外交官、軍幹部、諜報員のこと）を〝フォーカス〟することに力を注いだ。〝フォーカス〟とは、「勧誘」を意味するＣＩＡの用語だ。やがて、〈狙撃手《スナイパー》〉の手紙が彼の手に渡った。

支局内では「偽情報の可能性がある」と反対する声も上がっていたが、そうした反対を無視して〈狙撃手《スナイパー》〉との接触に踏み切ったのはバグレーだったようだ。そしてＣＩＡは、差出人からの要請に応えて、『フランクフルター・アルゲマイネ・ツァイトゥング』紙の人事・消息欄に、今後の手紙の宛先を記した広告を掲載した。

〈狙撃手《スナイパー》〉は熱心に手紙を送ってきた。行間を空けずにタイプされたその長文の手紙には、宝のような情報が詰まっていた。「実に貴重だ」とバグレーは喜び、当初の懸念は杞憂《きゆう》に終わったと確信した。

しかし、報告書を読んだペティは重要なことに気がついた。〈狙撃手《スナイパー》〉が提供した情報は、単に興味深かっただけでなく、まさにＣＩＡが必死になって求めている情報そのものだったのだ。

ペティは、プロとしての経験から、その一致が偶然だとは思えなかった。〈狙撃手《スナイパー》〉が情報を流していることに気づいたKGBが、その状況を利用して、逆にアメリカに偽情報を流したに違いない。すべてはKGBの作戦だった。何も知らない〈狙撃手《スナイパー》〉に、自分たちに都合のいい〝秘密〟を渡すことで、それらを西側に拡散したのだ。

だが、ペティには一つ疑問があった。KGBはどうやって〈狙撃手〉の正体を知ったのかということだ。

その後、〝モグラ狩り〟のペティは、「スナイパー作戦」のことを知っていたSB職員は四人しかいないと突き止めた。その四人のなかにはピート・バグレーも含まれている。それだけでは何の証明にもならないが、ペティの頭にはある考えが固まりつつあった。

行動が早いペティは、すぐに決断を下した。彼はすでに、裏切り者が誰かを確信していた。そして、ファイルを読み進めるなかで、ついに確たる証拠が見つかった。

スナイパー作戦が始まってまもないころ、バグレーはUB（ポーランド情報部）の諜報員の弱みにつけ込んで勧誘を行おうとしていた。ターゲットは、職場の金に手を出して、にっちもさっちもいかない状態になっていた。そこでバグレーは、西ドイツの諜報員を名乗り、力になろうと申し出た。必要な金を出してやる、代わりに少しだけ良心を犠牲にしてもらおう、と。

窮地に追い込まれていたポーランドのスパイは、同僚の報復から逃れられるならなんでもすると言った。その後、取引の日取りが決まった。しかし当日、バグレーが姿を見せると、相手はとつぜん「取引には応じない」と言った。

バグレーは本部に連絡し、相手が勧誘を蹴ったことを報告した。理由について何も言わず、弁解もいっさいしなかった。万全の体制で臨んでも、諜報員を取り逃すことはある。自国を裏切ろうとしていた相手が、にわかに良心に目覚め、報いを受けることを決意する可能性はゼロではない。

しかしペティは、膨大な資料のなかから、このポーランドの諜報員が心変わりした理由を裏づける報告書を見つけた。UB内に潜入していたCIAの工作員によると、ピートがその男に会う二週間前、UB本部にモスクワ・センターから「大至急」の電報が届いたという。KGBは、西ドイツの諜報員がUBの諜報員に接近していることを指摘し、裏切ろうとしている人物の名前を提供するとともに、その計画を潰すよう厳しく指導した。そして、実際にそのとおりになったというわけだ。

またしても、ペティの頭に同じ疑問が浮かんだ。KGBはなぜ知っていたのか。こちらが「西ドイツの諜報員」を騙った点を含めて、KGBは作戦の細かい点まで把握していた。CIAには、こうした機密情報をその気になればリークできる人物が一人いる。ペティは思案に思案を重ね、ついに答えを出した。証拠は頼りなく、そのうえきわめて状況証拠的だ。しかし、興奮したペティの脳は、証拠よりも疑惑を優先した。そして結果を出すために、論理を大きく飛躍させて結論に飛びついた。

「ピートはいい友達だった。でも、可能性はすべて潰さなければならない」とペティは言う。この狩人《ハンター》は長い報告書を書き、「バグレーは要注意人物だ」と結論づけた。

ペティは、ピート・バグレーがＣＩＡで将来を期待されている男なのは知っていた。しかし、使命感をもって、バグレー（報告書のなかではＧＩＲＡＦＦＥ《ジラフ》というコードネームがつけられた）に関する分析報告書を、直属の上司であるジェームズ・ラムゼー・ハントに提出した。なんてものを書いたんだ、と出来の悪い生徒のように叱られるのは覚悟の上だった。

しかし、報告書を読み終えたハントは、「これまでで最高の出来だ」とペティをほめ、すぐにアングルトンに渡しておくと言った。

数週間が経ってもアングルトンからの連絡はなかった。自分は勲章をもらうのか、それともここを追い出されるのだろうか――ペティはそのことばかり考えていた。正直なところ、今後どうなるのかはさっぱりわからない。バグレーとアングルトンが親しい間柄なのは誰もが知っていることだ。しかし、ほかに選択はなかった。すべては、自分のキャリアのためでも、昔の仕事仲間や指導役《メンター》といった個人のためでもなく、組織のためにやったことなのだ。

やがて、とうとうペティに呼び出しがかかった。アングルトンは報告書とは関係ないことしか話さず、ペティは妙なよそよそしさを感じた。だが話の最後に、アングルトンは余談でも付け加えるかのように「ジラフ」に関する報告に触れた。

「ピートではない」。アングルトンはきっぱりとそう言った。

ペティは愕然とした。長い時間をかけて、一人きりで、必死に努力してきた結晶が、たったの一言で否定されてしまった。一瞬にして振り出しに戻されたのだ。

バグレーが〝モグラ〟でないのなら、いったい誰なのか。これからどうすればいいのか。ペティは悩み、自分をあわれんだ。彼の気持ちは危険なほど激しく揺れ動いた。自己嫌悪に駆られてのたうち回ったかと思えば、次の瞬間には怒りで叫び出しそうになった。

しかし、気力を振り絞ってふたたび任務に取りかかろうと思った瞬間、何かがひらめき、それまでのみじめな気持ちが消え去った。「そうか」と彼は思った。

「それまでの考え方が完全に間違っていたと気づいて一から見直した」「ものごとを裏返してみたら、すべてに説明がついた」と、ペティはのちに説明している。

「CIA職員のなかですべての電報にアクセスできるのは、電信室を除けば、ジェームズ・アングルトンだけだ。われわれが気づいた兆候を見るかぎり、KGBの手法はきわめて高度で、情報を繊細に扱っていて、しかも長期にわたって工作員を潜入させている。そのレベルの活動を行える者としては、やはり長官が該当するが、長官以外の幹部にも候補はいる。しかし、オペレーションに関する電報は、すべてアングルトンを経由している」

乱暴な推論ではあったが、ペティはついに核心にたどり着いたと宣言した。「アングルトンがモグラだったんだ」

ペティは勢いを取り戻し、長年にわたる秘密の歴史を振り返ることに情熱を燃やしはじめた。すでに膨大な時間を注いできたが、けっして急ぎはしない。彼は孤独な復讐者だった。SIGのほかの職員がどう思おうがかまわない。ペティはみずからの信じる正義に突き動かされた。

ペティはこの秘密の任務のことを、CIA職員のジェームズ・クリッチフィールドにだけは打ち明けた。ペティがドイツで危険な活動に従事していたときの指導役《メンター》だ。この男は二年にわたり、上層部の不正を暴くためのスパイとして、大量の証拠を集める任務に従事していた。

一九七三年の春、限界を感じていたペティは、とうとう引退を決意した。モグラに、そして敵の諜報員たちがＣＩＡの内部を荒らし回っている状況にうんざりしたのだ。だが、組織を去る前に、誰かに話をしておく必要があった。そこで、就任してまもないウィリアム・コルビー長官に、自分がそれまでに知ったことを伝えようと思ったが、残念ながらペティの立場では、直接話を通せるのは作戦本部長のデイヴィッド・ブリーまでだった。

ペティはブリーにすべてを話した。言葉が奔流のように口からあふれてきた。状況証拠的なことではあったが、伝えることに躊躇はなかった。あらゆる思いを吐き出し、彼はようやく気持ちを落ち着けることができた。

ブリーは、ほとんど口を挟まずに耳を傾けていた。その静かな態度からはなんの感情も読み取れない。ペティの説明が終わると、ブリーは丁重に礼を伝えたが、具体的なことは何も言わず、「これから会議に出なければならない」とだけ告げた。

それから一週間ほど経ち、ペティはブリーのオフィスに呼び出された。「われわれとしては、きみにはまだ残ってほしい」とブリーは言った。「われわれ」というのはブリーとコルビー長官のことだとペティは理解した。そして、自分の考えが正しいと認めてもらえたことを喜んだ。「作戦本部長の言葉は、『これまでどおりの仕事を続けてほしい』という明確なメッセージだった。だから、ＣＩＡに残ることにしたんだ」と、ペティは当時を振り返って語った。

しかし一年が経つころには、ペティは消耗し、もはや限界に達していた。このまま続ければ、自分の仕事はモグラと同じぐらい強大な破壊力をもつことになる、CIAそのものを破壊しかねない――そう感じはじめていた。そして、ふたたび引退を決めた。二回目の決意は固かった。

退職するにあたって、ペティは幹部のジェームズ・バークと面談した。そのときの二人のやりとりは、四日間、計一六時間に及び、一部始終が録画されている。さらにペティは、資料が詰まった二台の金庫をバークに渡し、自分の主張の裏づけとなる資料が入っていると内密に伝えた。

説明を終えたペティは、迷うことなく結論を述べた。アングルトンこそがモグラだ、あの男を辞めさせるべきだ、と。さらに、アングルトンの副官三名――ロッカともう二人――も操られている可能性がある、その三人もクビにしたほうがいいと付け加えた。

その後、アングルトンがただちに解雇されることはなかった。しかしコルビーは、いかにも官僚らしい狡猾《こうかつ》さで、アングルトンが長年握っていた組織上の権限を一つずつ剝奪《はくだつ》していった。「あの男に悪い予兆を感じさせるためにやった」と、コルビーはのちに認めている。ペティが弁舌を振るう前から、コルビーはCIAのモグラ狩りにうんざりしていたようだ。「だがアングルトンは、こちらの目論見どおりには動かなかった」とコルビーは語る。

だからコルビーは待った。そのうち、CIAによる国内での権力濫用をめぐって、アングルトンがその司令塔だとする調査記事が『ニューヨーク・タイムズ』紙に載った。記事の内容は間違っていたが、コルビーはすぐさまその機会を利用した。アングルトンを呼び出し、あきらめたようにこう言ったのだ。「きみとは長い間こうした議論を重ねてきたが……もう終わりにしてもらおう」

その日、アングルトンはロッカに「私は引退する。きみも異動になるだろう。長官は今後、きみに防諜の仕事はさせないつもりだ」と伝え、どうするつもりかと尋ねた。

「自分も辞めようと思います」と、ロッカは打ちのめされたような顔で答えた。

アングルトンはうなずいた。

その後、CIAでは賛成派と反対派の間で激しい議論が巻き起こった。コルビーは、荒れた職員たちにひとこと言っておく必要があると考え、こう述べた。「アングルトンに辞めてもらったのは、彼がソ連側の工作員だったからではない。それだけは確かだ」

CIAの職員たちはその言葉を信じた——絶対に信じようとしない何人かを除いて、だが。

ディナーパーティーに話を戻そう。ピートは、過去の戦いの傷にこだわるのをやめようと思った。いまさら〈ロック〉を恨んでも仕方がないのだ。荒っぽい人間であれば、仕返しとばかりに〈ロック〉の失脚を笑うかもしれない。おれを食い物にしたおまえの部下は、まだ食べ足りなくて、おまえの評判にまで嚙みついたのか、と。

しかしピートは、数十年かけて冷静な考察を重ねたことで、物事を客観的に眺められるようになっていた。〈ロック〉は間違っていることもあったが、それ以上に正しいことのほうが多かった。二人とも、CIAにモグラが潜んでいると確信していた。根本的には、ピートと〈ロック〉は同じ立場だ。〈ロック〉も組織を追われたスパイなのだ。すでに旬を過ぎた冷戦の戦士であり、自分と同じ犠牲者だ。そして突き詰めて考えれば、二人は多くの戦いで味方同士だった。友人とまではいかないが、同僚だったことは間違いない。それに二人とも、アングルトンとは深い絆で結ばれていた。

若い二人の男女が楽しそうに話している間、ピートはテーブルに着いたときから意図していたとおりに、一見関係がなさそうな昔の事件に話を向けた。

KGB第二総局中佐、ユーリ・イワノノヴィッチ・ノセンコ――黄ばんだ分厚い事件簿の見出しを思い出して暗唱するように、ピートは語りはじめた。

たしかに昔のことだが、けっして終わってはいない。ノセンコの事件は、その後起きたすべての出来事につながっているとピートは確信していた。

8

一九六二年

人生においては、元に戻せないような変化がとつぜん起きることがある。たとえその瞬間には気づかなくても、その後の成り行きからは逃げられない。ピートの人生は、「ノセンコ以前」と「ノセンコ以後」で明確に区切られていた。その事件は彼のキャリアを決定づけるものだった。ピートが闇のなかを探るようになったのも、いつまでも薄れない恐怖を知ったのも、その出来事がきっかけだった。一九六二年、彼は迫り来る危険がどういうものかを初めて目の当たりにした。二〇年が経ったいまでも、ピートはその危険と向き合う必要があった。

彼がワシントンに戻ったのは、〈トリゴン〉とペイズリーの不可解な死と、その根幹にある何かに疑問を抱いたからだ。このねじれた糸を解きほぐすには、はるか過去にまでさかのぼる必要がある——ピートはそう確信した。諜報機関で長年働いた経験から、防諜活動には必ず過去の出来事がかかわっていると知っていたのだ。

ノセンコこそ解決の鍵《ロゼッタストーン》だとピートは考えた。ノセンコの事件の真相がわかれば、何世代にもわたる敵の陰謀が明らかになるに違いない。ＣＩＡに潜む裏切り者、あるいは裏切り者たちへの道筋も見えてくるだろう。

数カ月前、ピートはブリュッセルの自宅の書斎にいた。木目調の静かな空間でじっと座りながら、まずはノセンコの事件を掘り下げる必要があると思った。強い意志をもつフランスの若者、ジャン＝フランソワ・シャンポリオンが象形文字を解読したように、ピートも強い意志をもって一連の事件の謎を解き明かさなければならない。人生の秋を迎えながらも、この事件について考えると身体が熱を帯びる。謎を解けば「まだ見ぬ裏切り者が亡霊のように漂っている」のを見つけられるだろう——ピートはめずらしく詩的な言葉で表現した。

アメリカに来てから、ピートはその〝亡霊〟のことばかり考えていた。今夜、この〝元スパイ〟は、主役である若いスパイの父親としてパーティーにやってきたが、本当の狙いは別のところにあった。主催者を自分の側に勧誘し、過去の亡霊を見つけるのを手伝わせることだ。〈ロック〉

も協力してくれたら言うことはない。パーティーの席に通された瞬間、ピートは一九六二年五月のことを思い出した。午後のジュネーヴ旧市街には、春の日差しが降り注いでいた。窓辺には赤い花が咲き乱れ、色褪せた木造屋根がスイスの太陽に照らされていた。その日、ピートの人生は決定的に変わることとなった。

亡命者の物語はどれも似通っている。突き詰めれば、最初の一歩を踏み出して向こう側に渡るという内容だからだ。ユーリ・ノセンコの場合は、国連ジュネーヴ本部《パレ・デ・ナシオン》の重厚な会議室の外、天井の高い大理石の廊下から始まった。退屈なうえに得るもののない軍備管理会議の午前の部が終わり、ようやく休憩時間に入ったところだった。

会議から解放された代表団員が長い廊下を歩き回るなか、ノセンコは人混みを抜け出し、かつてモスクワで勤務していたアメリカの外交官を探した。レマン湖が望める小さな窓から差し込む光に照らされて、そのアメリカ人は一人たたずんでいた。二人は、良識のある外交官らしく握手を交わしてから、親しみを込めたあいさつをした。ノセンコは周囲を見回し、ソ連の代表団が近くにいないことを確認すると、こう切り出した。ＣＩＡと連絡を取りたい――いますぐに。

それからの二日間は、ノセンコにとって果てしなく長い時間に感じられた。だがやがて、先日のアメリカ外交官が訪ねてきて、ジュネーヴの地味な地区にノセンコを連れていった。集合住宅が立ち並ぶ一角、こぢんまりとしたアパートメントの玄関まで案内すると、「ソ連代表団のノセンコ氏です」と簡潔にピート・バグレーに紹介した。そこまでするとと、彼は安堵したような表情を浮かべ、礼儀など気にせずに早足でどこかに消えていった。

ピートは、言うまでもなく偽名を使って、その日の朝にベルンを発ってジュネーヴにやってきた。アパートメントに到着すると、テーブルに塩味のナッツの入ったボウルを置き、バーカウンターに飲み物を用意し、隠れ家《セーフハウス》に必要なもてなしの用意を整えてから、隠したテープレコーダーが正常に動いていることを確認した。ピートは仕事の準備に関してはいつも几帳面《きちょうめん》だった。

当時の記録によると、ピートは英語でこう言ったようだ。「アメリカの諜報機関関係者に用があるらしいな」。そして話しながら、目の前のロシア人をざっと観察した。背が高く、恰幅《かっぷく》がいい。顔つきはどこか生意気そうだ。この場にいるのが少し気まずいのだろうか。ばつが悪そうな笑顔と、肩を丸めた姿勢からはそう読み取れた。年齢は三〇代半ばぐらい。スラヴ系の顔立ちで、ボクサーのように鼻がつぶれている。淡い茶色の髪を後ろに流し、広い額を出している。人ごみのなかでもすぐにロシア人だとわかる。特徴的な二重まぶたの目で周囲を見渡し、部屋の様子を観察している。狭いバルコニーの向こうの景色に注意を払っていることから、ピートは男もこの道のプロフェッショナルだと判断した。ピートもつねに、隣の建物より高い位置にいるように心がけていた。そうすれば、向かいから撮影される心配はない。

「はじめまして」とピートは続けた。まずは相手を適度にくつろがせるのが手順だ。過度に、ではない。熱心に働きかけると逆効果になる。亡命者が何を望んでいて、見返りに何を提供してくれるのかがわからないとなればなおさらだ。

ノセンコはピートに微笑んだ。ピートも笑みを返した。このときの二人は、賭け金を上げるかどうかを見極めようとするポーカー・プレイヤーのようなものだったのだろう。

「大事な話がある」。ノセンコがついにロシア語で言った。

ピートは交通整理をする警官のようにさっと手を上げた。「ロシア語はわかるが、話すのはそこまで得意じゃない。英語でもいいか」

「かまわない《ノー・プロブレム》」と、ノセンコは今度は英語で答えた。

ピートはノセンコを布張りの椅子に座らせると、「何か飲むか」と愛想よく尋ねた。

「じゃあスコッチを」

それがロシア流の回答なのはピートも知っていた。ロシアではウォッカ、外国ではスコッチ。ピートは氷で満たしたグラスにウイスキーを注ぎ、多めのソーダで割った。酔っ払いのロシア人の相手だけはしたくなかった。

ノセンコは手渡された酒を一息で飲み干すと、「困っている」と切り出した。そして絶望感に満ちた声でこう続けた。「至急、金が必要なんだ」

ピートは、銀行の融資担当者のように無表情でうなずいた。

「あんたなら助けてくれるだろう。おれはＫＧＢの諜報員で、モスクワであんたたちと敵対している」

ピートは話を聞きながら、いかにも退屈そうな風を装った。しかし、頭のなかでは警報が鳴りはじめていた。ＫＧＢの現役諜報員をこちらに引き込める可能性は、宝くじに当選する確率と同じぐらいのものだ。

ノセンコは「おれは第二総局の少佐だ」と続けた。ピートはあからさまにうんざりした表情を見せた。第二総局が防諜を担当していることは、ＲＥＤＴＯＰを相手にする者なら誰でも知っている。

ピートが黙っているので、ノセンコはさらに続けた。「代表団の警護に関しては、おれが全責任を負っている」と言った。

ベルンを発つ前に下調べをしていたので、ピートはすぐに事情を把握した。その年の三月に、アンドレイ・グロムイコ外務大臣が七〇人の代表団を率いてジュネーヴを訪問したことがあった。グロムイコは、開会セッションに出席するとすぐにジュネーヴを離れたが、代表団の面々はその後も長期にわたって滞在していた。ノセンコの名前は公式名簿に載っていたものの、まさかＫＧＢの諜報員だとは思っていなかった。とはいえ、代表団員の動きに目を光らせるために、ＫＧＢ職員が同行するのは知っていた。外務省の人間が魅惑的な西側世界の誘惑に負けて逃げ出さないよう、クレムリンはいつも神経を尖らせているのだ。

ノセンコは、小さな秘密を打ち明けた報酬を求めるかのようにグラスを持ち上げた。

ピートがスコッチを注ぎ、ソーダを足そうとすると、ノセンコは無遠慮にグラスを奪い取った。そして、大きく一口飲んで話を続けた。「いますぐ金が必要なんだ。何軒ものバーに通いつめ、何人もの女と付き合い、何十杯ものウイスキーを飲んだせいでな」。彼は人差し指を首に当てた。窮地に追い込まれたときのロシア人のジェスチャーだ。

ピートは、すぐに動くべきだと判断した。この獲物が立ち上がって出て行こうとする前に。

「借金はいくらある？」とピートは尋ねた。

「八〇〇フランだ」

ピートは同情するようにうなずきながら、頭のなかで計算してほっとした。ロシア人の一週間分の給料とはいえ、たった二五〇ドルだ。

ノセンコは続けた。「あんたに聞かれたことには答えるつもりだ。だが、わかってほしいのは……西側に移り住む気はないってことだ。家族も国も捨てられない。小さな娘が二人いるんだ」

ノセンコはそう言うと、子どもたちの写真を誇らしげに見せた。ピートのなかでさらに興奮が高まった。この男が亡命することなくモスクワ・センターに留まり、必要な情報を提供してくれたとしたら、言うことはない。

しかし、その日はノセンコが部屋に来てから時間が経ちすぎていた。ピートは少し焦りながら尋ねた。「おまえがもっている情報のなかで、最も重要なものはなんだ？」

ノセンコは考え込むように間を置いたが、やがてこう答えた。「ＫＧＢがモスクワで勧誘した、最も重要なアメリカのスパイの名前だ」

ピートは興奮を隠さなかった。たとえ隠したくても、その方法がわからなかったに違いない。彼は椅子から身を乗り出して、ロシア人のほうに顔を近づけた。一語一句、聞き逃すわけにはいかなかった。

ノセンコの話した内容は〝天啓〟と呼ぶにふさわしいものだった。どうやら、大使館で暗号機の技師として働く陸軍軍曹が、ＫＧＢの色仕掛け《ハニートラップ》にはまったようだ。その軍曹は、大使館のアパートメントで働くロシア人女性とみだらに戯れる場面をビデオに撮られ、「協力しなければ、おまえの妻のために特別上映会を開く」と脅されていた。その軍曹はKGBにとっての「とてつもなく貴重な情報源」だった。軍曹の任期が終了し、本国での配置が決まると、ノセンコの上司がアメリカまで行ってこの男の活動を再開させたほどだ。ノセンコが教えてくれたのは、その軍曹のコードネームだけだった――〈アンドレイ〉。

そのとき、ノセンコは急に「そろそろ戻らなきゃならない」と言った。「明後日また来る。午後の遅い時間でもいいか。それなら代表団に気づかれずに抜け出せる」

ピートは了承し、八〇〇フランを用意しておくと約束した。

二人は玄関に向かったが、ピートがドアを開けようとするとノセンコが立ち止まった。そして、ピートの目をじっと見て言った。「ポポフがどうやって捕まったか知りたいか?」

ピートの関心を惹きつける一言として、それ以上のものはないだろう。身体が震えるのがわかった。ピョートル・セミョノヴィッチ・ポポフ中佐は、ピートもよく知っている人物だ。ポポフは二重スパイとして多大な活躍を見せたのち、悲惨な最期を遂げていた。ピートも管理官《ハンドラー》の一人だった、そのロシア連邦軍参謀情報総局(GRU)士官は、危険をかえりみずに七年にわたって政治的、軍事的な機密をCIAに流し続けたが、一九五九年に逮捕され、まもなく処刑された。CIAにとっては甚大な損失であり、ピートにとっては大切な友人の死だった。

「話せ」。ピートは思わず強い口調になった。

しかし、ノセンコはかぶりを振ってドアのほうに後ずさり、きっぱりと言った。「今日はだめだ。時間がない」

ピートはとまどった。ついさっきまで饒舌《じょうぜつ》だったノセンコが、いまや時計を見ながらひどく焦っている。とつぜんの変化に理解が追いつかなかった。もしかしたら、こちらを揺さぶるための作戦かもしれない。

「一分もかからないだろう」と、ピートはなおも食いついた。同時に、自分が必死になっているのが相手に伝わったことを悟った。

ノセンコはすでにドアを開けていた。そしてすばやく廊下を見渡すと、「また今度だ」と小声で言って、真っ暗な階段を下りて消えていった。

「なんなんだ!」ドアを閉めた瞬間、ピートは叫んだ。また会えるかと心配しながら男の後ろ姿を見送ったことは過去にもある。だが、このときほど胸が締めつけられたのは初めてだった。

9

一九六二年

しかし、ノセンコとピートは宿命的な力で結ばれていたようだ。ノセンコがふたたび顔を見せたとき、ピートはすでに覚悟を決めていた。

ノセンコがアパートメントを出て一時間も経たないうちに、ピートは配布先を限定した大至急の電報をラングレーに送った。「ユーリ・ノセンコは、本人の言うとおり、モスクワ・センターで訓練を受けた正真正銘のプロフェッショナルだ」と報告するものだ。ノセンコがよどみなく語った過去と現在のオペレーションの内容は、いまも厳格に秘匿されている情報だった。そうした情報にアクセスできるということは、彼がＫＧＢの諜報員である何よりの証拠だ。ピートは電報の結びとして、支援が必要なため、ロシア語が堪能な職員をこちらに派遣してほしいと要請した。それまでのやりとりはおもに英語で行ったが、今後ノセンコが母語を使う場合に備えて、一言一句、ニュアンスも含めて聞き漏らさないようにしたかった。そこまでする価値はじゅうぶんにあると、ピートは絶対の自信をもって考えた。

そのときばかりは本部の対応も早かった。数時間後には、ピートは暗号で書かれた返事を解読して目を通していた。本部のファイルには、ユーリ・ノセンコという名の人物に関して、キューバ訪問使節団の一員だったということ以外はなんの記録もなかった。亡命者の取り調べ報告をざっと調べてみても、そうした名前のＫＧＢ士官のことはいっさい書かれていない。

「ノセンコ」という名前が出てきたのは、イワン・ノセンコに関する記録だけだった。ソ連の造船大臣で、共産党中央委員も務めていて、六年前に死去したときには「ソ連の英雄」という称号を与えられた人物だ。葬儀にはフルシチョフ自身が参列して棺に寄り添い、遺体はクレムリンの壁に埋葬されたという。電報には、ＳＢが興奮で沸き立っていることと、ユーリ・ノセンコがイワン・ノセンコの血縁者なら、手つかずの鉱脈を掘り当てるチャンスかもしれないということが書いてあった。「ロシア語を話せる職員を次の飛行機でそちらに向かわせる」という記述があったことからも、ラングレーの熱意のほどが伝わってきた。

翌日——ピートとしてはもっと早く来てほしかったが——急いで荷物を詰め込んだスーツケースを持って、ジョージ・キセヴァルターが到着した。サンクトペテルブルク生まれのキセヴァルターは、ウィーン支局でピートと組んでポポフを担当した仲だった。その任務のなかで、ピートはこの屈強な身体つきの同僚に敬意を払うようになった。自然なロシア語を話すだけでなく、工作員の心をつかむのにも非常にうまかったからだ。彼が親しげな表情を浮かべて背中を叩くと、叩かれた者は、自分が敵陣で危険を冒して働く理由を思い出す。キセヴァルターは、工作員を束ねるうえで何よりも貴重な才能を持っていた。

ピートとキセヴァルターは、狭苦しい隠れ家《セーフハウス》に身を潜めることにした。いつ現れるかわからないノセンコを確実に待ち受けることを最優先したのだ。二人はチェスをしたり、本部の噂話をしたりしながらじっと待った。夜になると、コインを投げてどちらがベッドで寝るかを決めた。負けたピートが、狭いソファで一晩を過ごすことになった。次の日の午後、ドアをノックする音が聞こえた。

それから七日間かけて、濃密な聞き取り調査が行われた。その一週間のうちに開かれた会合は全部で四回だ。そのうち一回は、ノセンコが夕方早くにカクテル・レセプションに向かう必要があったために急ぎの話し合いになったが、あとの三回はいずれも三時間ほど続いた。スコッチも進み、打ち解けた空気が流れていた。はたから見れば、長年付き合っている三人組が戦争話に花を咲かせているようだったかもしれない。当然、話の中心にいるのはノセンコで、彼が明かす国家機密が場を盛り上げていた。

ノセンコは驚くほど多くの秘密を明かした。初めて会った日のようなためらいは少しも見せずに、ポポフが尻尾をつかまれた経緯を簡潔に説明した。「KGBは、アメリカ大使館職員のジョージ・ウィンタースをつねに尾行していた」と、自慢げな笑みを浮かべながらノセンコは言った。「ある日、ウィンタースが街角の郵便ポストに手紙を投函するのが見えた。ロシア語で書かれた手紙はポポフ宛のもので、返信先に偽りの住所が記されていた。それだけでじゅうぶんわかったよ。外交官がGRUの諜報員に意味もなく手紙を出すはずがない」

さらにノセンコは、KGBの監視技術は〝第一級〟だと誇らしげに語った。「『メトカ』という粉をアメリカの外交官のポケットに入れておく。すると、街で投函する封筒に化学成分が残る。その痕跡が検閲に引っかかるんだ」。また、車の屋根に塗る透明な液体もあり、それを塗ると、モスクワ中の屋根にいる監視人《ウォッチャー》たちが簡単に車両を追跡できるようになる。そうなると、運転手がどれほどたくみに逃れようとしても無駄だという。ほかにも、「ネプチューン80」をターゲットの靴に塗るとにおいが残るので、犬を使ってすぐに居場所を特定できるということだ。

モスクワにある他国の大使館は、KGBに玄関の鍵を管理されているようなものだとノセンコは言った。「おれたちのチームはすごい」。彼は、KGBの手の内を明かしていることなど気に留めないかのように話した。「大使館に忍び込んで金庫の錠を外し、中身を取り出して、その場で写真を撮ったあと、痕跡をまったく残さずに元に戻せる」

ノセンコのチームは、アメリカ大使館にも仕掛けをしたという。マイクがどこに隠されているかは知らなかったが、「会話の記録を読んだことがある。おれの予想では……一〇か所ぐらいにマイクがあるんじゃないかな」と口にした。

ノセンコが明かした最大の秘密は、モスクワ・センターが西側で動かす工作員たちの名前だ。金目当てのフランス人実業家。KGB女性の色仕掛け《ハニートラップ》に引っかかったために脅迫を受けている精力的なフランス大使。同性愛者であることを上司に知られることを恐れて、軍の機密を五年間も提供していたイギリス海軍の兵士（「協力者のなかにはこういう同性愛者《ホモセクシャル》が何人もいるんだ」とあざ笑うように彼は言った）。そして、自分が本物の協力者であって、CIAを罠にかけようとする回し者ではないことを証明するために、現在も活動している二重スパイの正体を暴露した。CIAに雇われているソ連のラジオ・ジャーナリストは、実はずっとKGBの協力者だったというのだ。

多方面にわたる聞き取り調査のなかで、ラングレーの期待したとおり、ノセンコが共産党の柱として崇拝される要人の親族だと明らかになった。さらに彼は「自分はイワン・ノセンコの長男だ」とこともなげに言った。ピートは心のなかで歓喜した――本部の連中は間違いなく食いつくだろう。だが当のノセンコは、自分の家族（二番目の妻と二人の娘）について話したかったようで、娘のオクサナが喘息をわずらっていて、東側では特効薬が手に入らないという不安を打ち明けた。それを聞いたピートは、敏腕の工作員使い《エージェント・ランナー》としてすぐに行動を起こした。本部に大至急の電報を送ると、翌朝には必要な薬が外交行嚢《こうのう》でジュネーヴに届いた。その日の午後、ピートがなんでもないことのように薬を手渡したところ、ノセンコは感激して何度も感謝の言葉を口にした。

しかし、そうした日々も着実に終わりに近づいていった。軍備管理会議は今週末に閉会し、ノセンコは代表団とともにモスクワに戻る。隠れ家《セーフハウス》での最後の会合が開かれる前に、六日間ずっと機をうかがっていたピートがついに勝負に出た。「モスクワでおれたちのために働かないか」。そして、ＣＩＡは年間二万五〇〇〇ドルを払う、金は西側の銀行口座に振り込むと伝えた。

ノセンコはしばらく思案したのち、一つだけ条件を出した。ソ連側では絶対にコンタクトを取らない、というものだ。「危険すぎる」と彼は言った。

それにはピートとキセヴァルターも同意した。たしかに危険すぎる。こうして話はまとまった。ノセンコは、アメリカから報酬を受け取るスパイになったのだ。

その夜、ノセンコが帰ると、ピートはただちに本部に簡潔な電報を送った。「ターゲットは〝本物〟だと証明された。彼は重要かつ機微な情報を提供した。西側で接触したいとのこと」

控えめな表現だったが、ラングレーはその暗黙のメッセージをはっきりと読み取るだろう。ピートは取引をまとめたのだ。

二日後の最後の会合は、学期の最終日のような感傷的な雰囲気に包まれた。ノセンコには、修了証書の代わりに秘密の筆記具が贈られた。万が一モスクワから緊急の手紙を出さなければならなくなった場合に備えたのだ。とはいえ、ＫＧＢの仕事で西側に戻ってくるまでは連絡を控えたほうが安全だとピートは忠告した。西側に戻ってきたら、ピートが教えた住所に「ジョージ」のサインで電報を打てばいい、と。それから二日後の午後七時四五分ちょうどに、電報を打った町の電話帳にアルファベット順で最初に載っている映画館の前で落ち合うのだ。

事務的な話が終わると、乾杯の音頭が上がった。その後、別れの空気が高まったタイミングであらためて乾杯し、それからもう一度、もう遠慮はいらないとばかりに最後の乾杯をした。いよいよ別れの時が来た。まずはピートが、次にキセヴァルターが、このロシア人と愛情のこもったスラヴ流のハグをした。ノセンコは手を振り、元気でと別れを告げて、ゆっくりと去っていった。そして翌日のうちにモスクワ行きの飛行機に乗り、KGBに潜むCIAの〝モグラ〟としての新たな人生を歩みはじめた。

だが、喜びもつかの間、その日のうちにピートはラングレーからのメッセージを受け取った。一刻も早くキセヴァルターとともに本部に戻ってくるように、ということだ。そしてもう一つ、「それぞれ会話を録音したテープのコピーを持ち、別の飛行機に乗って帰ってこい」と指示があった。そうすれば、KGBがどちらか一人を待ち伏せしていても、もう一人が戦利品を持って帰れる。本部としては、万全を期す必要があった。

「やつは本物か?」ソ連圏部長のジャック・モーリーは、時差に苦しむ二人を五階の事務所に通すやいなや、そう問い詰めた。

ピートはキセヴァルターに答えさせることにした。彼も上級諜報員だ。「本物ではないと疑う材料がありません」と、キセヴァルターは慎重に答えた。「KGBの人間でなければ、あのような話し方はできないでしょう」

しかし、モーリーはさらに質問を重ねた。「だが……なぜたった数百ドルのためにリスクを冒すんだ？」

「わかりません」とキセヴァルターは認めた。「その件に関してはピートとさんざん議論しましたが、まだ答えは出ていません」

モーリーは机の向こうに堂々と座り、二人の職員はその向かいの長さ二四〇センチ超の巨大なソファに座らされた。何年も前、ある亡命者が「長い足を伸ばして仰向けになって考えると頭がさえる」と言ったので、特注したソファだ。その亡命者がＣＩＡで果たした唯一の貢献はソファだった、というジョークがＳＢ内で語られていた。

ピートは黙って話を聞いていたが、だんだん不安になってきた。話の流れが気に入らないのだ。モーリーは会話の記録を読んでいないのだろうか。だが、記録文書はモーリーの肘の横に置いてある。なら五階の連中は、これだけのプレゼントを贈ったというのにわざわざ粗探しをしようというのか。なぜこのチャンスに喜ばない。モグラが見つかったんだぞ。モスクワ・センターの廊下を、おれたちのモグラが歩いているんだ。

「きっと金以外の事情があるんでしょう」。ピートは感情を抑えながら口を挟んだ。このまま話がこじれたら、「おまえは大局が見えていない」と言われてしまう。熱くなった五階の連中が現地工作員《フィールドマン》によく言う台詞だ。ピートは話を先に進めようとして続けた。「そのことは次の機会にじっくり話を聞いてみます。ここで話し合っても意味はありません」。モーリーの懸念を払拭するために、なごやかに話したつもりだったが、ピートが意図したよりも棘《とげ》のある言い方になってしまった。言いすぎたか、とピートは焦りを感じた。

だが、それ以上の追及はなかった。「われわれは運がよかった……そう思うしかないな」。少し間を置いてからモーリーは言った。話し合いの勝者はピートだった。

モーリーの秘書が、よく磨かれた銀色のコーヒーポットと陶器のコーヒーカップとソーサー三セットをトレイに載せて入ってきた。主人役《ホスト》のモーリーがコーヒーを注いでいる間に、ピートとキセヴァルターはウインクを交わした。五階の文化に触れるのは初めてだった。雲の上の高官たちは、カフェテリアの発泡スチロール容器に入ったコーヒーなど飲まないのだ。

しかし、コーヒーブレイクはあっという間に終わった。ピートが繊細なカップに少し口をつけたときには、モーリーが今後の方針について話しはじめていた。

モーリーにはすでに計画があった。話が進むにつれて、彼がノセンコのことを少しも疑っていないことがわかった。モーリーはピートたちを試しただけだった。二人を追い詰めて、何か安心できるような答えが返ってくるかを探っていたのだ。

モーリーは自分の計画を「キャリア・マネジメント」と呼び、皮肉たっぷりに笑った。彼の説明によると、計画のポイントは単純だ。ノセンコがＫＧＢでより高い地位に就けるようＣＩＡが支援する。ＣＩＡのオペレーションに関する〝本物〟の情報を彼に渡し、モスクワ・センターの上層部連中に、ノセンコはフェリックス・ジェルジンスキー［ロシア革命直後の混乱期に諜報・治安部門でレーニンの信任を得た人物」以来の偉大な諜報員だと思わせるのだ。計画を実行するにあたってはかなりのコストがかかる。順調に進んでいるほかのオペレーションを粉々に壊すぐらいの覚悟がなければうまくいかないだろう。しかし長い目で見れば、コストに見合うだけの価値がある。ノセンコがKGBで出世すればするほど、大きな報酬を手にすることができるのだ。

そのとき、モーリーが急に焦ったような顔をして、「別のミーティングに行かなければならない。まずいな、遅刻だ」とつぶやいた。モーリーはそのままドアまで歩いていったが、とつぜん振り返り、いま思いついたとでもいうようにピートに声をかけた。

「帰る前に、われわれが手に入れた新しい情報を見てほしい。KGBから重要な亡命者が出た。そいつはいまワシントンにいる」

ピートはうなずいた。興味のある話だ。

「それから、ジム・アングルトンとも連絡を取ってくれ」とモーリーは付け加えた。「彼は、ノセンコがわれわれと接触したことを知っている。きみの話を詳しく聞きたいはずだ」

言われるまでもない――ピートはそう思ったが、とりあえず黙っておいた。

ピートはモーリーに続いて廊下に出た。モーリーはいつも、どこかに呼ばれたときは尊大な態度であわただしく駆けていく男だが、その日はもう一度だけピートのほうを振り返った。「さっきの男のことだが……最近亡命してきたKGBの高官で、現在はワシントンに潜伏している人物だ。多忙なSBの分析官にファイルを探してもらう必要はない。ジムに会ったらその話も聞いてくれ」。モーリーは陽気な声でそう指示すると、そのまま長い廊下を急ぎ足で歩いていった。

いったい何のことなのか――ピートは訝《いぶか》ったが、指示に従う以外にできることはなかった。

10

多くのCIA職員と同じように、ピートもアングルトンにまつわる数々の逸話を知っていた。ほかの職員の場合はつくり話が多かったが、ピートの場合は実話だ。ピートは直接の目撃者だった――正確には被害者だったのだ。その事件のことで騒ぐつもりはなかったが、つねにあらゆるものを観察しなければならない現地工作員《フィールドマン》として、記憶にはとどめておいた。そこには、アングルトンの思考の動きというべきものが表れていた。だが、それがどういうものかまではわからなかった。アングルトンはからかっていただけなのか。試したのか。冗談なのか。それとも、アングルトンにはふつうの人間とはまったく違う世界が見えているのか。

その事件が起きたのは、郊外のラングレーに真新しい建物が完成する前の時代としては、ピートが最後に本部で勤務していた時期のことだ。ピートはまだ若いながらも、ポーランド課報部をターゲットとするオペレーションの監督役を務めていた。ワシントンに帰任してしばらく経ったころ、ピートはウィリアム・フードからアングルトンのサークルに参加しないかと誘われた。フードとアングルトンは、戦時中はともにX－2の作戦に参加した仲であり、ピートにとってのフードはウィーンに勤務していたときの支局長だ。たしかにピートは、頭脳明晰で人脈も広く、大胆な行動力も備えていた。明らかに出世街道を歩む諜報員だ。サークルのメンバーに比べると、ピートは一世代以上若かったが、ほどなくアングルトンを囲む昼食会に招かれるようになった。ＯＳＳの歴戦の勇士たちが過去の栄光話に花を咲かせ、昼食のあとも全員でマティーニを飲んだ。また、アングルトンの自宅で開かれるカジュアルなディナーパーティーにも招待された。場所はノース・アーリントン三三番通りにあるコロニアル風の大邸宅で、ゲストの多くがアイビーリーグ出身のエリートスパイだった。彼らの話す戦時中の体験談はどれも興味深かった。そのなかでも、ピートは比較的若い存在だった。

そうした土曜の夜の集まりは、チーズとポートワインが出されたあと、リビングに場所を移してジェスチャー・ゲームで盛り上がるのがお決まりだった。ある晩、アングルトンはピートを指名し、紙にお題を書いて渡した。ピートはその意味を把握できずにいたが、のちにＴ・Ｓ・エリオットの『四つの四重奏』の第二節から引用した「埋まった車軸にこびりつく」という言葉だとわかった。ピートは混乱した。とにかく、その抽象的なフレーズを、神秘的な表現か、警句か、あるいはいろいろなものを詰め込んだ言葉で伝えなければならない。

挑戦的な性格のピートは、勇気を出して、あの手この手を使ってそのフレーズを全員に伝えようとした。だが結果は、諜報機関のエリートたちの前で、無教養で世間知らずの愚か者だと宣伝したようなものだった。その後、ピートはしばらく立ち直れなかった。アングルトンは何がしたかったのか。恥をかかせたかったのか。それとも、あのフレーズには何か隠された意味があり、それをアングルトンなりの謎めいたやり方で伝えようとしたのか。ピートは思案を重ねたが、納得のいく答えにはたどり着けなかった。

だが、モーリーの指示どおりアングルトンのもとへ行き、ノセンコとの会合について報告したとき、その夜の苦い思い出のことはピートの頭になかった。アングルトンは黙ってピートの報告を聞きながら、凝った幾何学模様を鉛筆でノートに描いていた。ピートは最後まで伝えると、「今後はノセンコが成果をもたらしてくれるでしょう」という見通しを述べて話を終え、今度はアングルトンの言葉を待った。

しばらくは沈黙が続いた。緊張が高まるなか、アングルトンは既決書類入れに鉛筆を置いた。自分の落書きを見つめ、細かく破ったかと思うと、細かい紙片を一枚一枚、机のわきにある機密書類焼却ボックスに入れていった。一連の儀式が終わると、彼はついに沈黙を破った。

ピートは、とくに説明を受けることもなく、「モーリーに言われたとおり、KGBの新しい亡命者のファイルを読むように」と指示された。アングルトンはその名前を音節ごとに区切って正確に発音した――アナトリー・ミハイロヴィッチ・ゴリツィン。そして机の向かいにある金庫を開け、高く積んだ淡黄色のフォルダーの束を取り出すと、それを渡す前に秘書のバーサを部屋に呼び入れた。ピートを「防諜会議室」に連れて行くように、とアングルトンはバーサに言った。「集中してもらわなければならない」。アングルトンの言葉は、ピートに下された絶対的な命令だった。

会議室は廊下を挟んだ向かい側にあった。中に入ってすぐに、まるでクローゼットのような部屋だとピートは思った。狭く、窓もなく、壁は見ていてうんざりするようなベージュ色。家具と呼べるのは、政府から支給された金属製のテーブルと、背もたれが垂直に立った二脚の椅子だけだ。しかし、ひとたび書類を読みはじめると、ピートは部屋のことなど気にならなくなった。

読みはじめて数時間が経ったとき、ピートは何の前触れもなくあの夜のジェスチャーゲームを思い出した。アングルトンが選んだ古い詩の一節と、目の前にある困難な調査との間につながりがあるような気がしたのだ。単に、そういう気がしたと信じたかっただけかもしれない。だがとにかく、あれはエリオットの詩から無造作に選んだ句ではないはずだ。アングルトンは彼なりのやり方で、防諜の極意――一見関係のないピースを一つにまとめ、確かなつながりを導き出すこと――を伝えようとした。ピートはようやくそのことを理解した。ゴリツィンの膨大なファイルは「埋まった車軸」なのだ。車輪をつなげるこの強力な軸こそ、ノセンコが二週間前にジュネーヴの隠れ家《セーフハウス》のドアを叩いた目的を解き明かす鍵になる。

何百ページもの書類を読み進めるうちに、ピートはゴリツィンに二つのストーリーがあることに気がついた。一つは、比較的なじみのある物語だ。諜報機関の報告書は淡々と書かれているが、それでもスリルに満ちた語り口だと思えた。

雪の降る夜、フィンランドの首都ヘルシンキ郊外にある裕福な住宅地ウェストエンドで玄関のベルが鳴った。フランク・フライバーグはひげを剃る手を止めた。一九六一年のクリスマスの一〇日前のことだ。ちょうど、クリスマスパーティーに出かける準備をしていたときだった。フライバーグは、いったい誰なのかと怪訝《けげん》な顔をした。来訪者の予定はない。それに、自分の家を知っている人は限られている。住所は秘密だ。彼の頭はまだ落ち着いている。危機感が強まるのを抑えているのだ。ふたたび、玄関のベルがトランペットのように夜の静寂のなかで鳴り響いた。CIA支局長のフライバーグはようやく剃刀《かみそり》を置くと、ナイトテーブルからリヴォルバーを取り出してバスローブのポケットに隠した。そして、覚悟を決めたプロ特有の不自然なまでの冷静さを見せながら、ドアの外に顔を出した。

三つの顔が彼を見つめていた。消火栓のように背が低く、がっしりした体格の男。その男より背が高い、燃えるような赤い髪の女。そして華奢《きゃしゃ》な手で人形を抱いている小さな少女。彼らは降りしきる雪に白く覆われて、三人組の亡霊のように立っていた。フライバーグは最初、三人は聖歌隊だろうと考えて、ポケットのなかの銃のグリップから手を離した。だが、男の目の中に火が点っているのに気がついた。恐怖の火だった。

「私が誰だかわかりますか」とその男は尋ねた。懇願するようなささやき声だ。

見当もつかなかった。フライバーグはドアを盾にしたまま、もう数センチだけ開けた。

「アナトリー・クリモフです」と男は名乗った。

それを聞くと、フライバーグは三人を中に入れてすぐにドアを閉めた。彼はその名前をよく知っていた。クリモフは、ヘルシンキのソ連大使館で外交官の肩書きを使って活動するKGBの職員だと、CIAの監視人《ウォッチャー》たちが確認していた。毛皮の帽子を脱いだ男の二重あごを特徴とする顔は、事務所のファイルにある写真と一致した。

フライバーグは三人をリビングに座らせた。彼はロシア語を話せなかったが、クリモフが片言の英語で、赤毛の女性が妻で人形を抱えているのが娘だと言った。

それからクリモフは、スーツのポケットから紙切れを取り出すと、苦労しながら一つの単語を綴った。「亡命(asylum)」と書いてあった。

だがフライバーグは断った。

彼は一〇年前にハーヴァードを卒業して以来、CIAで働いていた。長年、スウェーデンを拠点にしながら、ビジネスマンという偽りの身分を使ってヨーロッパ中を飛び回り、何度となく大変な状況をくぐり抜けてきた不屈《タフガイ》の男だ。しかし、あまりに負担が大きいので、本部は休養を取らせるべきだと判断した。そこでフライバーグは、在ヘルシンキの大使館の外交官という肩書きで働くことになった。言葉をたくみに操り、目立たないよう気をつけて過ごしながら、数年後には支局長に昇進した。かつて過ごした冷戦の戦場とはまったく違う、楽な仕事だった。ベテランのCIA職員として、彼はあることを徹底していた。KGBの連中は亡命させず、いまの仕事を続けさせながら二重スパイとして使うのだ。そこで、クリモフにも同じ提案をした。

ところが、クリモフは応じなかった。むしろ彼は、この亡命は一年前から計画してきたことだ、娘がモスクワの寄宿学校からクリスマス休暇で戻ってくるのを待っていた、家族全員で行くのだと説得(フライバーグにとっては〝説教〟)を始めた。だがすでに、フィンランドを出国するまでの猶予は二時間しかなかった。一分でも過ぎたらKGBに気づかれてしまう。警報が鳴り出せば、自分はもう生きてこの国を出ることはできない、とクリモフは険しい表情で言った。

フライバーグは決断を迫られた。時間は刻々と過ぎていく。この男は自分の境遇を大げさに話しているのではないか、と思わないでもなかった。しかし、誰かが腹をくくらなければならない。そのときの状況で最もよい判断を下せる者が決める――それがプロの鉄則だ。長年の経験に従い、フライバーグはすぐに行動を起こした。空港に電話したところ、二時間後に八時発のストックホルム行きの便があることがわかったので、その飛行機に一家を乗せることに決めた。

とはいえ、パスポートを偽造する時間はない。せいぜいソ連のパスポートにアメリカのビザを貼るのが精一杯だ。そこで今度はCIAの同僚に電話をかけ、大使館のスタンプを押す機械を持って空港に駆けつけてもらうことにした。メインコンコースの男性用トイレで待ち合わせ、個室で密かに三人のパスポートにスタンプを押す計画だった。航空券は「クレメンツ」の名前で予約した。クリモフに似た名前なので、フィンランドの入国審査官は違いに気づかないだろうし、ソ連側が乗客乗員名簿をざっと見たときに不審に思われるような名前でもない。

フライバーグの車は車寄せに停めてあったが、三人をボルボに乗せる前に、家の中と正面通路沿いの灯りをすべて消した。これで、近くにロシア人が潜んでいたとしても、こちらの様子をうかがうことはできないだろう。

暗闇のなかを車まで急ぐと、クリモフがとつぜんその場からいなくなった。フライバーグは不安に襲われた。このロシア人は心変わりしたのかもしれない、あるいは今晩の出来事はCIAに恥をかかせるために仕組んだ脱走劇で、茂みからカメラマンが飛び出してくることも考えられる。だがクリモフは、雪の中に埋めた荷物を掘り出していただけだった。

車に乗ると、玄関ベルを鳴らす前に埋めた荷物だとクリモフは説明した。抱き抱えたその荷物のなかには、ソ連大使館から持ち出した文書が入っているという。家族とともに無事にアメリカに着いたら、それを引き渡すつもりなのだ。

空港までの道も試練だった。雪が降り積もる道路を、時間と勝負しながら走るのだ。どこかのカーブでKGBの連中が待ち伏せている可能性もある。フライバーグは危険なスピードを出しながら、ときどき滑りやすい路面から目を離してバックミラーをのぞき込んだ。やがてクリモフは二つのことを打ち明けた。一つは、彼が防諜員であり、作戦の主なターゲットがアメリカだということ。もう一つは、クリモフは偽名で、本名はアナトリー・ミハイロヴィッチ・ゴリツィンだということだ。

一行は、離陸直前の午後八時発ストックホルム行きの便になんとか乗り込んだ。ゴリツィン家が座る三列シートから通路を挟んだ隣にフライバーグが座り、周囲に目を光らせた。モスクワ・センターの追っ手から逃れるために複雑なルートを移動し、四日間かけてワシントンに到着した。翌日、一家はCIAの五つ星の隠れ家《セーフハウス》に移された。ヴァージニア州ハント・カントリーにある円柱型の豪華な邸宅だ。

それから何週間かは、CIA幹部があいさつのために代わる代わるその邸宅を訪れ、ゴリツィンの話を聞いて帰っていった。そのなかに、CIA副長官やソ連圏部長、さらには防諜部長のジェームズ・アングルトンの名前があったことは、その後の顛末を考えると大きな意味がある。聞き取り記録は膨大な量にのぼった。

その亡命から半年後、ピートは殺風景な会議室で、座り心地の悪い金属製の椅子に座ったまま、この事件の第二部に移った。第二部のメインテーマは尋問だ。ピートはその記録を読んで、足下が揺らぐほどの衝撃を受けた。

ゴリツィンの記録を読み進めるうちに、ピートはその話を以前にも聞いたことがあると気づき、不安を覚えた。この亡命者は、ノセンコがジュネーヴで話したのとまったく同じ事件、同じオペレーションについて語っている。気持ちの悪い偶然だった。とはいえ、二人のKGB職員が互いの動向をある程度知っているからといって、別に不思議ではない。たとえ所属先が違っていても、だ。結局のところ、彼らはスパイだ。表からは見えないものをのぞき見るのが彼らの仕事なのだ——ピートは自分にそう言い聞かせようとした。だが、その考えはすぐに破綻した。秘密のオペレーションの詳細が雑談のなかで出てくることはない。とくにモスクワ・センターのような要塞では、秘密は徹底して守られる。

しかし、それ以上にピートの疑念をかき立てたのは、この二人が同じような情報をほぼ同じタイミングで提供したことだ。諜報の世界に〝偶然の一致〟というものは存在しないのだ。

そこで、ピートは二人の説明を細かく比較してみることにした。

ノセンコは第二総局の監視人《ウォッチャー》の巧妙な監視技術を教えてくれたが、とくに驚くような情報でもないことがあとで判明した。いずれも、すでに古い情報だったのだ。ゴリツィンは半年前にその事実を漏らしていた。ノセンコは、モスクワ・センターが操る諜報員の多くの名前を明かしたが、それについても同じだ。ゴリツィンのほうが先に彼らの名前を伝えている。

そしてゴリツィンも、ポポフが捕まったことに言及したが、ノセンコの話とは内容が違った。ゴリツィンによると、ポポフの正体が発覚したタイミングはノセンコの説明よりずっと早い。また彼の話には、KGBの監視人《ウォッチャー》がポポフの破滅に一役買ったという話がなかった。

ではなぜ、ノセンコは独自の話をピートに伝えたのだろう。なぜポポフの正体が発覚した時期が違うのだろう。なぜ「アメリカ大使館員が二重スパイに手紙を出すところをKGB職員が発見した」という話をでっち上げたのだろう。わからないことがいくつもある。

ノセンコはピートたちをミスリードしようとしたのかもしれない。何かを隠そうとしたのかもしれない。

だが、いったい何を?

読めば読むほど、疑問と不安と疑念が高まっていき、最終的に一つのかたちを取りはじめた。ノセンコの目的は、ゴリツィンの説明を〝上書き〟することではないか。ノセンコは、悪意をもってゴリツィンの話を書き換えようとした。そうすることで、ゴリツィンの報告によって生じる疑念を否定し、CIAの関心の矛先をそらそうとしたのだ。

ようやくわかった。ノセンコは〝偽物〟だ。KGBのスパイとして送られてきた人物なのだ。

だが、なぜなのか——ピートはふたたび自問した。敵は何を狙っているのだろう。それは危険な質問だった。なぜなら、その答えが危険なものだとわかっていたからだ。KGBはすでに身内の人間を巧妙に送り込んでいて、それに関する重要な秘密から注意をそらさせるために偽情報を流しているのだ。しかし、その秘密とはなんなのだろう。モスクワ・センターが、わざわざノセンコを送り込んでまでゴリツィンの証言を書き換えようとするほどの秘密とは、いったいどういうものなのか。

ピートは、駆り立てられるようにファイルを読み込んで、ついに恐れていた答えにたどり着いた。それは、フライバーグの聞き取り報告書のなかにあった。尋問官は、ストックホルムからヴァージニアまでの長旅の間にゴリツィンが言ったことをすべて思い出すよう求めていた。すると、フライバーグはとつぜんあることを思い出した。「ゴリツィンは、KGB本部で見た資料のなかに、CIAのきわめて機微な情報があったと言っていた。出所はCIAの上層部だ、と」

その夜、ピートはほとんど眠れなかった。胸騒ぎが収まらず、失望感と新たな不安にさいなまれていた。翌朝、彼はアングルトンのオフィスに直行した。

ピートは言った。「ありがとうございました。あなたの言ったとおり、自分に必要な情報でした。それから……一つ言わせてください。われわれはいま、重大な問題を抱えているかもしれません」

ピートは、ノセンコとゴリツィンの説明が「奇妙なほどに符合し、執拗《しつよう》なほどに重なり合っている」と伝え、話が飛躍しないよう気をつけながら自説を展開した。

話を聞いたアングルトンは、顔をしかめながらかぶりを振った。だが、それがピートの考えに対するノーなのか、この諜報の世界の化かし合いに対する不快感を表しただけなのかまではわからなかった。彼はただ、「論点を書き出してほしい。私のほうでも考えてみよう」とだけ答えた。

翌日、ピートは手書きのリストを入れた封筒を秘書のバーサに手渡した。そこには、二人のロシア人の報告のなかに出てきた一四の論点が書き出してあった。項目を追加することもできたが、それだけでじゅうぶんだと判断したのだ。そのリストは、ノセンコを暗に告発するものでもあったが、一方的な書き方にならないよう気をつけた。

ピートは、ふたたび呼び出されるまでの時間をどうにかやり過ごした。その間、何をしたのかも、誰と話したのかも覚えていなかった。自分の仮説を裏づける決定的な証拠があるわけではない。アングルトンはどんな反応をするか――ピートの頭にはそのことしかなかった。

ピートがふたたび暗いオフィスに入ると、アングルトンはすぐに「きみは何かをつかんだかもしれない」と静かな口調で言った。

ピートは心の中で喜びの声を上げた。

「実を言うと、私もきみと同じ考えだ。ゴリツィン自身、われわれが彼を通じて得た情報から注意をそらすために、KGBが何らかの動きを見せるだろうと予想していた。おそらく、その情報というのが、私たちがつかんでいるものだろう」

いや、おそらくそれだけではない――ピートは思った。ゴリツィンは、CIAのきわめて機微な情報をKGB本部で見たと言った。出所はおそらくCIAの上層部だと。もし彼の言うとおりなら、自分たちはもっと危険な何かをつかんだことになる。

11

一九六四年

ピートにとっての現在、つまりデリアビン邸でのディナーパーティーでも、ノセンコの事件をめぐる話が熱を帯びた。やがて、話題はノセンコがふたたび現れたときのことに移った。その件には、一緒にテーブルを囲んでいた二人の元スパイもかかわっていた。彼らが興味を示すのも当然だ。ノセンコは、二〇世紀最大の謎の中心にいる人物なのだ。

ノセンコがふたたび姿を見せたことと、ピートが事件の次の段階に進んだことに触れる前に、当時の状況を振り返る必要がある。あの時期のCIA、というよりアメリカ中を震撼《しんかん》させた不確実で不穏な空気を理解するにあたっては、一九六三年一一月二二日から始めるのがいいだろう。たいていの人は、「ジョン・F・ケネディ大統領が狙撃された」というニュースをどこで聞いたかを覚えている。ピートの場合は、CIA本部のエレベーターに乗り込もうとしたときだった。ピートはその二カ月ほど前から本部に移り、ソ連圏部で防諜を担当していた。オペレーションが次から次へと破綻していく状況にどう対処するかを必死に考える日々だった。しかし、その日の午後、彼の世界の軸は一瞬にして大きく動いた。

昼食から帰ってきたピートがエレベーターに乗り込もうとすると、五階で働くジェリーがエレベーターから降りてきて、切り裂くような鋭い声で「最悪だ」と言った。ピートとともに昼食をとっていた同僚は、皮肉を効かせて答えた。「そう悪くないぞ、ジェリー」

するとジェリーは、泣きそうな声でこう口にした。「知らないのか？　……大統領がダラスで撃たれたんだ」

その後しばらく、CIA本部は悲しみに包まれながらも、目の回るような忙しさを経験した。オペレーションの拠点になった防諜部には、事実と推測と偽情報が大量に流れ込んだ。はたして大統領の暗殺は、自称マルクス主義者のリー・ハーヴェイ・オズワルドが、通信販売で購入した二一ドルのライフル銃を使って行った単独の犯行なのか――CIAはおびただしい数の情報をもとにその判断を求められた。ロッカとデリアビンとピートは、調査の嵐の渦中に投げ込まれたのだ。

ケネディ暗殺から一週間後、ジョンソン大統領は真相究明のためにウォーレン委員会を立ち上げた。〈ロック〉は、アングルトンが背後でたくみに糸を引いていたために、CIAと委員会との連絡係《リエゾン》になった。だが、全面的に協力したわけではない。〈ロック〉は委員会の調査員たちとの間を取り持ちながら、ある危険な秘密を必死に守った。

CIAは、ダラスでの事件のわずか数週間前に、メキシコシティのソ連大使館にオズワルドが現れたという監視人《ウォッチャー》の報告を委員会に提供した。彼がビザを申請して「領事官」に会ったという内容だ。この情報だけでもかなり興味深いが、CIAは――具体的にはロッカのことだが――さらに刺激の強い情報を秘匿した。実は、オズワルドが会った外交官のなかにヴァレリー・コスティコフがいたのだ。その名前を防諜コンピューターに入力すると、赤のランプが点灯する。KGB第一三部——諜報の世界で婉曲的に「濡れ仕事《ウェットワーク》」と表現される〝殺人〟を行う部署——のなかでもとりわけ問題のある人物だ。

もし、その情報が表に出れば、「銃を手に入れた孤独な社会不適合者《ミスフィット》による単独犯行」という説が跡形もなく崩れることになる。この事件にはソ連の陰謀が絡んでいるのか、それとも奇妙な偶然の一致にすぎないのか——ロッカをはじめとする上層部は、この疑問に答えられるのは自分たちだけだと確信していた。そして、国家のためにはこの不都合な事実を隠しておくべきだと判断したのだ。のちにCIAの内部調査が行われ、この事実が発覚したが、「善意の隠蔽」だということで厳しい批判の声は上がらなかった。

〈ロック〉が「オズワルドによる単独犯行」という説を固めるために奔走している間、CIAの分析官となった元亡命者のデリアビンは、みずからの経験に基づく視点からこの暗殺事件について考えていた。そしてあるとき、事件の真相を見抜いたと思った。暗殺から五日後、デリアビンが自信を込めて書いた八ページのタイプ打ちメモがCIA内に配布され、時限爆弾のように不気味な音を立てた。彼は、自分がかつて所属していたKGBこそが「大統領の暗殺を扇動した」という自説を展開した。オズワルドはまさに、モスクワ・センターにとって「扱いやすいタイプ」の人間だという。オズワルドがダラスの映画館で逮捕されたことも自説の裏づけになると彼は言った。「KGBがよく映画館を待ち合わせ場所に指定することは周知のとおり」であり、オズワルドは管理官《ハンドラー》に会うために姿を現したと考えられる、というのがデリアビンの考えだった（ソ連圏部職員は、デリアビンのメモを読みながら引っかかるところがあったかもしれない。映画館で待ち合わせるのは、ソ連圏部の行動パターンと同じだった。実際ノセンコも、オペレーションに携わるときは映画館で落ち合おうと指示を受けている）。

ピートもやはり忙しかった。大統領の死から数時間後、ピートのチームは、アメリカ人旅行者が撮った一枚の写真を見つけ出した。諜報活動の本質は、モリネズミ（巣のなかにあらゆるものをため込む習性がある）の精神だ。「ミンスクの名所」という無害そうな件名のファイルに残っていた写真を手に入れられたのも、その精神のおかげだった。ミンスクのオペラハウスの前で素人が撮った写真のなかに、いまや何度見たかわからない得意げな笑みを浮かべたオズワルドが偶然写っていたのだ。捜査が始まってまもないときの発見なので、容疑者がソ連に滞在していたことを示す最初の証拠になったのは間違いない。その後も、ソ連圏部（SB）はある資料を委員会に提供している。それは一〇月にメキシコシティのソ連大使館で交わされたオズワルドの会話の記録（CIAの盗聴チームによって録音されたもの）で、SBのファイルのなかにあった監視報告書の補足資料としてピート自身が送付したものだ。さらに、調査が加速するなかで、ピートは委員会に別のメモを送ってこう伝えた。FBIがオズワルドの未亡人マリーナを尋問する際は、デリアビンの同席を認めてもらえれば、非常によい結果が期待できる。その点に関してはロッカも同意見だ、と。オズワルドとマリーナの結婚は、マリーナの支援者が言うように愛で結ばれていたのか、それともこの暗殺計画のためにモスクワ・センターが仕組んだ見せかけのものなのか

——優秀な元KGB職員のデリアビンなら見抜けるはずだとピートは考えた。

ＣＩＡの分析チームが勢いづいていくなか、ピートは何の前触れもなく謎の渦中に投げ込まれた。一九六四年一月二三日の冬の朝、彼はソ連圏部の野心的な新部長、デイヴィッド・マーフィーに呼び出された。ベルリン支局長としての過酷な任務を終え、最近ラングレーに戻ってきた熟練のスパイだ。「ピート、ちょっと来てくれ」と、マーフィーは内線電話で命じ、「ニュースがある」と付け加えた。事情はわからなかったが、ピートは妙な期待を感じた。

部長のオフィスは五階の角部屋にある。ピートは長い廊下を歩き、マーフィーがやっとの思いで手に入れた〝城〟を訪ねた。部屋のなかでは、大きな顔に笑みを浮かべたジョージ・キセヴァルターがソファに座っていた。

「ノセンコが帰ってきた」。マーフィーはキセヴァルターに先手を打つかのように早口で告げた。キセヴァルターはうれしそうに「昨夜、電報が届いたんだ」と言った。「あいつ、またジュネーヴにいるらしい」

ピートは興奮し、本能に任せて右のジャブを放った。頭のなかにいるノセンコのあごを殴りつけたつもりだった。ゴリツィンのファイルは、ノセンコに対する最初の評価を一変させた。今後は激しい戦いが待っていることだろう。

マーフィーは作戦の基本となるルールを定めた。秘密保持を最優先すること――それが何よりも重要だった。そして彼は、最近は情報漏洩が多すぎる、行き先も理由も口外するな、別々の飛行機を予約し、おまえたちがチームを組んでいると疑われないように注意しろ、などと言ってから、こう締めくくった。「電報は私に直接送ってこい。大勢の目につかないようにするんだ」

ピートは急いで家に帰ると荷物をまとめた。一月のジュネーヴは寒く、雨も多い。

〈ABCシネマ〉は、ジュネーヴの電話帳のいちばん上に載っている映画館だ。一年半前に決めたルールを忘れていなければ、ノセンコは七時四五分に建物の外に現れるだろう。

ピートは、約束の時間の三〇分前にバスで繁華街の中心までやってきた。映画館から数ブロック離れた場所だったが、あえてその場所でバスを降りた。寒い夜だった。でたらめに角を曲がりながらしばらく歩き、ときどき立ち止まっては店の窓ガラスをのぞき込んで、そこに映る通行人の様子を観察した。

ピートは、最初は学生として、その後はスパイとして、ジュネーヴで長い時間を過ごしてきた。知り合いとばったり会う可能性もなくはないのだ。いつもは読書に使っている角縁の眼鏡をかけ、つばの広い黒いシュティリアンハットを買って目深にかぶり、ささやかな変装を試みたのはそのためだった。

ピートは七時四五分に待ち合わせ場所に着いた。その時点では、すべてが予定どおり進んでいるように見えた。チケット売り場の左側にノセンコが立っていて、腕時計にせわしなく目をやっている。待ち合わせ時間を過ぎてもなかなか来ないデート相手を待ちながら、だんだん不機嫌になっていく映画好きにしか見えなかった。

問題は、ピートが次にどう動くかということだ。ノセンコに近づき、にこやかに背中を叩いて、現地チームが用意した新しい隠れ家《セーフハウス》に案内するわけにはいかない。ピート自身は、敵に尾行されることなくたどり着いたという自信があったが、ノセンコに監視がついているかまではわからない。つねに最悪の事態を想定しておくのもスパイの鉄則の一つなのだ。

ブラッシュ・パスとは、現地工作員《フィールドマン》が人ごみのなかで目立たないように情報を手渡す技術のことで、スピードと自然さが何よりも重要になる。ピートはこのとき、かつての腕前を披露した。ノセンコとすれ違う瞬間、歩調を保ったまま、住所と電話番号を書いた紙をノセンコの手に握らせて、そのまま暗い道に消えた。

ピートは、監視人《ウォッチャー》の尾行をまくために最大限の注意を払いながら帰路についた。市内の高級住宅街にある新しい隠れ家《セーフハウス》に着くと、ノセンコはすでにリビングにいた。その向かいにはキセヴァルターも立っている。激しい議論の真っ最中だったようだ。

「ユーリが信じられないことを言ったんだ」と、キセヴァルターは不安をにじませながら説明した。「ここに残りたいらしい」

「なんだって？」ピートは思わず大声を上げた。だが、まずは事情を聞くべきだと考えてこう尋ねた。「まさか、亡命したいってことじゃないだろう？」

「いや、そうだ」。ノセンコはきっぱりと言った。「一刻も早く亡命したい。もう帰りたくないんだ」

ピートは焦りを感じた。信用できない亡命者を連れて帰るほど危険なことはない。ピートは、この〝偽物〟の工作員を徹底的に叩きのめすつもりだった。ノセンコをモスクワで意のままに操り、何年もかけて偽情報を与え、ＫＧＢの連中を袋小路に追いやろうと考えていたのだ。

「座って話そう」とピートは言った。「まずは一杯どうだ。おれも飲みたい」。最後の言葉はまぎれもない本音だった。

トレイの上には、スモークサーモンの皿に黒パンを添えたものが置かれていた。ノセンコが自分で皿に取って食べはじめると、ピートがスコッチを注いだ。三人で食事と酒を囲みながら、ピートは必死に頭を働かせた――この状況をなんとかしなければならない。

「わからないな」と、ピートはついに口を開いた。「国と家族は捨てられないんじゃなかったのか。いったい何があった」

「そう思ってたんだが……なんというか、やつらに狙われている気がするんだ」

腑《ふ》に落ちない返事だった。KGBがノセンコを疑っているとしたら、軍縮協議の代表団の警備担当としてジュネーヴに派遣するはずがない。しかもピートの見立てでは、ノセンコは本部から送り込まれた諜報員のはずだ。もしそうであれば、ノセンコの言い分はなおさらおかしい。

「どうにも納得できない」。ピートは穏やかに言った。「家族はどうする？　娘たちはどうなるんだ？」

「なんとかなるだろう」。ノセンコは平然と答えた。

だがピートには、ノセンコの家族がどうなるかはわかっていた。モスクワのアパートメントから追い出され、ソ連僻《へき》地《ち》の殺風景な村に送られたのち、裏切り者の家族として永遠に汚名を着せられたまま生きることになる。

もし彼が本当に裏切り者なら、だが。

ピートがしなければならないのは、時間を稼いで策を練ることだ。作戦におけるノセンコの価値を引き出し、「亡命」というばかげた考えを捨てさせる策を。

「事情はわかった。だが、せめてあと何日かはいまの場所にいてほしい」。ピートは優しげに言った。「本当に身の危険を感じたら、いつでもここに来ていい。まさか、連中もスイスで誘拐しようとは考えないだろう」。そう言ってから、ピートは心のなかで吐き捨てた。スイスだろうがどこだろうが、KGBは仲間の諜報員をさらったりはしない。

「一週間ぐらいならかまわない」とノセンコは言った。そして、大きな譲歩を強いられた人間がするように唇をとがらせた。

ピートは安堵し、結果報告《デブリーフ》を始めようとした。しかし、ノセンコが話しはじめてすぐに、ピートが慎重に用意した筋書きは完全に打ち砕かれた。


ノセンコは、たいした前置きもなしに本題に入った。彼は、ケネディ暗殺事件の前後に、リー・ハーヴェイ・オズワルドに関するKGBの調査にかかわったと言った。

一九五九年にソ連を訪れたオズワルドは、「この国に残ってソ連市民になりたい」とインツーリスト「ソ連の旅行会社」のガイドに頼んだという。「当時、おれはソ連を訪れたアメリカ人旅行者を担当する部の副主任だった。だがオズワルドにはなんの興味もわかなかった。ただのうるさい男だと思って、要請は拒否したよ」

ピートには、ノセンコのような中級のKGB職員にそのような重要な決定を下せるとは思えなかったが、黙って話を聞くことにした。

ノセンコは落ち着いた口調で続けた。「ソ連に残るのは無理だとわかると、オズワルドはホテルに戻って自殺を図った。部屋で手首を切ってな。それで上層部は、この男が本当に自殺したら面倒なことになると判断した。だが、オズワルドがモスクワ周辺に滞在することは認められない。どうしようかと思っていたとき、赤十字がミンスクでの仕事を見つけてくれたんだ」

このとき、ピートはノセンコのグラスにソーダを入れようとした。平静を保ったまま話を続けてほしかったのだ。だが、ノセンコはピートの手を振り払うと、むしろ反抗するかのようにスコッチをたっぷり注いだ。

「やつがアメリカのスパイだという可能性は疑わなかったのか?」とピートは尋ねた。この亡命希望者がシングルモルトのボトルを飲み干して眠り込んでしまう前に、自分から聞いておいたほうがいいという判断だ。「オズワルドがどんな人間か調べたりはしなかったのか? ふつうはKGBの誰かが、少なくとも面接ぐらいはするだろう。組織にとって役に立つ人物かもしれないじゃないか。実際、オズワルドは海兵隊を辞めたばかりだった」

「そんなことは誰も考えなかった」とノセンコは言った。「それに海兵隊といっても、伍長かその程度の地位だ」。ピートは、ノセンコがまっすぐ自分を見つめていることを確認した。

だがそのあと、ノセンコの説明がいきなり早口になった。「その後、ケネディ大統領の暗殺はオズワルドがやったことだというニュースが入ってきた。アメリカ側が、ソ連が事件にかかわっていると考えてもおかしくはない。そこで、フルシチョフがおれの上司に『KGBはオズワルドと関係があるのか』と直接聞いてきたんだ。上司はただちに、ミンスクからKGBのファイルを取り寄せるようおれに指示した。で、おれがミンスクに電話したら、向こうの職員がすぐにオズワルドに関するファイルを届けてくれた」

ノセンコは誇らしげにこう続けた。「おれは自分の目でファイルを確認して、ＫＧＢとオズワルドの間につながりがあるのかを確かめた」

「どうだった？」とピートは聞いた。

「何もなかった。ミンスクのＫＧＢがオズワルドに興味をもった形跡はまったくなかったさ」

「監視したり、アパートメントに盗聴器を仕掛けたりはしなかったのか？」今度はキセヴァルターが問い詰めた。

「いや、そんなことはしていない」

ピートは別の角度から質問を投げかけた。「どういうファイルだったんだ？　大きさは？」

ノセンコは親指と人差し指を二、三センチほど広げて「一冊のファイルで、厚さはこれくらいだ」と答えた。

「全部読んだか？」

「ああ。読まなきゃならなかったからな」ノセンコは穏やかに言った。「注意しながら最後まで目を通したよ」

ノセンコはそこで黙った。意図的に間を置いた、という感じだ。それから、ふたたび口を開いた。「オズワルドの背後にソ連政府がいたかどうかを知りたいやつがいるなら、おれが答えを教えてやる。ソ連は無関係だ。ＫＧＢは誰一人、オズワルドという男に興味をもっていなかった」

ピートは呆然としながらも、心のなかでこう叫んだ。知りたいやつがいるなら、だと？　いるに決まってる。ウォーレン委員会だ。ＣＩＡだ。いや……二億人のアメリカ国民全員だ！

その間もノセンコは話し続けた。彼は別の情報を袖に隠し持っていた。それもまた〝偶然の一致〟と呼ぶべきものだ。

「暗殺よりずっと前のことだ。数カ月前、おれがたまたま第一総局の事務所を訪ねたときに、メキシコ・シティの支局から電報が届いていた。オズワルドが領事部にやってきて、自分はソ連に住んでいたことがある、また戻ってきたい、と言ってビザを申請したという内容だった」

「どれくらいの長さの電報だったんだ？　正確にはなんて書いてあった？」とキセヴァルターが口を挟んだ。

「半ページ程度だ」とノセンコは答え、すぐさまこう続けた。「おれはそのまま横で話を聞いた。結局、第一総局の職員は、オズワルドの再入国を認めるわけにはいかないと決めて、申請を拒否するようメキシコ・シティに電報を返したんだ」

ピートの現地工作員《フィールドマン》としての本能は、完全な警戒態勢に入った。いまの話に関して、頭を整理する必要がある。「少し休憩したほうがいい」とピートはノセンコを促したが、誰よりも落ち着く必要があったのはピート自身だった。

ピートはトレイに新しいサーモンを並べ、全員の飲み物を注いだ。だが、気持ちが落ち着く気配はない。胸の内で混沌《こんとん》が渦を巻いているが、それを鎮めることは不可能に思えた。ピートはいま、ＣＩＡにとって唯一の情報源をＫＧＢ内部に潜入させている。その二重スパイが久しぶりに顔を見せたかと思うと、「自分はオズワルドの事件と四つの接点がある」と言いはじめたのだ。一つではなく、四つだ。しかもこの男は、オズワルドのファイル全体に目を通していて、モスクワ・センターが大統領の殺害にいっさい関与していないと断言している。

いつものことだが、ノセンコの話はうまくできすぎている。信じられるはずがない。ノセンコは緻密につくり込まれた台本を、何度もリハーサルしたうえで暗唱している――ピートの直感はそう告げていた。KGBがノセンコに疑わしい情報をもたせて送り込んできた目的は二つ考えられる。一つは、「KGBはケネディ暗殺にいっさい関与していない」という〝真実〟をより強固なものにすること。もう一つは、考えたくもないが、アメリカ大統領の狙撃事件にモスクワが加担していたことを隠蔽するための〝嘘〟を流布することだ。どちらであってもおかしくはない。

衝撃に満ちた夜がふけていくなかで、一つだけ確実なことがあった。ノセンコの希望はかなえられる――亡命は認められるのだ。この男の話が嘘だろうが、本当はモスクワから送られてきたスパイだろうが、もはや関係ない。ノセンコをモスクワに帰してはならない。その夜の話を、CIAのほかの職員たちと、おそらくウォーレン委員会のメンバーの前でも説明させて、その真偽をはっきりさせる必要がある。諜報機関のルールに照らせば、ピートは輝かしい宝を手に入れたのだ。ピートがノセンコの発言を信じようが信じまいが、それは重要なことではない。結局のところ、ピートが考えなければならないのは、亡命の手続きを始めるまでにどれだけ時間をかけるかということだった。

長い一日を終えたあと、結果報告《デブリーフ》で何を話したかはほとんど覚えていない。ピートの頭は、錯綜する任務のことでいっぱいになっていた。幸い、レコーダーにはノセンコがスコッチをなみなみと注いだときの音まで記録されていた。テープが終わりに近づくと、ノセンコがグラスの中身を飲み干す音のあとに、彼らしくない疲れた声が聞こえた。「もう何日か代表団と一緒にいないといけないいんだろう？　なら、そろそろ行かないとな」

四日後、ノセンコは何の前触れもなく隠れ家《セーフハウス》に現れた。大きな危険が迫っているかのように動揺した様子だ。その日の朝、ソ連代表部に電報が届き、モスクワに戻るよう指示を受けたという。「おれたちが会っていることがばれたに違いない」と、ノセンコは泣きそうな声で言った。「頼む……すぐにここを離れないと。ホテルに戻るのもごめんだ」

ノセンコが嘘をついているのか、それとも本当におびえているのか、ピートには判断できなかった。ノセンコを亡命させるための法的手続きがまだ終わっていなかったので、ピートは間に合わせの方法でその場を乗り切ることにした。アメリカ軍士官の制服を取ってきて、ノセンコに着せたのだ。ノセンコの顔からはそれまでの動揺が消え、仮装を楽しむかのように制服を身にまといはじめた。数時間後、ノセンコは国境警備員から引き締まった敬礼を受けながら、運転手つきの軍用セダンでドイツに入国した。

翌日、ワシントンからの飛行機で到着したばかりのデイヴィッド・マーフィーが、フランクフルトのＣＩＡ支局でノセンコと会った。ＣＩＡソ連圏部長として、驚くような情報をもたらした

KGBの人物を自分の目で確かめたかったのだ。マーフィーは慎重に、詳しく話を聞いたが、最も印象に残ったのはノセンコの落ち着きぶりだった。「まるで、私に会うことを事前に想定していたかのようだった」と、マーフィーはのちに語っている。

一九六四年二月一一日、ノセンコはCIAの屈強な監視役とともにアメリカに飛んだ。骨まで冷えそうな寒い日の夜明け前、飛行機はニューヨークに到着した。ニューヨークの空港が、暗殺されたジョン・F・ケネディ大統領に敬意を表して改名されてから六週間後のことだった。

12

そのバーは、ボルチモア港の灯りから少し歩いたところにあった。ダウンタウンの喧騒から離れ、長くて寂しい通りの端にひっそりとたたずんでいた。店内は暗く、常連客は大酒飲みばかりで、ジュークボックスから流れてくるやかましい音楽を気に留める者はいないように見えた。CIAの警備チームがそのうらぶれた店を選んだ理由は、ワシントンのソ連大使館の職員に気づかれないようにするためだ。たとえ、場末の酒場を新しく開拓しようとする冒険好きな連中がいたとしても、その店に入ろうとは思わないだろう。

一方、木製のバーカウンターの端の近くのスツールに腰掛け、体勢を保つようにスコッチを手にしたノセンコは、水を得た魚のようにふるまった。バーテンダーを怒鳴りつけたり、まわりの女性に言い寄ったりしながら延々と酒を飲み続け、しまいには酔いつぶれた。いつもと同じような夜だった。

そういう意味では、付き添い役の二人のCIA職員が油断したのも無理はないのかもしれない。二人が後方のブースでコーヒーを飲みながら、この酔っ払いのロシア人の面倒を見ることになった不運をぼやいていたとき、喧嘩が起きた。あっという間の出来事だった。きっかけは、ノセンコが手を伸ばし、そばを通ったスタイルのいいバーメイドの尻を強くつねったことだ。その女性が嫌だとばかりに悲鳴を上げると、彼女をひいきにしている客が走り寄ってきてノセンコと向き合った。その客が放ったパンチは、酒に酔っていたせいでノセンコの肩をかすめる程度だったが、ノセンコのほうは、酩酊していたにもかかわらず正確なジャブを何発も食らわせた。若いころはアマチュアボクサーだったというのは本当なのだろう。付き添いの二人がカウンターに近づいたときにはもう、勇敢な常連客は冷たい床の上で伸びていた。バーメイドは小さな拳を握って、おもしろがっているノセンコを何度も叩いた。バーテンダーは「警察が来るぞ」と叫んでいた。

店内はたちまち大騒ぎになった。警官が手錠を取り出したので、二人のCIA職員はスーツの下に隠した銃に手を伸ばして威嚇した。そこにボルチモア警察の警部が到着した。ベッドでぐっすり眠っていたところを、CIAの夜勤当番からの電話で起こされたようだ。電話で頼まれたとおり、警部は「そのロシア人は厳重注意を与えてから帰してやれ」と店にいた警官に言い聞かせてから、付き添いのCIA職員に苦言を呈した。その警部がCIAに付き合わされるのは初めてではない。その晩、暖かいベッドから引きずり出された腹いせとばかりに、警部はCIA職員の財布からバーメイドへの迷惑料を支払わせた。

翌朝、出勤したピートの机の上には、ノセンコが引き起こした騒ぎの詳細な報告書がこれ見よがしに置いてあった。ピートは報告書を読んで大いに腹を立てたが、あとになってようやくわかった。頻繁に起きる騒ぎや暴力沙汰は、ノセンコがアメリカに来てからピートを悩ませている、より深刻な問題から目をそらさせるためのものだったのだ。ヴァージニア州北部にあるスキップフロアタイプの一軒家では、この亡命者に対する尋問が定期的に行われていた。何カ月もノセンコと向き合ううちに、ピートはあらためて「この男は何かがおかしい」と強く思うようになった。そして、ピートの見立てが正しければ、おかしいのはノセンコ個人に限ったことではない。CIAそのものが、何か重大な問題を抱え込んでいる。


尋問においては、適切な質問をすることよりも、相手の答えに耳を澄ませることのほうが重要だ。ピートは過去の経験からそのことを学んでいた。ターゲットにはとにかく話をさせる。尋問者は沈黙し、耳を傾け、すべての言葉を記憶の中にしまい込む。尋問のあとは黙想に浸り、入り組んだ言葉のなかに埋もれている貴重な手がかりを掘り起こす——それが尋問官に求められる技術だ。

ピートは嫌な予感に襲われながら、おびただしい量のノセンコの尋問記録を集め、それらをもう一度読み返すという骨の折れる作業に取りかかった。そこになんらかの手がかりがあるはずだった。ある意味では乱暴な思いつきであり、ある意味ではベテランなりの勘でもあったが、とにかくピートは、ノセンコの事件の根底には重大な謎が隠されていると考えていた。

最初に、ノセンコがついた〝嘘〟をリストアップしていった。ノセンコの言葉は、蜘蛛の巣のように複雑な模様を描いていた。この亡命者が話したことのほとんどはつくり話だとピートは判断した。ノセンコはつねに平然とした態度を取り、ためらうことなく話の内容を次々と変えていき、そのことを指摘されるとあからさまに腹を立てる。ピートは何度もうんざりさせられた。最初の数週間の尋問が終わった時点で、ピートはいくつかの点で疑問を抱いていた。

まず、ノセンコが重々しく語る彼の人生とキャリアだ。顕微鏡でのぞくように細かく見てみると、彼の華やかな経歴についての説明はつじつまが合わない。尋問から何年も経ったあとでさえ、ピートはブリュッセルの書斎で怒りを込めて次のように記している。「結婚や離婚の話は嘘くさく、軍歴にも矛盾がある。KGBに勤めた経緯についても、ほかの情報源から得た管理基準と食い違っている」

次に、ノセンコが誇らしげに語るKGBでの経歴だ。彼は輝かしいキャリアを積み、第二総局アメリカ部――旅行者と在モスクワ大使館の職員の動きを監視する部局――で昇進を重ねたと説明した。しかし、どうも納得がいかないことがある。モスクワにいるアメリカ人をターゲットにした活動は、KGBにとって非常に優先度が高いはずだ。にもかかわらず、ノセンコが監督したというオペレーションは何度も中断されている。しかも彼は、少なくとも八回、ソ連のさまざまな団体が海外を訪問する際に警備役として同行していた。第二総局の責任者を名乗るこの男は、下っ端の職員がするように、ロンドンやキューバに赴《おもむ》くボクシングチームを監視したり、ジュネーヴで何カ月もかけて行われる会議のために外交団に付き添ったりしているのだ。

また、順調に出世の階段を上ったという割には昇進のタイミングに違和感があった。ツーリスト部の主任に任命されたかと思うと、一カ月後にはまた外交団の付き添い役としてジュネーヴに戻り、三カ月間の退屈な警護を終えるとまたもや昇進する。それから退屈な一年を送り、これといった成果を上げてもいないのに、今度は第一部の副部長に抜擢される、といった感じだ。そんな話は聞いたことがない。さらに不可解なのは、それほどの地位に就いた数日後に、またしても外交団とともに数カ月間のジュネーヴ出張に向かっているのだ。

最後に、もう一つ疑念があった。インタビューの記録を読み進めていくうちに、ピートはその疑念は正しかったと確信した。ノセンコは、モスクワ・センターという官僚機構がどう動いているのかをまったくわかっていない。尋問のなかでも、ノセンコは日常業務、たとえば電報の送り方やファイルの請求の仕方について何も知らないと自供している。

ピートはある晩のことをよく覚えていた。ハッピーアワーの時間に、ベルトウェイのバーでノセンコと二人で飲んでいたときのことだ。ノセンコがアメリカに来てからは、二人で飲みに行くことがときどきあった。その日、仕事を終えたＣＩＡの秘書たち（ピートにはそう見えた）が店に入ってくると、ノセンコは品定めするように彼女たちを眺め、いつもと同じような猥雑な批評を始めた。ピートはふと、これはいいチャンスだと思ってこう聞いた。「ＫＧＢでは上級職員一人ひとりに秘書がつくのか？　それとも、部門ごとに何人かの秘書がついてるのか？」ノセンコがその質問を無視したので、ピートは同じ質問を繰り返し、教えてほしいと言った。だが、やはりノセンコは答えない。なぜなのか。このようなささいな情報すらも明かすまいと決めているのか、あるいは、それまでの話はつくり話で、本当はモスクワ・センターで働いた経験などないからわからないのか。

腑に落ちないことばかりだった。スパイの世界が嘘にまみれているのは仕方ない。だが一つ確かなのは、彼は自分で話したような人間ではないということだ。こんなに支離滅裂な経歴は、モスクワ・センターだけでなく、ラングレーでも、ほかのあらゆる諜報機関においてもありえない。それに、少しでもＫＧＢで働いたことがあるなら、業務やシステムのことをもう少し知っているはずだ。

もはや結論は変えようがない。ノセンコは嘘をついている。彼が語っているのは自分の人生ではなく、ＫＧＢが西側に植えつけようとしているイメージに合わせた虚構だ。問題は、なぜそんなことをするのかということだ。

一つの仮説は、モスクワが必死に主張しているとおり、「自分たちはオズワルドとはいっさい関係がない」という事実をアメリカに伝えるためにノセンコを派遣したというものだ。それなら説明がつく。暗殺者がしばらくの間ソ連に居住していて、しかも共産党幹部とつながりのあるロシア人と結婚していたことが全世界に報じられたとき、クレムリンがどれほど動揺し、不安に襲われたかは容易に想像できる。悲嘆に暮れるアメリカの将官や政治家たちは、悲観的な推測を重ねながら、二つの超大国がデフコン３状態（通常より高度な防衛準備態勢）に移行し、発射コードが取り出され、およそ四〇〇〇万人の命が危険にさらされるまでにどれくらいの猶予があるのかと恐れていた。事態の鎮静化を図るためにノセンコが派遣されたというのは納得がいく。

とはいえ、ノセンコが不確かな記憶をもとに暗唱している台詞は、ＫＧＢが急いでつくり上げたためか説得力に欠けていた。筋書きがあまりにお粗末だ。ノセンコがＣＩＡやＦＢＩの尋問官の前で話せば話すほど、シナリオが崩れ、矛盾点が次々と出てくる。

ノセンコは、あるときは「のんきなソ連政府は、自殺未遂をしたオズワルドの精神鑑定をしようなどとは考えなかった」と言いながら、次の日になると「精神科医の診断書を読んだ」と平然と言い放った。

ほかにも彼は、「暗殺の二カ月前、メキシコシティのソ連大使館にオズワルドが現れてビザを申請したという重要な報告が、いつ、どのように届いたのかはわからない」とＦＢＩに話している。だが一方で、ＣＩＡに対しては、その電報が本部に届いていたのを目撃したと言い、メッセージの内容を詳しく話しているのだ。

また、彼は当初、オズワルドに関するＫＧＢの資料は一冊の薄いファイルだったと言い、それを「徹底的に見直した」と語った。だが、その後の尋問では、「ソ連の諜報機関は暗殺事件の前にオズワルドに関する八巻もの膨大な資料をまとめていた」と話し、自分は最初の一冊を「ちらっと見た」だけだと述べている。

オズワルドのミンスク滞在中には、数カ月にわたって「ソ連はオズワルドに何の関心ももたなかった」と繰り返し供述したにもかかわらず、のちに行われた尋問で、「オズワルドがミンスクにいたときのものだけで七冊の監視報告書があり、さらにオズワルドのアパートメントの盗聴記録も大量に保管されていた」ことをとつぜん思い出すという一幕もあった。

マリーナ・プルサコワ――オズワルドと結婚し、彼とともにアメリカに移り住んだロシア人女性――に関する情報にも変更が加わった。最初、KGBはマリーナに関心がなかったという話だったが、あとになって、一九六一年三月に彼女がオズワルドに会った直後から監視対象になったとノセンコは報告している。

こうしたことが延々と続いた。重要な事実に関して矛盾が多すぎるのだ。合理的な情報分析者なら誰でも、屋上に上がってこう叫びたくなるに違いない――ノセンコは何かを隠している、その理由はモスクワ・センターの指令部が何かを隠そうとしているからだ、と。そう考えたとき、ピートは思わずぞっとした。ソ連が暗殺に関与しているとは思えない。あまりに説得力に欠けているし、そもそも利益がない。冷戦時代の規範に反してまでそのような行為に踏み切るはずがない。ソ連は、身の潔白を証明しようと無理に動いてしまい、そのせいで事態を混乱させてしまったのではないか――それがピートの行き着いた答えだった。だが、この考えは、ピートをさらに危険な道へといざなうことになる。

ピートは危機感を募らせながら、ひとまず目の前の混乱を回避しようと決意した。ノセンコの虚偽の情報が広まり、ソ連の隠蔽工作が成功することを恐れた彼は、急いでウォーレン委員会とコンタクトを取った。そして一九六四年七月二四日、非公開の会議に出席し、七人の委員の前でこう述べた。「ノセンコはKGBの回し者です。委員会報告書が公開されたあとに、正体が明らかになる可能性があります」

委員会のトップ、アール・ウォーレン最高裁判長は、ピートが言いたいことを理解した。ノセンコという人間も、彼がもたらす情報も偽物だ。ノセンコの言葉を根拠に「ソ連は暗殺事件に関与していない」とアメリカ国民に伝えるのはあまりに危険なことだ、と。ピートの証言のおかげで、なんとか大惨事は避けられた。委員会の最終報告書では、ノセンコのことにも、KGBの関与を否定する疑わしい説明にもいっさい触れないことになった。

だがピートには、この成功を喜ぶ時間などなかった。彼はやり残した仕事を片付けるために、ノセンコ事件の全容を時系列に沿ってたどっていくことにした。ノセンコがジュネーヴの隠れ家《セーフハウス》にやってきたのは、ケネディ大統領が撃たれる一年以上も前のことだ。すでにモスクワ・センターの指令部に二重スパイの役を与えられていた彼は、その後は予定どおり「KGBに潜り込んだCIAの工作員」を演じることになった。だが、大統領の暗殺事件が起きると、クレムリンは動揺し、批判をかわすためにノセンコを送り込むことにした。ノセンコの口から内部情報を伝えれば、アメリカ側も信じるに違いない。あとは、無事に帰ってくるよう命じるだけでいい。すぐに台本が用意され、ノセンコはその内容を大急ぎで頭に叩き込んだ。その後ジュネーヴに送られて、ふたたびピートの前に現れたというわけだ。そして、KGBが用意した台詞どおりに「亡命したい」と頼み、ウォーレン委員会が解こうとしている大きな謎の答えを提供した。

だが、モスクワの策謀には一つだけ穴があった。過去一年あまりの間に、ピートはノセンコが本当の目的を隠していることを見抜いていたのだ。そのためピートは、ノセンコに疑いの目を向け続け、必要なときにすばやく行動を起こし、ノセンコの供述のほとんどを闇に葬ることができた。

それでも、ＫＧＢの策謀のなかにはまだ解明できていない部分があった。それを無視することはできない。二年前、ノセンコが現れたのはいったいなぜなのか。ピートは、この疑問こそが最も重要だとあらためて思った。モスクワ・センターの本当の狙いはなんだったのか。どのような狡猾な作戦を考えていたのか。ＫＧＢが、身内の工作員を敵の手に渡すというリスクを取ってまで達成したい目的とは、はたしてどういうものなのか。

ピートは、自分を待ち受ける答えがどんなものかを想像して不安を覚えた。しかし同時に、その答えを見つけたとき、すべての謎が解けるだろうという期待もあった。ようやく、裏切りの過去が白日の下にさらされるだろう、と。

13

ピートの作業は簡単に進まなかった。手品のように、帽子の中からさっと答えを取り出せるわけではない。しかし、モスクワ・センターの長年の目的を解明するにあたって、二人の仲間が力になってくれた。あれから何年も経ったいま、その二人とテーブルを囲みながら、あの調査はいろいろな意味で「共同作業」だったとピートは振り返った。先頭を走っていたのはピートだったが、あとの二人も本気で真相を究明しようと取り組み、全員が重要な貢献を果たした。結果的に答えにはたどり着けなかったとしても、かけがえのない仲間だったのは確かだ。

三人を結びつけるのは、ノセンコに対する疑惑だった。ロッカは、諜報部長のアングルトンと、ソ連圏部長のマーフィーという二人の大物の後ろ盾を得て、元KGBのアナトリー・ゴリツィンからノセンコ事件についての見解を聞き出した。ゴリツィンは、CIAにとって貴重な亡命者だ。彼がもたらした情報は、のちにノセンコが語ったことと多くの部分で一致していた。ゴリツィンなら、モスクワ・センターの秘密工作をよく知っているはずであり、本物の亡命者である彼は、偽物の亡命者の目論見を見抜くこともできるだろうと思えた。

期待にたがわず、ゴリツィンは実に鋭い意見を述べた（このときの発言は隠したテープレコーダーで録音されていた）。「この男はKGBに忠誠を誓ったスパイだ」と、彼はいつものように自信に満ちた態度で言い切った。「一九六二年にジュネーヴでアメリカを狙ったKGBの二重スパイとして取り込まれたことになっているが、今日までずっと、アメリカを狙ったKGBの任務に就いている」

一方、ピートはすがるようにデリアビンに協力を求めた。ピートの仕事は、SBの防諜責任者として闇の中を探ることだ。しかし、ノセンコ事件の調査を進めるうちに、自分が不穏な領域に足を踏み入れたと思うようになった。本当に正しい道を歩いているのかを確認したかったのだ――もっとも、歩いているというよりは、よろめきながらなんとか進んでいるという感じではあったが。

デリアビンは、ノセンコの亡命のことを〝認識〟――業界用語でそう表現する――させられただけでなく、ジュネーヴの隠れ家《セーフハウス》での録音を、一九六二年のものと一九六四年のものを合わせて聞かされた。そのうえ、アメリカ入国後にヴァージニア州北部の隠れ家《セーフハウス》で行われた結果報告《デブリーフ》のテープもすべて渡された。延々と続く会話のなかでは、あからさまに矛盾している部分や、ノセンコが苛立ちをあらわにして怒鳴り声を上げている部分もあったが、デリアビンは注意深く耳を傾けた。そして腹を立てながらも、学術論文のように、会話を書き起こした記録文書に注釈をつけていき、訂正や批判的なコメントを余白に書き込んだ。さらに、それだけでは気持ちが収まらなかったようで、CIAからノセンコに聞くべきだという長い質問リストまで作成した。

ピートはそのリストを読んで感心し、ノセンコに対する尋問は第三者を介さずにデリアビンに任せることにした。それなら、KGBの同僚二人が、同じ職場のことを気楽に話すようなものだ。話も弾むことだろう。CIA職員が、KGB特有の言い回しを知らないせいでとまどうこともなくなる。ただし、会話の成り行きによっては「こいつはモスクワ・センターの仕事のことをまったくわかっていない、ただのスパイもどきだ」という結論で終わる可能性もあった。

二人のロシア人の間で、計一二回に及ぶ話し合いが行われた。毎回、少なくとも二時間はとりとめのない会話が続いた。デリアビンは、結果報告《デブリーフ》の記録を読んで不快な気分になっていたが、気持ちを抑えて初回の話し合いに臨んだ。デリアビンは、自分はカウンセラーだと切り出してから、こう申し出た。「アメリカ側には、わが同胞のきみに猜疑心《さいぎしん》を抱いている人がいると聞いた。彼らとの関係を円滑にするために、友人として力を貸したい。これまでの誤解をすべて解こうじゃないか」

しかし、話し合いを重ねても、ノセンコは「覚えていない」の一点張りだった。デリアビンもとうとう我慢できなくなり、「おまえはいったい何を隠してる」と率直な質問をぶつけたが、具体的な答えは返ってこなかった。

腹立たしい最後のセッションが終わると、デリアビンは自身の評価をまとめた書類を提出した。結論は次のようなものだ。「ノセンコは、いつ、どのようにKGBでの勤務を開始したかを説明しているが、それらは事実ではない。彼が語ったKGBでの経歴も同様である。また、彼がリー・ハーヴェイ・オズワルドに関するファイルを扱ったという事実もない。ジュネーヴに来た経緯についても正しいはずがない。学歴、軍歴に関しても、実際のソ連ではありえない」

いずれの項目も、ピートの直感が正しかったと裏づけてはいたが、作戦の方針を導き出す役には立たない。引き続き、問題の核心に迫る必要があった。なぜモスクワ・センターはノセンコを送り込んだのか。敵のゲームにおいて、この二重スパイもどきはどのような位置付けなのか。だが、敵の動機を探るうちに、ベッドの下から出てきた女物の下着の本当の意味がわかってきた。

監視人《ウォッチャー》が用いる手法に「囲い込み《バンド・ボックス》」と呼ばれるものがある。電子追跡装置を付けることを除けば、これが最もすぐれた手法だ。通行人のふりをした監視チームがターゲットを四方から見張るのだ。効果的である一方で、多くの工作員を投入するためにターゲットに気づかれやすくなるというリスクもある。しかし、KGBはその賭けに出て、アメリカ大使館の若手警備官ジョン・アビディアンを追跡した。これは一九六二年に、ジュネーヴの隠れ家《セーフハウス》でノセンコがピートに語った刺激的な話だ。当時はまだ、会話が気持ちよく進んでいた。

ノセンコの説明によると、ＫＧＢがアビディアンに目をつけたきっかけは、彼の前任者が判明したことだった。彼の前任者は、大使館警備担当のＣＩＡ職員で、ＧＲＵの少佐ピョートル・ポポフを担当していた。のちに処刑されるまで、ポポフはアメリカに大量の機密を流していた。前任者と同じように、アビディアンを追えば「もう一人のポポフの逮捕」に行き着くとＫＧＢは期待したのだ。しかし、アビディアンが誰かと接触することはなく、情報受け渡し場所《ドロップサイト》に向かうこともなかった。「アビディアンの悪事といえば、せいぜいベッドの下から女物の下着が見つかったことくらいだ」と、ノセンコはにやりと笑って言った。

何事にも用心深いピートは、のちにこのＣＩＡの独身職員に事情を確認した。「たしかに当時なら、ベッドの下に下着が落ちていてもおかしくはない」と、アビディアンは平然と説明した。とはいえ、それが誰のものだったのかは思い出したくないということだ。いくつかの可能性があったのだろう。

そのあとすぐに、ピートはこの話を頭から消し去った。

しかし、それから二年後にヴァージニア州北部で行われた尋問記録を読み返してみると、ある事実が目に飛び込んできた。その尋問では、ノセンコの話がまったく違うものになっていたのだ。その尋問記録には、アビディアンの監視は大成功だったと書かれている。一九六〇年、このＣＩＡ職員がプーシキン通りで「情報受け渡し場所《ドロップサイト》を設置」しているところが目撃されたようだ。

ピートは、なぜノセンコの話がこんなにも大きく変わったのかと訝った。ノセンコの話では、

ＫＧＢが苦労して得たものは一枚の下着だけだったはずだ。しかし尋問記録には、「敵の監視人は、ＣＩＡの諜報員が情報受け渡し場所《ドロップサイト》を設置する瞬間をとらえた」とある。たしかに、二年が経って何かを思い出すという場合もあるだろうが、話がこれほど大きく変わるのはまずありえない。ノセンコは、「下着が見つかった」という細かい部分を鮮明に記憶していながら、情報受け渡し場所《ドロップサイト》については忘れていたというのか。そんなはずはない。いまのピートには、なんらかの理由があってこの出来事を完全に書き換えたとしか思えなかった。

　この出来事に何か手がかりがある――ピートはそう考えて、アビディアンのファイルを細かく調べた。ほどなく、いくつかの重要な事実がわかった。まず、ＣＩＡはたしかにプーシキン通りに情報受け渡し場所《ドロップサイト》を用意していた。しかしアビディアンも、ほかのＣＩＡ職員も、それを〝設置〟してなどいない。その秘密の〝レターボックス〟は、アパートメントのロビーの大きなラジエーターの後ろにある暗い隙間だ。クレムリンから歩いて一マイルのところにあるその〝レターボックス〟には、マイクロフィルムのカセットを入れたマッチ箱を簡単に収められる。何か特別な事情がないかぎり、誰もそんな場所をのぞこうとしないだろう。そこを使いはじめたのは、ソ連軍情報部のオレグ・ペンコフスキー大佐だった。彼は一九六二年一〇月に逮捕されるまで、アメリカとイギリスの管理官《ハンドラー》に機密情報を渡していた。彼が渡した情報の質は、報告書のなかで「きわめて重要」「本質的に重要」「決定的に重要」などと形容されていた。

　次にピートが確認したのは、アビディアンはドロップの設置こそしなかったが、その〝レターボックス〟の中身を回収するために、プーシキン通りのアパートメントのロビーに行ったことがあるということだ。ファイルにはそのときの様子が詳しく書かれていて、淡々とした語り口にもかかわらず、敵陣内で活動する諜報員の緊迫感が伝わってくる。

当時のオペレーションの記録は、一九六一年一二月二五日の夜九時、モスクワのアメリカ駐在部官補佐官のアパートメントの電話が鳴ったところから始まる。補佐官の妻が電話に出ても、相手は何も言わない。そして、送話口に優しく息を吹きかけ、それを二回、三回と繰り返してから電話を切る。一分ほど経ってからまた電話がかかってくる。相手はやはり何も言わない。バースデーケーキのロウソクを吹き消すように、優しく三回、深く息を吐くだけだ。

それこそ、補佐官とその妻が「いつか届く」と言われていた認識信号だった。補佐官の妻は、指示されていたとおり、あらかじめ決められたパスワードを大使館のＣＩＡ支局に伝えてアラートをかけた。

ＣＩＡ支局長のポール・ガーブラーは、アメリカ大使公邸〈スパソ・ハウス〉でのクリスマスパーティーの喧騒の中にいたが、急に声をかけられ、目立たないように電話口に呼び出された。大使の木目調の書斎で電話を取ると、秘書の嬉しそうな声が聞こえた。ガーブラーが探していた妻へのクリスマスプレゼントをやっと見つけた、と言っている。当のガーブラーは、自分のクリスマスプレゼントを誰かに買いに行かせるタイプではないが、何も言わずに調子を合わせた。

そのとき、秘書が発した言葉が彼の注意を引きつけた――暗号だ。秘書はハレルヤのコーラスの中に暗号を埋め込んでいた。ペンコフスキーが新しい情報を情報受け渡し場所《ドロップサイト》に入れたという合図だった。

長年、現場で働いてきた経験を通じて、誤認誘導《ミスディレクション》がどれほど重要かをガーブラーはよく知っていた。オペレーションを安全に進めるためには、いかなるときも警戒を怠ってはならない。本能に従うとしたら、大使が用意してくれたクリスマスのもてなしを満喫しているアビディアンを呼び出して、凍てつくモスクワの夜に飛び出すところだが、その気持ちは抑えなければならない。そこで彼はパーティー会場に戻り、バーのそばに腰を下ろした。敵か味方かはともかく、勘の鋭い外交官がこの騒ぎに混じっている。CIA支局長が電話に呼び出され、その直後に大使主催のクリスマスパーティーから飛び出したとしたら、何かあったのかと怪しまれるだろう。それだけは避けなければならない。

バーカウンターに陣取ったガーブラーは、マティーニのおかわりを注文した。外交団の集まりの最中にしては、いくぶん荒っぽい口調だった。熱心に観察している人がいたとしたら、彼がほとんど口をつけていないグラスを脇に置いて「おかわり」と叫んでいるのに気がついただろう。

「これで失礼します」。ようやくガーブラーは、クリスマスにふさわしい陽気な笑顔を浮かべながら大使にあいさつをした。「すっかり楽しませていただきました。幸い、今夜はジョン・アビディアンが家まで車で送ってくれるみたいです」

こうして、二人のCIAの男は凍てつく夜のモスクワに放たれた。車にたどり着くまでの間、ガーブラーは近くにKGBの監視人《ウォッチャー》を意識しながら千鳥足で歩いた。運転中、アビディアンは何度も道路わきに車を停め、上司が道路で激しく嘔吐するのを見守った。KGBの監視チームは、せわしなく寄り道しているこちらの様子を笑いながら眺めていたに違いない。そのため、アビディアンが偶然を装ってクトゥゾフスキー大通りの電柱三五番の前で車を急停車させたとき、二人のアメリカ人が何を見つけたかまではわからなかっただろう。電柱にはチョークで「Ｘ」と書かれていた。ペンコフスキーが配達物を届けたことがあらためて確認された。

翌日の主役はアビディアンだった。彼はモスクワ・センターのいつもの監視チームを引き連れていつもの平凡なルートを進んだ。ルーティーン以上の目くらましはない――これは現地工作員《フィールドマン》の常識だ。アビディアンは、だいたい一〇日に一度のペースで同じ床屋を訪れている。彼はいつものように髪を切った。監視人《ウォッチャー》はいつものように、無表情のまま外に停めた車の中で待った。

その後、いつもと同じ近くの本屋に歩いていく。ゆっくりと時間をかけて、次から次へと本を手に取り、一冊ごとに丁寧に目を通すのが彼の習慣だ。ＫＧＢの男たちは、いつものように暖かい車の中で待つ。本屋には何の興味も示さない。だから、アビディアンが裏口からプーシキン通りに急いで出て行くのにも気づかない。すぐに彼はアパートメントのロビーに現れ、ラジエーターの後ろに手を差し込んだ。

何もない。マッチ箱が見つからない。投函を知らせる二つのシグナルがあったにもかかわらず、〝レターボックス〟は空っぽだ。

頭が混乱し、目の前が真っ暗になった。そして、管理官《ハンドラー》なら誰でもそうであるように、ペンコフスキーの身の安全が心配になった。アビディアンは急いで裏口から本屋に戻った。立ち読みが終わったとき、ＫＧＢの車はまだ外にあり、監視人《ウォッチャー》の一人はタバコを吸いながらのんびりとボンネットに寄りかかっていた。

当時、この事件は「作戦中止」「不可解な出来事」として片付けられた。この一件を除けば、情報の受け渡しは順調に行われていたので、この日の疑問が深く掘り下げられることはなかった。それに、目をみはるような情報が新しく届いたのだ。ソ連がキューバに配備しているミサイルの詳細を記した文書のマイクロフィルムだった。キューバ・ミサイル危機の際に重要な意思決定者の一人だったロバート・ケネディは、この情報について「CIA設立以来の経費全額を正当化するものだ」と驚嘆したほどだった。


ノセンコの話の矛盾が気になり、ペンコフスキー事件を調べ直したピートは、この事件に何か引っかかるものを感じた。

そしてこう思った。もし、ペンコフスキーがシグナルを送ったのでないなら、いったい誰がやったのか。答えは明らかだ――KGBしかいない。しかし、なぜ情報受け渡し場所《ドロップサイト》がわかったのだろう。急いでファイルを見直したところ、二重スパイの裁判のなかで、ソ連当局はこう述べている。プーシキン通りの情報受け渡し場所《ドロップサイト》の存在を知ったのは、ペンコフスキーが逮捕された一九六二年一〇月よりあとだ、と。つまり、アビディアンがあの場所に行ってから一年近く経ってからだというのだ。

さらに、KGBの監視人《ウォッチャー》が、アビディアンが書店の裏口から出ていくのを追わなかったのなら――CIAの諜報員は尾行があれば気づくはずだ――どうやってプーシキン通りのアパートメントに入っていくのを見たのだろうか。

考えられるのはただ一つ。監視チームがすでにアパートメントの建物内に配置され、ロビーのラジエーターに目を光らせていたのだ。だが、それだと時系列に無理がある。ペンコフスキーが捕まったのはその一件から何カ月も経ったあとであり、逮捕されるまではそれまでどおり情報を届けていた。オペレーションが失敗したことはない。それなら、一九六一年一二月のあの日、モスクワ・センターはどうやって場所を知ったのか。あるいは、ノセンコが最近になって話したように、一九六〇年にはもう知っていたのか。だが、それでは時系列的に合わないどころではない。ありえないことだ。

そして、もう一つの謎がある。そもそも、なぜノセンコは、ジョン・アビディアンとプーシキン通りの情報受け渡し場所《ドロップサイト》のことを話したのか。なぜ、二つの食い違う話をするのか。さらに言えば、最初の話で「下着を見つけた」というくだらないゴシップを口にしたのはなぜなのか。

おれは何を見落としているんだ、とピートは自問した。必要な情報はすべてそろっている。だが、この手でつかめないところに何かがある。自分には理解できない闇の中に。

ピートにできるのは、ノセンコの発言を書きとめた記録に立ち戻ることだけだった。

いまやピートには使命がある。ノセンコの発言を書き起こした大量の記録文書を読み直した当初は、自分が具体的に何を探しているのかわからなかったが、ようやく自信がわいてきた。直感がさえている。これまで見過ごしていた隠れた宝を、いまなら探し当てられる――ピートはそう思った。

労力がかかるうえ、おもしろみのない作業ではあったが、最終的に求めていたものが見つかった。ピートは興奮した。何年か前にノセンコと初めて会ったとき以来、ずっとそこにあったものだ。ジュネーヴの旧市街、赤い屋根を見下ろす小さなバルコニーが付いた上品なアパートメントでのことだ。

当時のノセンコはとても協力的で、KGBの〝第一級〟の技術者集団が西側に仕掛けているあらゆる手口をピートに教えてくれた。灰皿や花瓶にマイクを取りつければ、騒々しいレストランのなかでも会話をはっきりと聞き取れると、彼は自慢げに話していた。

「そういえば、こんなことがあった」。ノセンコはふと思い出したように言った。「モスクワのレストランで、アメリカの海軍武官補佐官がインドネシアのゼップ武官と昼食をとっているときの会話を録音したんだ」

「名前の綴りは？」とピートは聞いた。

ノセンコはすぐに答えた。「Z—e—p—p」だ。

二人の会話はすぐに別の話題に移った。しかし、あの会話から四年近く経ち、あらためてその何気ないやりとりを読み返したところ、あることに気がついた。衝撃的な事実だった。ピートは、どこを探せばいいかわかっていたので、迷わずペンコフスキーのファイルを手に取って調べはじめた。その情報を見つけるまでに多少の時間はかかったが、彼の記憶は正しかった——思っていたとおりの場所にそれはあった。

ピートが読んだのは次のような話だ。イギリスの秘密情報部（ＭＩ６）は、ＣＩＡとともにペンコフスキーを動かしていた。ＭＩ６は、ときどきイギリスのビジネスマンを運び屋として使っていた。だが、ペンコフスキーが捕まってオペレーションが破綻すると、そのときの運び屋だったグレヴィル・ウィンもペンコフスキーとともに裁判にかけられ、一九六三年五月に懲役八年の刑を受けた。ウィンはモスクワ北部のウラジーミル刑務所に収監され、耐えがたい苦痛を味わったが、罪の意識に駆られたイギリス政府は彼を釈放させるために取引をした。彼が無事にイギリスに戻ると、ＭＩ６はウィンを呼び出し、ソ連との関係で思い出せるかぎりのことを聞き出した。

そしてＭＩ６は、その成果をアメリカ側のパートナーと共有した。ピートはいま、長かった資料の追跡がようやく終わりに近づいたことで、最初に読んだときは意味がわからなかったやりとりを読み解いていった。

投獄されて五カ月が過ぎたところで、ウィンはとつぜんモスクワに連れ戻され、ふたたび尋問を受けたという。そのときは、東欧に頻繁に出張していた時期にペンコフスキー以外のスパイと会ったかどうかを問いつめられた。ウィンが受けた尋問は非常に手荒いものだった。ＫＧＢの連中は、尋問と尋問の合間も騒がしい電子音を鳴らし続け、ウィンを眠らせなかった。それでも何も聞き出せないときは、おそらく退屈しのぎも兼ねて、力ずくで吐かせようとした。

ある朝、ウィンは尋問官のリーダーの前に引き出された。「ゼップというのは誰だ」とその男は言った。新しい手口だった。

ウィンはすでに限界を迎えていた。秘密を守る気力はもはやない。だが、ＫＧＢの連中が何を言っているのかがまったくわからない。知らない、とウィンは正直に答えた。

尋問官はかぶりを振って舌打ちをすると、目の前のテープレコーダーのスイッチを入れた。食器がぶつかる音と、ざわついた雑音が背景に聞こえる。レストランだ。それから歯切れのいいブリティッシュ・アクセントのウィンの声。はっきりと明瞭に聞こえる。次に聞こえたのは、まぎれもないペンコフスキーの声だ。やわらかく、叙情的でさえある。ペンコフスキーはこう聞いた。

「で、ゼップはどうしてる?」

KGBの男はそこでテープを止めた。そして勝ち誇ったような目で睨みつけ、早く言えとウィンを促す。

ピートの緊張が高まった。録音を聞いたウィンは何を思い出したのか。

ウィンは何度も、その名前はゼップ(Zepp)ではなくゼフ(Zeph)だと説明した。しかも、オペレーションにはまったく関係ない名前だった。ゼフとは、ペンコフスキーとウィンのお気に入りの娼婦のあだ名だったのだ。二人がロンドンのナイトクラブで口説いた相手だ。テープレコーダに残っていたのは、中年の男が美しい女性のことを思い出しながら、いやらしくウインクを交わしていたときの会話だった。

疑問が打ち消されると、KGBの尋問官は不機嫌そうにうなずき、すぐに別のもっと有意義な問題に移ることにした。一方でピートは、その出来事から数年後にこのやりとりを読みながら、ずっと考えていた。どうも引っかかる。ノセンコが西側にやってきたのは、ペンコフスキーの事件がきっかけではないかという気がしたのだ。この事件によって、ノセンコは「アビディアン」

「ゼップ」「プーシキン通りの〝レターボックス〟」「ベッドの下の下着」の四つと結びつけられている。

だが、二つのオペレーション――ノセンコがジュネーヴに現れたことと、モスクワ・センターが五カ月後にペンコフスキーを捕まえたこと――の間に具体的にどのような関係があるのだろう。ピートはまだ正確なところが読めなかった。

ピートは直線的に物事を考えるのが好きではない。相手を欺くためのスパイの策略は必ずねじれている、というのが彼の考えだった。そこで、ノセンコがアビディアンについて話していたときの場面をもう一度思い返すことにした。考えろ、よく考えろ――ピートは自分に言い聞かせた。あった。日付だ。

ピートはその日付を何度も目にしていたが、いまのいままで気づかなかった。ノセンコは、アメリカに入国したあとの尋問のなかで、アビディアンが〝レターボックス〟を設置している姿をKGBの監視人《ウォッチャー》が目撃したのは一九六〇年だと話した。しかし実際は、アビディアンがプーシキン通りのアパートメントのロビーに入ったのは、それから一年後の一九六一年一二月だ。

ノセンコの狙いは、「一九六二年一〇月にペンコフスキーが逮捕される以前、大使館員が〝レターボックス〟を設置するのを目撃するまでは、ペンコフスキーにはなんの疑いもかけられていなかった」とCIAに信じ込ませることだったのだ。ピートはようやくそのことを理解した。モスクワ・センターは最初、「アビディアンを監視したが見つかったのは下着ぐらいだった」と話すようノセンコに指示していた。同時に「ゼップ」の名前を出して、何か手がかりを得られないか探るようにも命じていた。しかし、ケネディ暗殺事件のあと(ペンコフスキー逮捕のあとでもある)、ノセンコがふたたび動きはじめたときに、モスクワ・センターは別の話を吹き込ませることを考えた。時系列を改竄《かいざん》した話だ。アメリカにその話を信じ込ませることで、ペンコフスキーがとつぜん逮捕されたことに関してアメリカが疑問をもたないようにしたのだ。

この仮説は、モスクワの騒がしいレストランでKGBが巧妙に録音したウィンとペンコフスキーの会話の日付が特定されたことで、いっそう強固なものになった。あの会話は、ペンコフスキーがロンドンを訪れ、ウィンとの取引をまとめ、二人でナイトクラブに行ってゼフと楽しんだ日からほんの数週間後のことだ。ウィンはイギリスの尋問官に対して、ゼフについてペンコフスキーと話したのはあのときが最後だと語っている。一九六一年五月のことだったと彼は断言した。一九六一年五月。ペンコフスキーが逮捕されるより一六カ月も前だ。モスクワのレストランに隠しマイクを仕込んでまで会話を盗聴する理由はないはずだ。KGBはまだ、彼をマークしていなかったのだから。

だが、KGBがすでにペンコフスキーを監視していたとしたら? ペンコフスキーの裏切りをすでに知っていたとしたら? それなら話は別だ。プーシキン通りの情報受け渡し場所《ドロップサイト》を事前に知っていたことも説明がつく。KGBが追っていたのは、ペンコフスキーの管理官《ハンドラー》ではなく、ペンコフスキー自身だった。連中は、アビディアンがラジエーターの裏に手を差し込む前から、秘密の〝レターボックス〟の場所を知っていたのだ。

では、なぜKGBはペンコフスキーをそれから一年半も泳がせたのだろう。その間、彼はロンドンやパリを旅行することも、政府の秘密文書にアクセスすることもできた。実際、CIAから渡された小型カメラを使って大量の機密文書を撮影していた。

それこそ、ペンコフスキー事件とノセンコ事件を結びつける固い最後の結び目だ。だが、ピートが辛抱強くその結び目を引っ張り続けた結果、ついにほどけた。

ソ連はペンコフスキーを自由に泳がせ、スパイ活動さえも続けさせた。その理由は、ペンコフスキーを捕らえるより優先すべきことがあったからだ。KGBに裏切り者がいることを明かした貴重な情報提供者の身元を守ることが何よりも優先されたのだ。

もしCIAがその情報提供者の存在に勘づいていたら、すぐに追跡を始めていただろう。ペンコフスキーに関連するオペレーションはいくつかのプロセスに区切られていたので、全体像を把握している職員は一握りしかいない。その一人ひとりをあたっていけば、やがて裏切り者を特定できたはずだ。

ノセンコが一九六二年に初めてジュネーヴに姿を現したのは、その貴重な情報源を守るためのKGBの計画の一環だった。こうして考えてみると、ノセンコの行動はすべてその計画につながっている。ノセンコはまず、もっともらしい嘘とでたらめな時系列を携えてピートのもとにやってきた。その目的は、ペンコフスキーはポポフと同様、KGBの熱心な監視活動のために捕まったとCIAに信じ込ませることだ。ケネディ暗殺事件よりはるかに前から始まったその欺瞞《ぎまん》作戦は、専門用語でいうところの「情報源の保護《ソース・プロテクション》」のために行われていた。

ピートはすべてを理解した。ペンコフスキーもポポフも、上層部の〝モグラ〟に裏切られたのだ。その裏切り者は、いまもCIAの中枢に潜んでいる。

考えをまとめたピートは、ひとまずノセンコに休暇を取らせた。ハワイの暖かい陽射しを浴びながら砂浜で少しのんびりしてくるといい、と。ノセンコがアメリカ国民の血税を使って赤毛の娼婦と遊んでいる間、ピートは新たに生まれた危険な考えをさらに掘り下げていった。

14

一九六四年

「ノセンコをこのままにはしておけない」。ピートは、何か有意義な提案をするかのように落ち着いた口調で言った。五階で何度も口論になった経験から、怒ったり、これが最後通告だと息巻いたりしても、相手を刺激するだけだと学んでいた。

部屋には、直属の上司であるソ連圏部長デイヴィッド・マーフィーがいた。二人は友人であり、ともに現場で研鑽《けんさん》を積んできた同志でもある。マーフィーは、西側が東側の通信網の下にトンネルを掘ったり、東側が壁をつくったりしていた不安定な時期のベルリンに駐在した経験があった。二人はかつて、本部の職員の仕事があまりにお役所的だと愚痴を言い合う仲だった。しかし、豊かな田園風景が一望できるヴァージニア州郊外の一角に真新しいオフィスを構えてから、マーフィーは変わってしまったとピートは思っていた。ＣＩＡという組織で出世していくには、政治的な手腕も求められる。組織全体を俯瞰《ふかん》して意見を言ったり、組織のことを考えて「何もしない」と決断したりすることも必要なのだ。

だからピートは、慎重に話を持ち出すことにした。「ノセンコの結果報告《デブリーフ》もそろそろ終わる。いいかげん井戸の水も枯れてきた。デイヴ……時間がない。次にどうするかを決めないといけない」

その言葉を聞いて、マーフィーは動揺した様子だった。この問題を手放したいとでもいうかのように、急に疲れたような表情を見せたのだ。少なくとも、ピートにはそう解釈できた。

ピートは一歩引いてこう言ってみた。「もちろん、この問題にはこれ以上かかわらないという選択肢もある」。そして、彼としてはまったく納得できなかったが、ノセンコに住所と職を見つけてやり、監視を続けるという提案をした。だが同時に、「そうすると、この問題の背後にある謎を解明するチャンスが失われ、禍根《かこん》を残すことになる」と言い添えた。

「そのとおりだ。たしかにリー・ハーヴェイ・オズワルドの件がまだ残ってる」とマーフィーは同意した。その断固とした態度に、ピートは勇気づけられた。マーフィーは決断を下すことを恐れているようだったが、少なくともノセンコに対する見解は一致しているとピートは踏んだ。

「オズワルドの件も大きな謎の一つだ。だがそれだけじゃない」。ピートは話をさらに進めることにした。

マーフィーはゆっくりとうなずいた。その仕草をするのに、全身の力を振り絞らなければならないといった感じだ。「そうだな」と、彼は疲れたような声で言うと、弱々しげな声を出しながら、ペンコフスキーの情報受け渡し場所《ドロップサイト》の発見に関して、ノセンコの説明から浮かび上がってくる多くの疑問を挙げていった。

ピートはあえて口を挟まなかった。

疑問を一通り挙げると、マーフィーは一度黙り込んでから言った。「もしかしたら……あいつは自慢したいだけなのかもな。やってないことをやったと言い張って、自分をアピールしたいんだ。生まれながらの嘘つきで、詐欺師ってことだ」

「やめろ、デイヴ。わかってるだろう。いままで、そんなやつはいなかった」

「なら、やつがKGBのスパイを暴露したことはどうなんだ？　KGBがそいつらを見捨てたとでもいうのか？」マーフィーは言い返した。

ピートはその反論をすぐに否定した。「ノセンコがそいつらの名前を明かしたとき、おれたちがまだ存在を知らなくて、なおかつ機密情報にアクセスしていたやつがいたか？　一人もいないだろう」

「わかった、たしかにそうだ。ノセンコは、活動中のスパイ、連中にとって価値のあるスパイの名前は明かしていない」とマーフィーは認めた。だがすぐに、驚くほど激しい口調でこう言った。「だが、KGBが身内の職員を亡命者として送り出すはずがない。この界隈では常識だ」

ピートは言い返した。もともとノセンコには亡命する予定などなかった、しかしケネディの暗殺で事情が変わったのだ、と。

マーフィーもしぶしぶ納得し、敵の苦労に同情するかのように小さくため息をついた。「KGBの連中もつらかっただろう。フルシチョフのメッセージをヤンキーに伝えるためだけに、自分たちの長期作戦が水の泡になったんだからな。上の命令には逆らえなかったんだ。やつらの気持ちはわかる」

ピートは、このタイミングで言うべきかどうか迷ったが、これから起きるかもしれないことについて話そうと決めた。話してしまえば、マーフィーも無視することはできない。

「ノセンコのことだが……あいつ、ウォーレン委員会の仕事が終わったところで、何か口実を見つけて、おれたちに腹を立てて、ソ連に帰ると言い出すと思う」。ピートは自分の予感を打ち明けた。

「そうか。じゃあ、あいつとはそれでおさらばだ」と、マーフィーは真剣に取り合わなかった。

ピートは肩を落としかけたが、マーフィーはすぐに真剣な口調で続けた。「問題は、どうやってあいつと対決するかだ。どんな手を講じれば、あいつが出て行くのを止めるかを考えないとな」。

マーフィーの言葉には決意がこもっていた。

二人は最初から、話がここに流れ着くだろうとわかっていた。この問いに。この決断に。

ピートはあやふやな議論はやめて、単刀直入に話した。「唯一の道は、あいつを監視下に置いて尋問することだ。その答えを聞けば、あいつを解放すべきか、それとも正真正銘のスパイと見るべきかがわかるはずだ」

またもやマーフィーは時間をかけて思案した。追い込まれた官僚が苦渋の決断を迫られているのが伝わってきた。「要はこういうことだ」とマーフィーは考えながら言った。「このままやつを拘束して対決するか、すべてをあきらめてやつの言い分をそのまま受け入れるかだ」

マーフィーは椅子から立ち上がり、ピートに背を向けて窓際に立つと、ヴァージニアの木立のほうをじっと見つめた。

「いいだろう」。マーフィーはついに決断した。「やってみよう。おれから長官にこの問題について話す。最初の選択肢を選ぶ可能性があるかどうかを尋ねてみよう」

アメリカの移民法は細かく制限的な規定を設けているが、一九四九年中央情報局法第七条のなかに、小さいながらもきわめて有効な抜け穴が盛り込まれている。ＣＩＡ長官は、司法長官と移民局長官の形式的な同意があれば、「国家安全保障の利益のため、あるいは国家諜報任務の推進のため」――漠然とした大きな目的だ――采配どおりに年間一〇〇人まで永住させることができる。

ただし、その法律の隅のほうに二つの注記が小さく記載されている。一つは、入国者が本人の申告どおりの人物であること。もう一つは、外国の諜報機関が企てる亡命は認めないことだ。この要件が満たされているかどうかの判断は、実質的にＣＩＡに一任されている。この注記のために、亡命者はアメリカ入国時に市民権が付与されず、「一時入国許可者」という不確実な法的身分が与えられる。

そのため、ユーリ・ノセンコは一時入国許可者としてアメリカに入国した。この法的な立場がいかに不安定で危ういものかは、じきにノセンコも身をもって知ることになる。

それはさておき、ピートの計画に引き込まれたマーフィーは、まずCIA長官ディック・ヘルムズに面会して事情を説明した。そして、ピートとともに考えたように、「ノセンコは第七条の基準に明らかに違反している」と、法的な根拠に則った主張をした。「彼が実際に申し立てどおりの人間なのか、彼がもたらした情報が有用なものなのか、彼の亡命の理由が信頼に足るものなのかについて、証明する必要があります。現状、自分にはいずれの点も証明できません」。マーフィーはきっぱりとそう言った。

加えて「『外国の諜報機関が彼の亡命に影響を与えたという情報はない』と証明しなければなりません。しかし、実際は〝情報〟と呼べるものがいくつもあります」とも説明した。

ヘルムズは、しばらく判断に迷いながら、ノセンコの行動に関する質問をマーフィーに投げかけ、マーフィーが一つひとつ答えていくのを真剣に聞いた。ヘルムズは最終的に納得した。彼がピートとマーフィーの古くからの同僚であり、かつては〝塹壕〟の中でともに過ごした仲だったことも大きな理由だった。

一九六四年四月二日、ヘルムズはマーフィーを連れ、さらには権威付けのためにCIAの法律顧問も伴って、ニコラス・カッツェンバック司法長官にノセンコの虚偽について詳細に説明した。長官は、説明を終えたところで少し口をつぐみ、ノセンコの策略の底には大きな陰謀が潜んでいるのだとほのめかした。とはいえ、すでに議論は片付いていた。司法長官としては、三人のＣＩＡ職員と揉めたくはなかった。それに、事件はＣＩＡの管轄で起きたことであり、問題になっているのは彼らの亡命者なのだ。

何も知らないノセンコが、ハワイの太陽の下で過ごした休暇（しかも政府が手配したもの）から戻ってから二日後、いまや彼の自宅となったヴァージニア州のスキップフロアタイプの一軒家の前に黒いセダンが停まった。車から出てきたＣＩＡ職員二人は、気さくな態度で「これからポリグラフ検査を行う」と伝えた。ノセンコは承諾した。結果報告《デブリーフ》のプロセスの一環としてその手の検査がよく行われることは、彼自身、防諜員としてよくわかっていた。「オーケー、行こう」

約一時間後、ノセンコは屈強なＣＩＡ職員二人と尋問の責任者に囲まれて、高い木立の森を縫うように曲がりくねった道を走っていた。メリーランド州の奥深い田舎で、風の音に混じって鳥の鳴き声が聞こえる。長い進入路を抜けた先に、レンガ造りの荘厳な邸宅が見えた。

誰かがベルを鳴らす前に、重そうな玄関のドアが開いた。ノセンコが中に入ると、その空間に似つかわしくない早さで攻撃的な尋問が始まった。

当時のＣＩＡのポリグラフ担当部長は、戦略情報局（ＯＳＳ）のベテランでＣＩＡ初の文民長官となったアレン・ダレスの肖像写真を一階の執務室の壁に飾っていた。写真のなかのダレスは、インテリとしての威厳に満ちた表情を浮かべている。来客をじっと見つめるその写真には、ダレスの直筆で「ポリグラフこそ、われわれの第一防衛線である」と書かれていた。

しかし、実際はそこまで言い切ることはできないだろう。ポリグラフは、せいぜいマジノ・ライン［フランスの東部国境を守るために第二次世界大戦前に築かれた防衛ライン］程度のものだ。つまり、防衛が成功するのは、相手がやみくもに突進してくる場合に限られる。敵が回避策を講じていたら打ち負かされるのだ。訓練を積んだプロであれば、機械を騙すことなど造作もない。ノセンコは本物の二重スパイなのか、あるいは二重スパイを演じる三重スパイなのか。いずれにしても、恐ろしいほど複雑な内面をもつ彼のようなスパイにとって、役割演技《ロール・プレイ》は第二の天性だ。まるで名俳優のように、そのときの役に合わせて鮮やかに嘘をつくことができる。それで判断に迷ったマシーンが「判断不能」のフラッシュを点灯する。

ただ今回は、ノセンコの嘘を見破るためにありとあらゆる機器を用意してある。この検査によって、彼をシロだと判断して解放するか、ソ連の回し者だと断定するかを決められるだろう。少なくとも、ピートはそう期待していた。

背もたれのまっすぐな椅子が、長いテーブルの反対側に並んでいる。楽しい会話をするための配置ではないことを強調するかのように、どの椅子も違った方向を向いている。隣の小さなテーブルには、キーラー型ポリグラフ・ペースセッター6308モデルが置いてある。ダイヤルやメーターがいかめしく配列されている様子は、飛行機の操縦室の計器パネルのようだ。

ノセンコが指定された椅子に座ると、すぐに血圧計が腕に巻かれ、電極が両手に一つずつ付けられた。三つのチャンネルで、心拍数、血圧、呼吸の変化と、発汗の具合（皮膚抵抗）を連続的にモニターし、針の揺れによってそのデータをグラフ用紙に記録する。

次に、通常の検査とは違うとノセンコに気づかせるように、頭髪をかき上げ、電極を吸盤で頭につける。脳波をモニターするとノセンコには説明したが、本当はそうではない。電極をつないだ唯一の目的は、「罠にはまった」という意識をノセンコに植えつけ、精巧なＣＩＡの機械を騙すのは不可能だと思わせることだった。

質問項目の準備にはピートも協力した。いずれもイエスかノーかの単純な答えを引き出すための質問だ。質問に答えるうちに、ノセンコが少しずつパニックに陥っていき、最後にはボロを出すとピートは信じていた。

検査官は、長年ポリグラフ検査を行ってきた熟練の職員で、機械をつなぐときに初めてノセンコと顔を合わせた。彼にはあえて、一連の事件の概要を教えるだけにとどめておいた。検査官は質問を読み上げた。威嚇するようなそぶりは見せず、むしろ、「仕事だから仕方なくやっている」というような口調だった。おまえはアメリカ人を騙すために送られてきたのか、ＫＧＢから送られてきたのか、いまもソ連の指示を受けているのか、リー・ハーヴェイ・オズワルドについて本当のことを話したか――。

すべての質問が終わると、検査官は部屋を出ていった。検査官がキッチンでピートやほかの職員たちと結果を確認しているとき、ノセンコはうつむいたまま、椅子の背に力なく身体を預けていた。結果は明らかだった――ノセンコは嘘をついている。それでも、話し合いはしばらく続いた。ピートは急ぐつもりはない。誰かが言ったように、ターゲットをとろ火で煮込むのだ。相手の想像力を引き出し、恐怖心を煽らなければならない。

「おまえが嘘をついていたことがわかった……残念だ」。ピートは驚いたような顔をしながら部屋に入ると、そう告げた。

ぐったりとしていたノセンコは、少し顔を上げ、物憂げで無表情な目でピートを見つめた。だが、ピートと一緒にやってきた三人の屈強な職員に気づいたとき、雰囲気が変わったように見えた。

「嘘はついていない！」と、ノセンコは死刑判決を言い渡されたかのように必死に言い返した。

「おまえは嘘つきだ」とピートは返した。声を荒らげたり、芝居がかった台詞を口にしたりはしない。ただ、ソ連の人民委員《コミッサール》のように傲慢な態度を取った。「おまえのせいで困ったことになった」。交通違反者に言い聞かせるような口調でピートは続けた。「このテストを実施すると決めたのは政府だ。だから、この国でのおまえの立場は危うくなった。これから問題を一つひとつ検証しなければならない。すべてが片付くまで、おまえはここから出られない」

「おれは事実しか話していない。証明する」。ノセンコはそう言ったが、声にいつもの威勢のよさがない。

ピートが合図すると、ノセンコに付き添ってきた二人の職員が近づいてきた。服を脱げ、と一人が命じた。

ノセンコは下着姿にさせられ、暗い屋根裏部屋に連れていかれた。家具と呼べるのは、部屋の真ん中に置かれた金属製のベッドだけで、それがボルトで床にしっかりと固定されている。窓には黒い紙が貼られ、自然の光をさえぎっている。ベッドには軍の迷彩服が置いてあり、ノセンコはそれを着用するよう命じられた。着替えが終わると、付き添いの職員は彼を階下に連れ出した。

その後、ロシア語を話すＳＢの職員が新たに加わって、ピートとともに長い木のテーブルの前に腰を下ろした。ノセンコは絶望したような表情を浮かべながら、二人の尋問官と向かい合うように椅子に座った。

ピートは前置きもなしにこう言った。「これは、これから何度も続く尋問の一回目だ」。そして、それから数カ月間、何人もの尋問官の手を借りながら、ノセンコの話の矛盾点、不可解な点、ありえない点について洗いざらい説明させようとした。

屋根裏の生活は「非人間的」だとノセンコが訴えたのも無理はなかった。暗い部屋だけが彼の世界で、外との接触がない。テレビもラジオも、本も新聞もない。しばらくの間は、食事も最低限のものしか与えられなかった。薄い茶、薄いスープ、薄い粥《かゆ》。一四歳の誕生日以来、吸い続けてきたタバコも断たれた。夏の部屋の暑さは拷問のようだった。屋根の真下の狭い空間には、開く窓もエアコンもなかったのだ。

しかし、そのような苦しい状況に置かれ、執拗なほどの尋問を受けても、ノセンコは「口を割らなかった」とピートは言う。どれだけ追い詰めても、ノセンコは反抗心を失わない。情報操作のためにモスクワ・センターから送り込まれたとはけっして認めない。ピートが必死に追い求めている情報、事件の核心となるたった一つの情報を、ノセンコはけっして明かそうとしなかった。

やがて、ノセンコを擁護する職員たちも現れはじめた。彼らは、ノセンコが主張を変えない理由は明らかだと言った。「たしかにこの男は、オズワルド事件に直接かかわっているなどと言い、自分を誇張し、あげくの果てに重要なことを忘れている。だが、それでもノセンコは真実を語っている。ピートはありもしない幻想にとらわれているんだ」。しかし、ソ連圏部はそうは考えなかった。疑いは依然として晴れず、不安がつのっていった。そして、屋根裏部屋での非人間的な監禁が始まって一年半近く経つと、さらに過酷な措置が取られることになった。

森に囲まれたヴァージニア州のヨーク川沿い、人里から遠く離れた場所に、一万エーカーの敷地が広がっている。敷地全体が高いフェンスで囲まれ、その周囲を武装した警備員が巡回しているのが見える。もし、ハイカーがたまたまここに行き着くことがあれば、「軍隊の実験的訓練活動　国防省　キャンプ・ピアリー」という慎重な表現の標識に警告されることになる。しかしその敷地は、内部関係者の間では〈ファーム〉の名で知られている。CIAの訓練アカデミー――いわばスパイのための学校だ。

手錠と目隠しをされ、屈強な男たちに囲まれたノセンコは、うだるように暑い一九六五年八月の午前中、警備車に乗せられて〈ファーム〉に連行された。CIAは、場所を移す理由について、ノセンコが収監されていたメリーランド州の家の近隣住民たちが、夜中に何度も出入りがあるのを不審に思うようになったからだと説明した。もう一つの事情を言えば、その家と警備の費用をCIAが負担していたこともある。そこで、ノセンコを収容する施設を〈ファーム〉に建てれば、外から見られる危険もなく、しかも経済的だという話が出たのだ。

キャンプ・ピアリーの森の奥に、三・六メートル四方の窓のないコンクリートの部屋が建てられた。設計したCIAの警備専門家は、その建物を「小さな家《リトルハウス》」と名付けたが、ノセンコは――

ときにはほかの者でさえも――「拷問部屋」と呼んだ。
自分はいつか解放されるのだろうか、という恐怖にとらわれながら、ノセンコは二年間をその独房で過ごした。そして、尋問はますます苛烈さを増していった。

15

ピートは事件が終幕を迎えるのを待った。ノセンコが口を割り、自分はモスクワ・センターが周到に仕組んだ陰謀の中心人物だ、と認めるのを待ち続けた。そのときが来れば、モグラの正体に迫ることにもなる。ポポフとペンコフスキーを密告し、いまもＣＩＡの中枢に潜む裏切り者の正体がわかるのだ。その内通者を放置しておけば、さらに多くの命が奪われ、数々の貴重なオペレーションが妨害されるのは間違いない。

ピートは、本部と〈ファーム〉に新しく建てられた牢獄とを結ぶＣＣＴＶ（閉回路テレビ・チャンネル）で連絡をとりながら、尋問の指揮を執った。尋問の指揮役という役割に不満はなかった。長い時間をかけて過去の尋問記録を読み返し、いまや学者さながらの知識と自信を身につけていた。それにピートは、ジュネーヴの隠れ家《セーフハウス》に初めてノセンコが現れたときからの関係者だ。ノセンコは、この瞬間も三人の尋問官に囲まれていて、休む隙など与えられない。もし彼が説明に窮したとしたら、容赦ない質問責めに遭うことになる。

しかし、狙った獲物はなかなか手に入らない。ピートのなかに苛立ちがつのっていくが、辛抱強く尋問を続けるしかなかった。「時間とともに新たな矛盾が露呈して、ノセンコはますます深みにはまっていった」とピートは語っている、「彼は明らかに、自分で語ったような任務には就いていない。また、アメリカ大使館を狙った作戦に参加したと言っているが、そのような事実もない。ノセンコの発言からは何かを隠そうとする意図がうかがえる」

ピートは執念深い男ではない。しかし、最後の「ノセンコの発言からは何かを隠そうとする意図がうかがえる」という箱をこじ開けようとするあまり、無謀な行動に走ってしまった。その理由は、彼があの父親の息子であり、愛国者であり、国家に大きな危機が迫っていると感じていたからにほかならない。戦争においては、目的は手段を正当化するのだ（冷戦も戦争だということは現地工作員《フィールドマン》なら誰でも知っている）。正しいか、間違っているかといった高尚な概念は、いざとなれば捨て去られる。それがピートの仕事であり、世界がピートに期待していることなのだ。国民がぐっすりと眠るために必要だというなら、プロフェッショナルはみずからの手を汚すこともいとわない。とはいえ、ピートを非難する人たちが指摘するとおり、ノセンコの追及を続けるうちに動機が複雑になり、絡まってしまった可能性も否定はできない。いずれにしても、ピートがその強い熱意のために、敵が使うテクニックに手を出してしまったのは明らかだった。

尋問チームは、「あと一〇年はここに閉じ込めてやる」と言ってノセンコをあざ笑った。ノセンコが牢獄の外に出ることが許されたのは一年以上が経ってからだ。一日に三〇分だけ、壁に囲まれた空間での運動が認められたが、そこから見えるのは一筋の細い空だけだった。ときどきポリグラフ検査が行われたが、それらは意図的に仕組まれた検査だった。検査の結果にかかわらず、ノセンコは自分が「正気を失っていた」と語った。ある検査では、七時間ずっと椅子に縛りつけられ、そのうち四時間は尋問官の昼食休憩にあてられた。また、薬物投与は合計一七回に及んだ。CIAは「処方薬」を必要に応じて投与しただけだと主張したが、ノセンコはもっと悪意のあるものだと疑った（このような絶望的な状況に置かれていた以上、彼を責めることはできない）。「LSDに間違いない」とノセンコは非難した。「宙に浮いているような感覚がした。意識が朦朧《もうろう》として、急に息ができなくなった。空気を吸い込めないんだ。息を吐き出すことはできたが、死にそうだった」

残忍な監禁がだらだらと続く一方で、それほどの圧力をかけても成果が得られないとなると、CIA内部の意見が割れるのも当然だろう。長い間、対抗勢力の間でレポートが飛び交った——文字どおりの〝文書戦争《ペーパーウォー》〟だ。

一方は、「黒幕の陰謀《マスター・プロット》」説を信じる強硬派だ。この派閥は、ピートと同じように、CIA上層部にKGBのモグラが侵入していると主張した。ノセンコは、そうした疑惑を打ち消し、裏切りから目をそらすために、モスクワ・センターがでっち上げた数々のつくり話をアメリカに持ち込んだと彼らは考えた。他方で、こうした主張を「怪物の陰謀《モンスター・プロット》」——CIAにしてはめずらしく機知に富む表現だ——だと嘲笑し、断固として反対する勢力もあった。この派閥は、モグラが潜んでいるという発想はくだらない妄想にすぎず、ノセンコに対する疑惑は巧妙に誇張されたもので、強硬派たちは理屈の通らない大げさな考えを押し通そうとしていると冷ややかに言った。

このような内部抗争のなかで、最終的にピートが犠牲になった。それが狩人《ハンター》に対する天罰なのか、それとも本当の狩人《ハンター》に目をつけられたせいなのかは定かではない。

いずれにしても、ピートはまもなく攻撃の的になった。長期にわたる争いの口火を切ったのは、ソ連圏部の報告官レナード・マッコイを中心とする、怒りに満ちた集団だった。マッコイは、「ノセンコが不当な虐待を受けている」という不穏な噂がCIA内で流れていることを懸念し、上司のマーフィーに対して、ほかのSB職員にもノセンコの尋問記録を閲覧させるよう迫った。マーフィーは、組織の風向きが変わりはじめた様子に不安を覚えて要求を受け入れた。

マッコイは、ノセンコがあまりに長い間収容され、残虐な仕打ちを受けていることに憤慨していたので、ノセンコの言葉をそのまま受け入れる用意ができていた。そして、膨大な記録を読み終えた彼は、ノセンコが当初から主張しているとおりの人物で、純粋な亡命者だと怒りのままに判断した。

やがて、そのことを知ったヘルムズ長官は、一九六六年八月に最後通告を言い渡した。六〇日間――それが、SBがノセンコに関する報告をまとめるために残された時間だった。

ピートはその通告をチャンスだと考えた。マッコイの狭い視野では、膨大な記録をきちんと分析することはできない。しかしピートなら、大きな文脈のなかですべての記録を整理し、点と点をつないで示すことができるはずだった。ノセンコから聞き出したことと、ソ連の類似する諜報作戦とを細かく照らし合わせてみると、複雑なパズルのピースがきれいに収まり、ソ連の陰謀を立証できる。ピートは、その壮大な野望に突き動かされた。それに、四年間のラングレー勤務がまもなく終わり、ブリュッセル支局長としての仕事が待っていることも知っていた。だからピートは、すぐにラングレーでの最後の仕事に取りかかった。若いころに博士論文を仕上げたように、今回も数千ページもの文書を消化し、膨大な数の事件ファイルを参照した。脚注だけで数百項目に及んだ。そのうえで、ノセンコの供述と過去のソ連の作戦に関する調査結果との間にある複雑な関係性を掘り下げていった。その文書は、ピートにとっての最高傑作に、そしてノセンコに対する決定的な論証になるはずだった。

ピートは次のように結論をまとめている。「ノセンコは、ＫＧＢの独立した部署から送られてきた工作員である」。同時に、公平性の観点からこう認めなければならなかった。「ノセンコの嘘の裏に隠された真実に迫ったが、確証は得られなかった」

ピートがみずからの良心に従ってその報告書を作成したのは間違いない。しかし皮肉なことに、その入念な報告書によって、ピートは失脚への大きな一歩を踏み出すことになった。「いよいよ真実を明らかにする」という強い意気込みで、ピートはシングルスペースで八三五ページの報告書を書き上げた（しかも、追加でもう二冊の追加文書を書くという気の遠くなるような約束もしていた）。だが、ピートの「網羅的な（exhaustive）」分析を「うんざりする（exhausting）」代物だと笑う者も少なくなかった。結果的に、彼は〝狂信者〞のレッテルを貼られ、その報告書は「一〇〇〇ページもの《サウザンド・ページャー》」だと揶揄《やゆ》された。「黒幕の陰謀《マスター・プロット》」説の熱烈な支持者たちでさえ、ピートには気の利いた編集者が必要だと考えた。

そこでSBのチームは、グリーンの色鉛筆を使ってピートの報告書に大胆に手を入れ、扱いやすいように分量を四〇七ページまで削った。そのカラフルな技にちなんで、新版の報告書は「グリーン・ブック」として知られるようになった。ノセンコに関するSBの公式見解として使われたこのグリーンブックも、ピートの考えと同じく、ノセンコは最初から悪事を企てていたと論じていた。

ところが、当のピートは激怒した。多くの作家がそうであるように、自分の大切な文章が編集のせいで台無しになったと考えたのだ。ピートに言わせれば、編集者の罪は「多くの別々の疑問点をひとまとめにして扱ったこと」と、下手な編集作業を進める過程で「正当な疑問点を、議論の余地のある（そして不必要な）結論に書き換えた」ことだという。

しかし、ピートが「黒幕の陰謀《マスター・プロット》」説の正統な信者として不信心な同僚を叱りつけていたときにはもう、ノセンコ事件は防諜部とソ連圏部の手を離れ、官僚組織のルールに従って別の部署に移っていた。ピートは自分の足元が崩れていることに気づいたが、もう遅かった。

ピートは最初、これといった疑問は抱かなかった。相反する分析が飛び交う状況に頭を悩ませた長官は、新任の副長官ルーファス・テイラーをこの論争に投入し、ノセンコ事件を監督して解決に導くよう命じた。テイラーはかつて、海軍情報部の大将だった。長年、軍部内の対立の間に身を置いて知恵を磨いてきた彼は、CIAの古参であるゴードン・スチュワートにすぐさまバトンを渡した。ヘルムズと関係の深いスチュワートなら、この問題をうまくまとめられるとテイラーは見抜いていた。

ピートはその知らせに喜んだ。たしかにスチュワートなら安心だ。誠実な人柄で定評があるし（事実、その後すぐにCIAの監察官に任命された）、KGBの陰謀について先入観や一般論を持ち込んだりせず、ノセンコ事件に冷静に向き合ってくれるだろう。ピートは彼を応援しようと思い、重要な資料と「一〇〇〇ページもの《サウザンド・ページャー》」をまとめ、目次を付けたうえで、すべての書類の束をスチュワートに渡した。

だが、ピートはそのような手間をかけなくてもよかった。スチュワートは、ピートが机に置いた書類の山を一目見て、まずは要旨、つまりSBが編集した「グリーン・ブック」を読んだほうがいいと考えた。しかし、その短縮版を読んだだけでは、あまりに多くの疑問が残る。「議論が雑すぎる」「まるで検察訴状だ」と彼は言い、分析に深みがないと評した。その点については、中身の薄まったグリーン・ブックを読んだピートと同じ意見だった。だがスチュワートは、オリジナルの文書を読もうとはせず、それどころかソ連圏部に見切りをつけた。SBの調査、少なくともグリーン・ブックで示された概要については細かく調査すべきだと判断し、その作業をブルース・ソリーに任せた。

CIA保安部のソリーは、中西部出身で、ひょろりとした長身と愛想のない話し方が特徴だ。口の端に葉巻をくわえ、無口で重々しい雰囲気のソリーは、包囲された街に一人で乗り込み、敵をばたばたと倒していく西部劇のガンマンを思わせた。実際、彼はすばやく銃を抜き、わずか数週間でグリーン・ブックを穴だらけにした。ソリーが提案したのは、「偏見のない」尋問官を新たに迎え入れて、ノセンコと対立するのではなく、「もっと客観的に」話し合うというものだ。「自分に考えがある」とソリーが言ったので、ヘルムズとテイラーは提案を受け入れ、ソリーに一任することにした。

一九六七年一〇月から九カ月にわたって、ノセンコの尋問がふたたび行われた。ソリーの説明によると、彼の目的は、亡命者を問い詰めて矛盾を露呈させることではなく、ノセンコに彼なりの説明をさせる機会を与えることだった。

尋問が終わると、ソリーはすぐに結論を出した。「ノセンコが握っているソ連の秘密にはきわめて価値がある。モスクワ・センターが敵に渡すはずのない宝だ」。そして、その価値はこの亡命者の〝矛盾点〟と〝異常性〟を補って余りあると論じ、根拠として具体的な数字をまとめた。尋問に関するCIAの論評には次のように記載されている。「ノセンコは、KGBがなんらかの関心を持ち、なんらかの成功を収めたアメリカ人二二八名、外国人二〇〇名の身元またはその手がかりを提供した。また、約二〇〇〇人のKGB職員およびKGBが擁する三〇〇人のソ連人工作員または接触先に関する情報を提供した」

これは、CIAにおいて「原価計算」と呼ばれる分析手法だ。ノセンコの〝帳簿〟にある利益欄と損失欄を合算すれば、彼にはいくつかの問題があるとはいえ、全体として考えればよい投資だといえる、ということだ。

しかしピートは、その帳簿はでっち上げられたものだと考えた。それに、ピートの目の届かないところで情報が処理されていることも我慢できなかった。もしアングルトンが、ソリーの報告書をピートにこっそり渡してくれなかったとしたら、ピートがその文書の存在を知ることはなかっただろう。ピートが憤慨して上司に訴えると、ブリュッセル支局に赴任した時点で、彼の「知る必要性《ニード・トゥ・ノウ》」は失効したと一蹴された。しかしピートは、それは建前にすぎず、何か不吉なことが起きる前兆だと思った。彼らはまず、情報へのアクセスを遮断し、そのあとで一気に急所を狙う。五階で不穏な動きが起きている気がする。ＣＩＡでの自分の将来が危うい。

しかし、戦わずに勝負をあきらめるつもりはなかった。部外者になったとはいえ、尋問の現場で何が起きているかはすぐに把握できる（結局のところ、ピートは生粋のスパイなのだ）。彼は皮肉を込めて、新しい尋問のやり方を再現してみた。

ソリー「ユーリ、こんなふうに言ったらいいんじゃないか？」

ノセンコ「オーケー、了解」

あるいは

ソリー「きみが本当に言わんとしたのはそういうことじゃないだろう？」

ノセンコ「ああ、そうだった」

自己満足と自己肯定のための手法だった。ピートは嫌悪感を隠そうともせず、「茶番だ」「疑惑を正当化しようとしている」と憤慨した。そして、「ＣＩＡはノセンコ事件の根底にある忌まわしい含意、すなわちKGBの手先が内部に侵入しているという事実から目を背けようと必死になっている」と非難した。「論争は終わった」とピートはのちに振り返った。「だが真相は謎のまだ」

しかし、CIAは大急ぎで事を進めていった。驚くほどの早さで、それまで〝事実〟とされていたものが〝妄想〟として公式に発表された。そうした流れのなかで、ピート自身も否定された。一九六八年一〇月一日にソリーが報告書を提出すると、三日後にその結論が承認された。通常なら、氷河のようにゆっくりとしか物事が進まないCIAの基準からすると、信じられないほどの手際のよさだった。

この報告書を承認したのはテイラー副長官だった。ピートからすると、副長官の言葉は明らかに芝居じみているように感じられた。モスクワ流の〝見せしめ裁判〟がCIAで開かれたかのようだった。テイラーは次のように記している。

「私はいま、ノセンコがみずからの身分を偽っていると結論づける理由がないこと、そして、悪意をもって情報を故意に秘匿していないことを確信している。[中略]したがって、ノセンコは善意の亡命者として受け入れるべきである」

そして、そのとおりになった。ノセンコは釈放され、ワシントンDCの外に住所を与えられ、損失所得として一三万七〇五二ドルの賠償を受け取った。さらに、少しでも恨みを残さないために、CIAは彼を雇い入れた。その後ノセンコは、年間約三万五〇〇〇ドルの報酬を受け取ってCIAの防諜コンサルタントとして働き、CIAやFBIの職員を対象に、モスクワ・センターでのエピソードをふんだんに交えた講義を満席の会場で行った。

一方、ノセンコの名誉回復にともない、CIAのオペレーションに深刻な亀裂が生じた。ある鋭い評論家が「路地裏のナイフの戦い」と言い表したとおり、ノセンコに疑念を抱く勢力と彼を擁護する勢力との間で激しい争いが起きたのだ。「ソ連圏部と防諜部が共謀していること。そして防諜員たちが、自分たちの失敗を嗅ぎまわる保安部を警戒していること。いま起きている戦いには、そうしたさまざまな要素が絡んでいる」と、その評論家は解説した。ピートは犠牲者の一人だった。彼の背中には深々とナイフが突き立てられた。評判、キャリア、CIAでの将来――すべてがこの戦いで傷つけられたのだ。

しかし、この出来事はピートだけの問題ではなかった。その後何年にもわたって、CIAは二つの陣営に分かれて抗争を続けることになる。確執は時とともに深まり、より苛烈で、より個人攻撃的なものになっていく。幹部たちは事実関係を無視し、きわめて妥当な論理を検討することさえも拒絶する。そして、やり返すかのように、オペレーションに関する決定が往々にして派閥の論理で行われる。事件に関する緻密で客観的な分析は二の次になる。これらは、諜報機関の仕事の仕方としては危険きわまりない。『ニューヨーク・タイムズ』紙のコラムニストであるウィリアム・サファイアは、「いまのCIA幹部は、前任者を侮蔑することに不必要な熱意を注いでいる」と警告した。

ソリーには「褒美《ほうび》」が与えられた。ノセンコ事件を〝解決〟した功績で、インテリジェンス・メダルを授与されたのだ。四年近く前、「ノセンコがKGBのスパイだと証明した」という功績でピートにも同じ勲章を与えられていたが、そのことについての言及はなかった。

16

一九八一年

ワシントン郊外にある旧友の家のパーティーにたどり着くまで、ピートは戦いの傷を負いながら長い道を歩いてきた。彼の旅はまだ終わっていない。長年ともに働いてきた同僚に邪魔をされ、非難さえ受けたが、そのことはもうどうでもよかった。だが、たとえ引退した身であっても、〝過去の人間〟として片付けられたくはない。義務、信条、名誉——こうした観念は、職業や肩書きと違って消えたりはしない。裏切り者がＣＩＡの内部にいると確信しているかぎり、ピートの過去が葬られることはないのだ。

持病を抱えた男のように、ピートは疑惑を抱えて長い年月を送ってきた。その疑惑は、いまや人生の一部になっている。彼はいまでも、自分が抱える〝病〟の進行を見通すことができた。ノセンコがとつぜんジュネーヴに戻ってきたことと、〈トリゴン〉とペイズリーの不可解な死は直線で結ばれている——ピートはそう確信していた。だが、治療法はあるのだろうか。ぼんやりとした朝の光のなかでワーテルローの戦場を歩いていると、霧のなかから亡き戦士たちの声が上がり、海兵隊の老兵士であるピートをふたたび戦場へ誘い出そうとしているように思えた。

だが、どこから始めるべきか。ピートは、最後の作戦が終わったところからたどってみることにした。ノセンコの件だ。この亡命者こそ、モスクワ・センターの策謀の中心にいる人物なのだ。ピートには、敵の考えがある程度わかっていた。「KGBは、なんとかなるだろうという漠然とした希望をもとに工作員を送り出したりはしない。工作員の進捗具合をつねに確かめ、問題があれば早い段階で警告し、可能であればその問題を解決するために、なんらかの策を講じるに違いない」。そして、その工作員使い《エージェント・ランナー》――ノセンコにとってかけがえのない命綱――こそ、CIAの内部に潜り込んでいる〝モグラ〟なのだ。

静かな戦場で啓示を受け、活力を取り戻したピートは、漠然とした計画を携えてブリュッセルの自宅を離れた。そして喧騒と不安に満ちたアメリカに戻り、こうしてディナーパーティーの席にたどり着いたのだ。今夜のホストは、かつてピートが木箱の中に身を隠させ、ロシア人の警備の目を盗んで西側に密航させた男だ。

この業界では、プロは運を味方につけると言われる。その意味では、その夜のピートはまぎれもないプロだった。あらゆる点で、ピートに都合のいい状況が生まれていた。結婚仲介者《マッチメーカー》としての役割を演じ、ピートの娘クリスティーナとロッカの息子ゴードンを招いたのはデリアビンだった。その偶然のおかげで、ピートはこうして誘いを受けることができたのだ。また、〈ロック〉が土壇場でたまたま招待されたのも幸運だった。〈ロック〉も、ノセンコ抗争の最前線にいたベテランで、「黒幕の陰謀《マスター・プロット》」説の信奉者だった。その夜、オペレーションの女神はピートに微笑んだようだ。問題は、どのタイミングで本題に入るかだ。

パーティーで交わされた会話は記録に残っておらず、その場にいた人たちも、その日のことをわざわざ話そうとはしなかった。しかし、その夜に起きたことについては、有力な説が一つある。ピートはおそらく、若い二人が自分たちだけの会話に夢中になり、やがてほかの三人にあいさつをして近くのバーに出かけていくのをじっと待ったのだろう。出会った瞬間、二人が恋に落ちたことに疑いはない。デリアビンの人を見る目は、いまだ衰えていなかったようだ。

ピートはようやく本題に入り、順序立てて自分なりの考えを伝えた。まず、ノセンコ事件について短くかいつまんで話す。わずかな事実関係を伝えるだけでじゅうぶんだ。デリアビンもロッカも、過去に時間をかけてこの亡命者に対する尋問を行っている。そしてピートは、「古傷に触れてでも過去の問題を掘り返す気があるなら、いまが絶好のタイミングだ」と説明する。新大統領ロナルド・レーガンは強硬派で、緊張緩和《デタント》の色眼鏡を通さずにソ連を見る男だ。レーガン大統領は、この「悪の帝国」をありのままの敵として認識している。そして決め手になるのは、新CIA長官のウィリアム・ケーシーだ。諜報部出身の活動家で、われわれの同士だ。いまこそチャンスだ。新たな聴衆は、きっと耳を傾けてくれる――ピートの話はだいたいこんなところだろう。

状況を説明したあと、ピートは二人に〝聖戦〟に加わってほしいと訴えかけたに違いない。

ノセンコの亡命から一七年が経っていた。ピートが引退して九年になる。しかし、ピートはもう一度だけ自分の考えを伝えるつもりだった、CIAの新たな幹部たちに、ノセンコが〝偽物〟だと納得させるための最後の試みに挑むつもりだった。ピートは二人にそのことを伝え、支援と助言を求めた。だが本当は、それ以上の何かが必要だった。デリアビンには、ピートの主張を支持する文書を書いてもらいたかった。モスクワ・センターの策謀に関するデリアビンの知見は、いまでもSBで重宝されている。それに彼は、ノセンコと一二回もの話し合いを行い、CCTVを通じて尋問を観察してきた。ジュネーヴの隠れ家《セーフハウス》で交わされた会話の録音テープを書き起こしたのも彼だ。さらに、複雑に絡み合ういくつもの事件の機密ファイルまで念入りに調べている。ここまでする男は、ほかのどんな諜報機関にもまずいないだろう。その挑戦はピートにとって最後の勝負であり、生きるか死ぬかが決まる最後の賭けだった。そこにアメリカの諜報機関の未来がかかっている——ピートは自分の確信をはっきりと言葉にした。

その後、ピートはじっと待った。

ところが、待つまでもなかった。戦線から離脱していた二人にとっては、ふたたび行動を起こし、重大な事件が潜む秘密の舞台の中央に戻ってくるという考えは、けっして悪いものではない。二人の元スパイは、ピートの誘いに乗ることに決めた。

ロッカの役割は、コンサルタント兼アドバイザーとしてピートを支えることだった。CIAにいたときから、ロッカはそういう役回りだった。過去の出来事を分析し、適切な見方を示す一方で、やるかやらないかに関する決定には口を挟まない。

デリアビンのほうは、戦いに加わることに同意した。ピートは旧友にすべてを打ち明け、デリアビンはそれに応えたのだ。

一九八一年三月、ピートはブリュッセルの自宅から、ウィリアム・ケーシーに宛てて長文の論考を送った。タイトルは「ノセンコが敵の回し者だといえる理由、そしてその問題点」という率直なものであり、その後に続く書状も同じくらい率直に書かれていた。論考のなかで、ピートは長年にわたる問題について熱心に論じていた。先入観をもたない新たなCIAのトップに、裏付けのある自分の主張をどうにかして受け入れてもらおうと思ったのだ。長々とした主張を締めくくる最後の言葉には、彼がずっと抱えてきた不満と憤りが表れている。「正真正銘の亡命者であれば、これほど多くの疑問が生じるはずがない。本来なら、二、三の疑問が生じることすら考えにくいのだ。その点だけを見ても、ノセンコがKGBの重要なオペレーションにかかわっていること、さらにはCIA内部にKGBのスパイが潜入している事実を隠していることが推測できる」

デリアビンの主張は、ピートの長い報告書の付録として提出された。そこには、威圧的で好戦的、そして少々せっかちなデリアビンの人間性がよく表れていた。「自分は信念をもっていて、冗談を言っている暇などない」といったタイプの男の長々とした話を思わせた。

デリアビンの論考は印象的な書き出しで始まる。「この事件について、私はずっと、みずからの確固たる見解を表明したいと望んでいた。しかし、CIAでの立場を失いたくないのなら黙っておくようにと警告され、その望みを果たせずにいた」

「引退したいまでも、CIAにおけるノセンコについての誤った認識、危険な認識が改まることを願っている」

「ユーリ・ノセンコという男がKGBの工作員であるのは疑いようがない」

そして、このような勢いのある冒頭に続いて、デリアビンは「本物のKGB諜報員から見た、数百項目に及ぶノセンコの疑惑のうちのごく一部」に関して、ベテランの分析官らしく理路整然と説明している。

デリアビンは最後にこう書いている。「私は、ノセンコ問題と関連事件の資料、そして自分自身の経験に基づいて……アメリカの諜報機関にKGBが侵入していると確信した」。デリアビンとピートは、この言葉が新たなCIA長官の耳に警報のように響くことを期待した。

二人の報告を読んだケーシー長官は、ささやかな反応を見せた。だが、政治家らしい慎重さを備えた彼は、長らくCIAを蝕んできた脅威に正面から立ち向かうのではなく、さらなる報告書を提出するよう求めた。そのレポートの作成は、イェール大学を卒業してCIAに入ったばかりのジャック・フィールドハウスに任されることになった。

この若者は、ピートの新たな論争相手《スパーリングパートナー》になった。フィールドハウスの調査報告は、「ユーリ・ノセンコに対するバグレーの検証」というタイトルにおおむね沿ったものだ。彼は、ノセンコの拘束は正当な行為だと主張し、「ロシアにいたリー・ハーヴェイ・オズワルドと接点があった」という供述は明らかに誇張された非論理的なものだと言い切った。フィールドハウスの報告書は、ノセンコの事例とピート・バグレーという人間を、歴史的な文脈に位置づけるものだった。一方で、ノセンコに対する疑念は、ピートと同様「冷戦時代の不幸な遺物」だと論じていた。ヨーロッパの路地裏でソ連との戦いを繰り広げていた諜報員からすると、狡猾なロシア人が巧妙な策略をめぐらしていると考えるのは自然なことだ。当時は疑心暗鬼の時代だった。自己実現的な予言のために、ノセンコはモスクワ・センターの亡霊に仕立て上げられたのだ――それがフィールドハウスの結論だった。

ピートはその論旨について検討した。客観的に見れば、フィールドハウスの主張にも一理ある。当時はいま以上にソ連と敵対し、つねに緊張感が漂っていた。だが、その意見がフィールドハウスの精一杯のパンチだとしたら、ピートはじゅうぶん耐えられる。彼が過去の遺物であり、いまとは違う敵意が満ちた時代を生きてきたのは確かだ。それが罪だというなら、甘んじて受け入れるつもりだ。だがフィールドハウスは、何ページにもわたって練り上げたピートの議論に対して、有効なパンチを一発も出していない。彼の報告書のなかでは言及されていないが、ノセンコの疑惑を立証する事実はたしかに存在する。フィールドハウスの論証がこの程度なら、ノセンコへの疑いを晴らす根拠にはなりえない。

だがそれは、ケーシー長官にとってはどうでもいいことだった。彼が必要としていたのは、新たな報告書が提出されたという事実だけだ。結論はともかく、フィールドハウスの真摯な仕事によってケーシーの決意は固まった。結果的に、ピートとデリアビンのレポートには「これ以上の検討は不要」のスタンプが押され、そのままＣＩＡの広大な機密書庫の奥に葬られた。

ピートはもう、負けを認めざるをえなかった。彼は最後のパンチを放ち、そのうえで敗れたのだ。これからどうなるかは考えなくてもわかる。ノセンコに対する疑惑は「失脚した昔の同僚、無能で偏執病的《パラノイア》な原理主義者たちの先入観から生じたものであり、乱暴な論理にほかならない」として否定される。モグラの正体に迫るチャンスは二度とめぐってこないだろう。

ピートがワシントンに来た目的は、ノセンコ事件をふたたび審議させることだったが、彼の作戦が完全に失敗したとは言い切れない。一つだけ、予期しなかった副次的な成功があった。

その家は広く、真っ白で、裏庭には手入れが行き届いたエメラルドグリーンの芝生が広がり、ヴァージニア州の夏の日差しを受けて青く輝く湖へと続いている。その光景の前では、七月の午後の暑さも苦にならなかった。湖畔にいるはずの蚊の大群も、いまや地球上から消え去ったように思える。しかし、何よりも奇跡的なのは、あるスパイの作戦が成功したことだろう。その完璧な夏の日、ピートの兄で元アメリカ欧州海軍司令官のデイヴィッド・バグレー退役大将の優雅な邸宅で、元KGBの男が企てた計画が実を結んだのだ。

クリスチーナ・バグレーとゴードン・ロッカは、周到に演出されたデリアビン邸でのディナーパーティーで出会ってからおよそ二年後、ついに結婚した。この二人の若い諜報員はそれぞれ、かつて名声を博し、いまや権威を失った元CIA職員を父にもっている。結婚式のために、元CIAの豪華な顔ぶれが湖畔の家に集まっていた。いまなお「黒幕の陰謀《マスター・プロット》」説を熱心に支持する多くの招待客にとって、その結婚は、新たな世代に聖火が渡ったと思わせるものだった。過去の疑惑は、まだ完全に消えたわけではない――彼らはそう感じていた。ジェームズ・ジーザス・アングルトンは、カナダへ釣りに出かけていたために来られなかったが、みずから釣り上げた二匹の大きな鮭とともに祝辞を送ってきた。招待客の間に驚きが広がった――その場にいた一人が、イエスが使徒に与えた魚の数も二匹だったと指摘したからだ。

しかし、ピートはすでになんの幻想も抱いていなかった。しかもその後、彼をさらに深い絶望へと追いやる出来事が起きた。結婚式が終わってまもなく、ノセンコはＣＩＡ本部に隣接するドーム型の講堂の壇上に立ち、会場を埋めるＣＩＡ職員を前に講演を行ったのだ。講演が終わると、聴衆はスタンディングオベーションで彼を称えた。その拍手はノセンコの勝利を決定的なものにした。同時に、ピートの敗北も決定的なものになった。

第三部
「モグラはモグラで捕まえる」 1984年―1987年

17

一九八四年　ブリュッセル

ピートはとうとう負けを認める気になった。彼は全力を尽くした――しかし結果にはつながらなかった。ワーテルローの平原を歩きながら学んだことがあるとすれば、敗北しても尊厳を失うわけではないということだ。最終的に失敗に終わったとしても、よく戦ったと誇れるものがあればいい。さらにいえば、ナポレオンのように、敗北の責任を「変えられない運命」のせいにすることもできる。組織の思考が凝り固まっていたせいで、問題に正面から立ち向かうどころか、むしろ敵にいいように引きずりまわされてしまった、と。

そもそも、自分は本当の意味で何かを失ったのだろうか。ピートの人生はあらゆる面で満ち足りていた。愛する妻がいて、かわいい子どもたちがいて、これからは思うままに趣味に没頭できる。ようやくけじめをつけ、過去のしがらみを断ち切り、後ろを振り返らずに過ごせるのだ。彼は、暗い表情はいっさい見せずに友人たちにそう語った。自分はもう、世界を救うなどと意気込む必要はない。その務めは多少なりとも果たしたはずだ。今度は新しい世代が〝突破口〟へ突撃する番だ。最後に笑うのがノセンコとその支持者たちだろうとかまわない。自分にはもう関係ないことだ。取り巻き連中が、あの亡命者をスタンディングオベーションで称えたからといって、なんだというのか。どれほどの歓声がわこうと、自分の耳までは届いてこない。一日の始まりに窓の外を眺めれば、オレー通り周辺のにぎわう様子が見える。これこそ、ずっと望んでいた新しい生活だ。ラングレーから遠く離れたいま、かつての問題や恨みと自分をつなぐものはないのだ。

年老いた男が浮かれ気分で第二の春を楽しむように、彼もブリュッセルでの暮らしを謳歌《おうか》した。何もかもが最高だ――自分にそう言い聞かせ、誰かに近況を聞かれたときもそう答えた。恨みなど少しも見せず、むしろ興奮したように「これからゆっくりと学究の道を歩み、年を重ねていくのが楽しみだ」と話すピートを見て、彼をよく知る人たちはそれを本心だと考えた。ピートは、これからは樹木や鳥の分類に焦点を当てて本格的な研究を進めると語った。玄関先からそう遠くないところに中世の森が果てしなく広がっていて、そこでさまざまな動植物が見られるんだ、と。

ところがある日、ピートの生活を一変させるニュースが報じられた。一九八四年の感謝祭を間近に控えたある朝のことだ。一一月下旬、カンブルの森を鮮やかに彩った秋も終わり、凍える冬の気配が漂いはじめていた。ピートはクリームを入れたコーヒーを飲みながら『インターナショナル・ヘラルド・トリビューン』紙の一面記事を読んでいた。朝の支度を終えたら、地元の肉屋に注文しておいた祭日の七面鳥を取りに行く予定だった。だがそのとき、ある大見出しに目を奪われた。「元CIA職員、チェコのスパイとして拘束」。『ニューヨーク・タイムズ』紙からの転載記事だ。まずはざっと一読し、二回目はじっくり読み直した。しかし、二回目を読み終えるまでもなく、彼は一瞬にしてブリュッセルでの暮らしを忘れ、ずっとラングレーで過ごしていたような気分になっていた。古くからの防諜員なら誰でも気づくように、自分が警告していたことが現実になったと悟った。

同時に、外からは見えないもっと大きな構図があるはずだと感じ取った。過去は記憶のなかにそっとしまっておくという彼の決意は、一瞬にして捨て去られた。

その後、しばらくは慌ただしい日が続いたが、作業は遅々として進まなかった。断片的な情報しか集まらないのだ。ピートは、寓話に出てくる目の見えない男のように、象を手で触りながら小さな発見を繰り返していったが、それらの断片がどのように組み合わさるのか、どのような獣がそこにいるのかは依然としてわからない。そのうえ、彼にできるのは個人レベルでの調査だけだ。ラングレーの書庫からファイルを取り寄せることはできない。それでも、謎を解き明かそうとする熱意がピートの背中を押した。それが何よりも大事だった。

それに、力を貸してくれる者がいないわけではない。彼には、CIAの内外に同僚や情報提供者がいた。みな、「黒幕の陰謀《マスター・プロット》」の話を真摯に受け止めてくれる人たちだ。デリアビン、ロッカ（子どもたちの結婚によっていまでは親族になった）、それから昔の同僚……ピートは思い当たる人物に片っ端から連絡を取った（確証はないが、ピートが娘夫婦に探りを入れた可能性も考えられる。休暇中、家族で夕食の席を囲んでいるとき、仕事の話が出ることはときどきあったようだ）。一方で、ジャーナリストたちが事件のにおいを嗅ぎつけるまでに時間はかからなかった。ピートの調査に気づくこともなく、彼らは顔色を変えて取材を行った。

ピートが組み立てたストーリーは、暫定的ではあるが次のようなものだ。CIAへの潜入は、カール・ケッヘルとハナ・ケッヘルという夫婦による長期工作活動の一環だった。カール・ケッヘルは、もともとチェコ情報局に採用され、のちに妻とともにアメリカに派遣された。二人は業界用語でいう「休眠工作員《スリーパー・エージェント》」だ。行動を起こさずに何年も〝眠り〟に就き、その間に偽装の準備を整える。そしてある日、とつぜん起こされて、任務を言い渡されるのだ。チェコはケッヘルに対して長期的な投資を行い、見事に実を結んだ。彼は、最高機密文書が溢《あふ》れるCIAの重要部署に入り込むことに奇跡的に成功した。モスクワ・センターは一〇年以上にわたってケッヘルを動かし、ケッヘルから届いた情報をたくみに利用して、CIAのオペレーションを次々と打ち砕いていった。

二重スパイの〈トリゴン〉ことアレクサンドル・オゴロドニクを破滅に追い込んだ情報もケッヘルが提供したものだった。ピートはその事実に動揺を隠せなかった。

〈トリゴン〉が捕まった理由は、工作員としての技術が劣っていたからでも、KGBの監視能力がすぐれていたからでも、単なる不運のせいでもなかったのだ。KGBはそうした説を吹聴し、CIAの内部調査でもその結論に行き着いていたが、本当は違った。これでもう明らかだ。議論の余地はない。〈トリゴン〉はモグラに裏切られたのだ。

真相は、ピートがずっと考えていたとおりだった。

その考えに確信があったからこそ、ピートはアメリカに戻り、ノセンコをふたたび審議にかけようとしたのだ。デリアビンを味方に引き入れられたのも、それだけの熱量があったからだ。

しかし、ピートはすっきりした気持ちにはなれなかった。CIAが深刻な問題を内部に抱えていることはすでに証明された。ポポフ、ペンコフスキー、そしてオゴロドニクの三人の正体が何者かにリークされたという彼の仮説は、ここにきてようやく裏づけられた。この勇敢な工作員たちがモグラに殺されたのは明らかだ。しかし、敵が仕掛ける複雑なオペレーションにおいては、ケッヘルもノセンコと同じく小さな歯車にすぎないのだろう。潜入した敵の工作員を取りまとめる〝黒幕〟がCIAの内部に潜んでいる。いまはまだ、その裏切り者の正体まではわからない。

それでも、着実に近づいている手応えがあった。

ピートは、トリゴン事件とノセンコ事件の関係をひもとくことから始めることにした。以前にも同じことを試みたが、そのときははっきりした成果は得られなかった。しかし、モグラが〈トリゴン〉を裏切ったことがわかったいまなら、何かがつかめるかもしれない。

モグラの存在を前提とすると、二つの事件には重要な共通点が浮かび上がる。双方とも、モスクワ・センターの痕跡がはっきりと残っているのだ。

KGBはノセンコを派遣する際、防諜と保安を担当する第二総局の少佐という肩書きを与えた。KGBは、目的を遂行するために巧妙なつくり話を用意する。ピートは、ソリーをはじめとする反対派から猛烈な抗議を受けながらも、ノセンコの身分はKGBが用意した台本のなかにしか存在しない役であり、ノセンコは台本どおりに動いているだけだと立証した。この点については、デリアビンもピートの考えを支持している。ジュネーヴの隠れ家《セーフハウス》に初めて姿を現したときから、ノセンコは「おれたちの一流の監視チーム」のことを何度も自慢していた。「第二総局の監視人《ウォッチャー》が、大使館員がポポフに手紙を出しているところを目撃した」という話も自分から持ち出した。さらに、もう一人の大使館員ジョン・アビディアンの監視にまつわる噂にも言及した。それらはすべて、「ペンコフスキーもKGBの監視のために捕まった」という伏線を張るためだったのだ。

しかし、ピートはどの話も信用していなかった。ノセンコが情報を漏らしたのは、CIAを迷走させるためだと確信していたからだ。そしてモスクワ・センターは、ノセンコにその役を続けさせたために、CIA上層部にモグラがいるという重要な秘密に気づかれてしまった。

その認識をもとにトリゴン事件を振り返ると、同じような欺瞞工作が行われているのがわかる。KGBは、自慢の第二総局監視チームがターゲットを捕まえたというストーリーをまたもや広めていた。戦勝記念公園近くの同じ場所にオゴロドニクの車が何度もとまっていることに気づき、情報受け渡し場所が近くにあると判断した、と。まもなく、その説を裏付けるように、第二総局監視チームのリーダーに赤旗勲章が授与されている写真が一面記事でソ連各地に伝えられた。

だがそれも、第二総局監視チームを主役に据えるための戦略だ。重大な秘密を隠すために巧妙に仕組まれたつくり話なのだ。目的は、CIA内部に潜むモグラがアメリカのオペレーションを打ち砕いたという事実を隠すことにほかならない。

ピートは、二つの事件の間にほかの共通点がないかを調べた。そして角度を変えて事件を眺めたとき、あることに気がついた。一つは、どちらの事件でも、KGBが最初にターゲットを見つけた時期が正確にはわからないことだ。もし、敵が意図的にぼかしているとしたら、ある可能性が浮かび上がる。モスクワ・センターは、「公式」な逮捕に踏み切る前に一定の期間を設け、その間に二重スパイを通じてアメリカに偽情報を流したのではないか。敵の立場に立って考えるなら、その可能性はじゅうぶんに考えられる。二重スパイが自分の裏庭で秘密工作をしているのに気づいたら、その状況を逆に利用し、敵を間違った方向に導くためにあえて偽情報を流させる。CIAの五階の連中が「メールボックス作戦」と呼ぶ手法だ。

その作戦の効果を最大限に発揮するには、CIA内部にエージェントを潜ませておく必要がある。その人物を通じて、モスクワ・センター上層部はCIAの最大の関心が何かを把握する。そして、その情報に基づいて、周到に用意した情報を二重スパイに流す。情報のなかには多少の真実も含まれているので、CIAの分析官は金脈を掘り当てたとばかりに興奮するが、大半はまったくのでたらめだ。こうしてKGBは敵をミスリードし、長期間にわたって混乱させられるというわけだ。アングルトンが言ったように、諜報の世界は「鏡の荒野」だ。目に見えるものだけで判断してはならない。

ピートはいまや部外者だったが、ついに突撃の道を見つけた。業界用語でいえば「木を揺らす」方法に気づいたのだ。

現地工作員《フィールドマン》として活動する前、ピートには自分の奥深くに潜り込む癖があった。大学院生時代には、国立公文書館に何カ月もこもり、過去の政府文書の箱を引っかきまわしながら博士論文のための調べ物をした。歴史家のように物事を眺めるのが彼の性分であり、長年鍛えてきた才能でもあった。この入り組んだ追跡劇について思案するなかで、ピートはモグラを探し当てる道を見出した。

「冷戦時代、東西に関係なく、諜報機関に潜入した工作員が捕まるきっかけはすべて同じだった。敵がこちら側に潜入させた工作員から情報が漏れたせいだ」。これは、ピートが生涯をかけた研究を通じて確信していることだった。彼はこの説を裏づけるために、具体的な事例をいくつも調べ、正体を暴かれた裏切り者たちの名前を読み上げた。最終的にピートが出した結論はこうだ。「モグラはモグラで捕まえる」

モグラを使うことで戦略が生まれ、ＫＧＢより優位に立てるはずだとピートは考えた。一匹目のモグラはすでに見つけた――カール・ケッヘル。この男を使って別の裏切り者を捕らえればいい。モスクワ・センターがあらゆる手を尽くして守ってきたモグラを、ついに捕まえるのだ。

新たな自信を手にしたピートは、翌日、戦場に向かった。

18

一九六二年

何より大変なのは資料集め《ペーパー・チェイス》だった。何しろ、膨大な関係資料に当たらなければならないのだ。ピートにとっては明らかに不利だ。現役時代は公開資料《オープンソース》に価値を見出していなかったピートだが、民間人になったいまでは、長い時間をかけて懸命に穴を掘ってもそれらの情報をかき集めるのが精一杯だった。プロの諜報員たちはなんと言うだろうか。図書館の利用者カードが失効しないように気をつけろ、と笑われるかもしれない。

だがピートは、自分が何を探しているのかを理解していた。彼の最終的な狙いは、カール・ケッヘルが誰の指示で動いていたのかを突き止めることだ。モグラを捕まえるにはモグラが必要だ。しかし、敵のモグラがなんらかのシグナルを見せたときに自分が気づけるかどうかはわからない。だからピートは、まず全体像を描き、それを見てゆっくりと思索にふけり、考えがまとまったところで過去を振り返り、それまでの出来事がどのような意味を持つのかをあらためて整理することにした。「防諜の仕事には過去が大きくかかわっている」と彼は言う。茨《いばら》の分かれ道に立ったときは、過去の出来事を時系列的に並べることで次に進むべき方向が見えてくる。ピートの言葉を借りるなら、「遠くまで振り返る」ことで、これからの戦いに向けて太鼓が鳴り、戦闘準備が整うのだ。

少なくとも、そうなってほしいとピートは思った。しかし、防諜部の分析官なら誰でも知っているように、〝バックベアリング〟は非常に骨の折れる作業だ。そのうえ、ＣＩＡの中枢に入り込むほどの才覚をもつ狡猾なスパイが、きわめて入念に隠蔽した手がかりを探し出すのが簡単なはずはない。

ピートが取り組むアプローチは系統立ったものなので、大変ではあるが相応の結果は期待できる。初めて現場での任務に就いたときに聞いた言葉が、いまになって役立った。ビル・フードは、上流階級出身の紳士で、戦時中においても戦後においても、数々の大胆な作戦を成功させてきた歴戦のスパイだ。彼は当時、ウィーン支局長として新米工作員のピートの指導にあたった。ピートはずっと、「あの時期のオペレーションが自分のキャリアを形成した」と感謝していた。そのフードの口癖の一つが「戻ろうとせず、先に進め」というものだった。最初にこの台詞を聞いたとき、ピートはどう受け止めるべきか迷ったが、いまならその深い意味を理解できる。フードが言わんとしたのは、「まずはあらゆる事実関係を集めろ、整理するのはそのあとでいい」ということだったのだ。宝を手に入れるには虹の彼方まで進まなくてはならない。モグラ探しでもそれは同じだ。

ピートは、最後の使命を胸に抱いて、濁《にご》った水の中に飛び込んだ。カール・ケッヘルが一九年もの間、誰にも見つからずに泳ぎ続けた場所だ。

驚いたことに、ケッヘルが諜報の世界に入るきっかけをつくったのはフランツ・カフカだという。プラハにとって一九六〇年代は、専制政治と疑惑に支配された暗い時代だ。当時の状況を想像するだけで、ピートはヴァーツラフ広場に立っているような陰鬱とした気分になった。チェコ共産党には怒れるスターリンの亡霊が棲みつき、朝のコーヒーを給仕するように弾圧が行われた。二八歳のカール・ケッヘルの人生も、幸福とはほど遠いものだった。しかし、一九六二年七月のある午後、想像もしなかったチャンスの光が闇の中から差し込んだ。

その運命の日に至るまで、ケッヘルの人生は転落の一途をたどっていた。プラハで犠牲になった多くの人たちと同じように、彼を絶望に追いやったのも秘密警察だった。輝かしい将来を求めて懸命に努力を重ねてきたにもかかわらず、その努力が評価されることはなかった。ケッヘルはカレル大学で数学と物理学を専攻し、すばらしい成績を収めた。卒業すると、父親の怒りを買いながらも自分の進みたい道を選び、プラハの舞台芸術アカデミーで映画を学んだ。そこでも優秀な成績を収めた彼は、その後いくつかの映画の台本制作と撮影を手がけ、その合間にラジオのコメディ番組の脚本書きや国営放送のレポーターも務めた。

しかし、チェコの秘密警察ＳｔＢの国内警備部門は、ケッヘルの動きをつねに観察し、彼の仕事が長続きしないようしつこくつきまとった。実は、ケッヘルが一〇代のころ、同級生の一人が兵士を撃つという事件があった。その同級生は絞首刑に処され、友人だったケッヘルも「要注意人物」のリストに載ってしまった。それ以来、ケッヘルはことあるごとに苦しい思いをさせられてきた。たとえば、大学時代には、ＳｔＢが言うところの「公務員侮辱罪」で三カ月の実刑判決を受けている。しかしケッヘルは、近くに警官がいるときにガールフレンドとキスをしただけだ。大学を卒業し、自分のアパートメントでパーティーを開いたときは、未成年と思われる女性がその場にいたために「風紀違反」の罪に問われた。そのときは二年の懲役刑を言い渡されたが、ぎりぎりのところで執行猶予になった。また、ユネスコが募集したカメルーンでの仕事に採用されたときも、チェコ政府は「政治的に危険な人物のため」という理由で彼の出国を認めなかった。三〇歳を目前に控え、ケッヘルはすべてをあきらめた。ＳｔＢの締めつけは終わらない。それどころか、このままでは永遠に身動きが取れなくなるだろう――彼はそう確信した。

だが、一九六二年のある日、アルバイトに出かけたケッヘルは運命的な出会いを果たす。当時、彼は外国人のためのガイドとして働いていた。五カ国語を操り、プラハの文化的な名所に精通している彼にとっては天職だ。それにケッヘルは、客である下品な外国人ビジネスマンと、中身のないその妻たちを馬鹿にする気持ちを抑えれば、魅力的な笑顔を振りまくこともできた。

アールデコ調のアルクロン・ホテルのロビーで、彼はその日の顧客であるジョージ・クラインと握手を交わした。クラインはコロンビア大学の哲学・ロシア学教授だった（余談だが、長く卓越したキャリアを誇るこの教授は、のちにノーベル賞受賞者ヨシフ・ブロツキーの詩を翻訳して西側諸国に紹介し、その名を広く知られることになる）。「どこかご覧になりたい場所はありますか？」と、ケッヘルは丁寧に尋ねた。

「きみは、フランツ・カフカという作家の名前を聞いたことはあるか？」クラインは少しためらいながら言った。解放を求める「プラハの春」より何年か前の当時、この想像力豊かなユダヤ人作家の名を口にするのは危険なことだった。彼の本を読んでいることが知られただけで、刑務所で厳しい再教育を受けさせられる可能性もあった。

　しかしケッヘルは、カフカの作品を読むだけにとどまらず、もっと深くこの作家と結びついていた。彼のガールフレンドはミレナ・イェセンスカーの娘だったのだ。ミレナは、カフカが生み出した悲劇『ミレナへの手紙』に登場する女神《ミューズ》であり、苦悩するカフカが「わが身をえぐるナイフのよう」だと表現した相手だ。やがて母親になったミレナは、カフカとの熱烈な思い出を娘に伝えた。その話を聞いた娘も、家族の偉大な過去に興奮し、自分のボーイフレンドにその話を聞かせた。こうしてケッヘルは、信じられないようなエピソードの数々をクラインに語った。カフカの墓前まで案内するときも、豪華な夕食をともにしているときも、彼は延々と話し続けた（ただし最後は、完全な創作とまではいかなくとも、おそらくケッヘルなりの脚色が施されていたと思われる）。すっかりケッヘルを気に入った教授は、今後も連絡を取り合おうと約束してロシアに発った。

　ＳｔＢは、このアメリカ人教授とチェコ人ガイドの交流の一部始終を見届けた。彼らはすっかり感心していた。ケッヘルが政治思想的に問題のある人物だということも、革命に対して乗り気でないことも、もはやどうでもよかった。いとも簡単にアメリカ人の懐に入ったのを見て、ＳｔＢの人事担当者はケッヘルに興味をもった。この男は知識人とでも難なく交流できる。天性の才能だ。訓練すれば組織の役に立つかもしれない。「きみの才能を貸してほしい」。ＳｔＢの諜報部は、ケッヘルに甘い誘いをかけた。ただし、それは勧誘であると同時に警告でもあった。「国家保安部の連中から身を守りたいだろう？」

話はすぐにまとまった。ケッヘルは、カフカの小説に出てくる男と同じように、朝目覚めたらスパイになっていたのだ。その後、厳しい訓練が行われ、監視技術、情報受け渡し《デッドドロップ》、ポリグラフへの対処法などを叩き込まれた。二年近く続いた訓練が終わると、学習成果を試すために、彼は西ドイツを標的にした大胆な任務に就いた。ケッヘルの技能は、指導教官たちから口々に称賛された。

ケッヘルの幸運はその後も続いた。新たな人生を始めたとき、彼はすでに一人ではなかった。一九六三年に一九歳のハナ・パルデメコバと結婚したのだ。美しいブロンドの髪と、はっきりした目鼻立ちが特徴的な女性だった。楽しいことが好きで、いつもいたずらっぽい笑顔を振りまいていた。すれ違う人たちはみな彼女を振り返り、彼女自身、誰かの注目を浴びることを喜んでいた。

一方、ケッヘルの性格は対照的だ。結婚後まもなく行われたＳｔＢの評価では、彼はハナとはまったく異なるタイプだと記されている。「デリケート。非友好的。情緒不安定。神経質。権威主義的で不寛容」

だがケッヘルとハナがそろうと、非の打ちどころのないスパイ夫婦になった。

一九六五年、新人スパイのケッヘルは、ＳｔＢの管理官《ハンドラー》のアパートメントに呼び出された。その管理官《ハンドラー》は、ぶっきらぼうな口調でこう言った。「きみたち夫婦はアメリカに送られることになった」

ケッヘルは唖然とした。「それは……いったいなんのために？」と、困惑と期待の入り混じった声で彼は尋ねた。

「ＣＩＡに潜入してもらう」

ＳｔＢ第二三局は、非合法《イリーガル》を担当する部門だ。非合法《イリーガル》とは諜報の世界における万国共通の用語で、「外交特権をもたずに敵地で活動する工作員」を指す。もし捕まれば、刑務所から釈放されることはない。待ち受けるのは厳しい尋問の日々だ。あるいは、壁に叩きつけられて射殺される可能性もじゅうぶんにある。任務は長期にわたり、時間とともに身分を偽った生活になじんでいく。しかしスパイは、つねに機をうかがい、作戦を実行するタイミングを待っている。非合法《イリーガル》の工作員が大きな混乱をもたらしうることは、ピートも身をもって知っていた。敵国に存在を知られていない工作員ならなおさらだ。

一九六五年、第二三局はモスクワ・センターの協力のもと、ケッヘル夫婦の潜入工作を開始した。

ニューヨークに到着した二人は、自分たちは政治亡命者だと主張した。共産主義に支配された生活に不満を言い続けたために、チェコ・ラジオ局からクビにされたのだ、とカールは言った。また、アメリカに渡る前に、プラハの観光ガイドの仕事で知り合ったジョージ・クラインとふたたび連絡を取り、準備を整えておいた。

クラインもケッヘルの才能に惹きつけられた一人だったのか、それともワシントンの裏の連中とつながっていて、東側の反体制派との関係を構築しようと目論んでいたのかは、ピートには確かめられなかった。しかし、誰かが裏で糸を引いていたかはともかく、反共産主義を掲げる移民のためにドアが次々と開かれていくさまは容易に想像できた。

ケッヘルには、ニューヨークのナイアックの家（家賃はかからなかった）、自由に使える車、そしてラジオ・フリー・ヨーロッパでの仕事が用意された。また、学費免除でインディアナ大学に入り、そこで短期間過ごしたのち、多額の奨学金をもらって今度はコロンビア大学で哲学を学んだ。一方、ハナは五番街にある高級宝石店〈ハリー・ウィンストン〉でダイヤモンドを選別する仕事に就いた。

記録を読めば、ケッヘルが目の前に現れたチャンスをことごとくものにしていたことがわかる。彼はコロンビア大学で勉学に励み、国際関係学部の期待の星として知られるようになった。カーター大統領の国家安全保障担当補佐官を務めたズビグネフ・ブレジンスキーがみずからゼミに勧誘した数少ない学生の一人でもある。一九七一年に哲学の博士号を取得したケッヘルは、コロンビア大学のブレジンスキー共産問題研究所に入り、多くの学生から羨望のまなざしを浴びた。そして一九七二年にアメリカの市民権を取得し、大学の学生課でＣＩＡの採用申請書類を手に入れた。ブレジンスキーは喜んで推薦状を書いた。

ＣＩＡの採用候補者は、身辺調査、心理評価、ポリグラフ検査という三つの厳しい試験を受けさせられる。言うまでもなく、いずれも求められる水準は高い。

だが、カール・ケッヘルはすべての水準を満たしてＣＩＡに採用された。
一九七二年一一月、最高機密のクリアランスを与えられた彼は、次の段階へと足を進めた。

19

その図はグラフ用紙に描かれていた。線は太く濃く、文字は読みやすいブロック体で、すべて大文字。メリーランド州のショッピングセンターの館内図だ。小さな四角形のスペースの中には店の名前が書いてある。〈ハンバーガー・ハムレット〉〈ジャイアント・フード・ストア〉〈スローンズ・ファニチャー・ストア〉〈アイスクリーム・パーラー〉。母親が店に駆け込んだせいでステーションワゴンの中に残された子どもが、窓の外を眺めながら書き上げた即席の地図を思わせる代物だった。

だが本当は、敵地に潜入した工作員のための地図だ。

そして「Ｘ」はある場所を示している。

〈Ｋ－Ｂシアター〉の箱のすぐ下に、太い線で慎重に書かれたＸ印がついていて、さらに漫画の吹き出しのようなものの中に「電話ボックス」とだけ書かれている。

その地図はケッヘルが妻から受け取ったものだ。妻のハナは、ニューヨークのミッドタウンにあるダイヤモンド地区に出勤するために、満員の地下鉄から降りたところだった。タイムズ・スクエアの地下鉄のプラットホームは、朝のラッシュアワーでごった返していた。人ごみをかき分けて進んでいるとき、ハナは管理官《ハンドラー》の男からすれ違いざまに〈ダンヒル〉のタバコの箱を渡された。男は立ち止まらず、歩幅さえ変えずにどこかへ消えていった。完璧なブラッシュ・パスだった。タバコの箱の中には丁寧に折りたたんだ地図が挟まっていた。ハナはその週末にワシントンに行き、夫に地図を渡した。

その地図はケッヘルの指針になった。時刻はとうに深夜零時をまわっていた。真夜中過ぎのショッピングセンターはゴーストタウンを思わせるほど暗く、人の気配はまったくない。一つひとつの物音が爆発音のように感じられる。ケッヘルは、レジ打ちの店員が食料品を入れるような茶色の紙袋を持っていた。中には別のプラスチック製の袋が入っていて、そちらはマスキングテープでしっかり縛ってあった。

彼は電話ボックスを見つけて中に入り、時報の電話番号をダイヤルした。一つひとつの動きを確実に、意識的に行うのがプロの鉄則だ。近くに誰が潜んでいるかわからないからだ。時報の音声を聞くと、ケッヘルは電話を切った。そして、電話ボックスの床に買い物袋を置いてその場を離れた。

それからワシントンに戻ってベッドに潜り込んだ。「情報受け渡し《デッドドロップ》のあとは神経がたかぶって眠れないことが多い」と、彼はのちに供述している。その日も本を手に取って読もうとしたが、とても集中できなかった。動悸《どうき》が止まらず、思考もまとまらない。異様な興奮がとめどなくあふれてくる。せめて、数時間後にＣＩＡのオフィスに出勤したときに、疲労の色が見えないことを祈るばかりだった。

ピートも若いころに同じような感覚を味わったことがある。夜中に潜入したときの孤独と恐怖。すべての行動が敵に監視されているような緊張感。そのため、情報受け渡し《デッドドロップ》に関するケッヘルの供述はよく理解できた。それは、静かな戦争の静かな戦いを経験した兵士にしかわからないことであり、その経験はいつまでもピートのなかに残り続けるだろう。だが彼は、懐かしさをかき消すほどの強い怒りを覚えていた。ケッヘルの大胆な行動に対する怒りだけではない。敵の諜報員がこれほど自由に機密情報に触れるのを許した、組織の杜撰な予防措置が許せなかったのだ。


一九七三年二月五日、ケッヘルは最高機密のセキュリティ・クリアランスを与えられて(つまり非の打ちどころのない人物として認められて)、ヴァージニア州ロスリンにある、コンクリートとガラスでできた巨大な建物で契約社員として働きはじめた。出勤のためにキー・ブリッジを車で渡ると、振り上げた拳のようなそのビルが遠くにそびえ立っているのが見える。増え続けるワシントンの官僚連中を収容するために、ベルトウェイ周辺に建てられたブルータリズム建築［コンクリートやガラスなどの素材をそのまま使った粗野な印象の建物］のオフィスビルの一つだ。同時に、そのビルは秘密の宝庫でもあった。

そこは〈AE／スクリーン〉の本拠地として使われていた。〈AE／スクリーン〉とは、CIAのソ連圏翻訳・分析ユニットを示すコードネームだ。CIAは世界各地で秘密工作を行っているが、ロシア語が絡む場合、盗聴記録、現地工作員《フィールドマン》の報告、情報提供者の供述、入手した文書といった材料は〈AE／スクリーン〉にもち込まれる。そして通訳者と分析官は、まずはその材料を英語に翻訳し、たいていの場合は要約とあわせてラングレーの実行班と専門家に配布した。

ケッヘルはロシア語の評価テストで最高ランクの「5」を取得し、ネイティブ並みの流暢《りゅうちょう》さだと評価された。また、大学で数学と物理学を学んだ経験から、科学の知識が豊富だった。難解な専門用語の多い文書や、ミサイルの遠隔測定法や核兵器の起爆装置に関する電話を傍受したときは、ほかの通訳者よりずっと頼りになった。とはいえ、最も関心を集める材料、敵が何よりも求めている情報は、ケッヘルのところにはまわってこない。そのため、彼は毎日のようにイヤホンをしたまま机につき、オペレーション上はあまり意味のない録音テープを聞き、『プラウダ』紙に目を通せばわかるような情報ばかり集めて過ごした。

しかし、諜報部員としての才能と強い自信を備えたケッヘルは、その状況を変えようと決意し、すぐさま行動に移した。まず、〈AE／スクリーン〉という裏方の部署に配属されてわずか三週間後に、CIAの上司にはっきりと文句を言った。「いまの仕事は博士号がなくてもやっていけるものばかりです。諜報の仕事をさせてください。CIAにとって意味のある仕事をしたいんです。もっと高い知的水準が求められる部署に異動させてもらえませんか」

その強気な要求が認められ、彼には機密事項へのアクセス権が与えられた。そうした機密のなかには、ボゴタのソ連大使館での盗聴記録や、CIA職員がトルコ式サウナでオゴロドニクに接近するきっかけになったゴシップも含まれていた。その後、オゴロドニクが〈トリゴン〉として活動するようになると、ケッヘルはその工作員が情報受け渡し場所《ドロップサイト》に何を入れたかを把握できるようになった。〈トリゴン〉が提供した情報のなかには、ヘンリー・キッシンジャーの動向に関する驚くべきものがあった。ソ連が軍備管理に関する困難な決定を迫られるなかで、キッシンジャーはソ連の指導者と内々に会談し、助言を与えたというのだ。

ロスリンでの契約が切れると、ケッヘルはＣＩＡの戦略調査部（ＯＳＲ）に異動することになった。ＯＳＲは、ソ連圏の軍事的脅威や能力、軍備管理措置、核条約の検証などを評価する極秘のチームだ。血気盛んなスパイたちにチャンスを与える部署だと言ってもいい。ＣＩＡの頭脳部に入り込み、アメリカの政策立案者の思考をリアルタイムで知ろうと目論むソ連側のスパイにとっては、ＯＳＲは理想的な場所だろう。核ミサイルの交渉というポーカーゲームの最中に、アメリカ側の手持ちのカードを味方に知らせることができるのだから。

ピートは、記録を読み進めながら絶望的な気分になった。あまりに多くの情報が抜かれていた。ＫＧＢのトップであるユーリ・アンドロポフは、部下をほめるよりも喉をかき切る命令を下すのを好む邪悪な人物だが、そのアンドロポフでさえ、ケッヘルがもたらす情報は「重要で価値がある」と驚嘆していたという。アンドロポフがケッヘルに四万ドルの報酬を与えたことで、彼の評価はいっそう高まった。ケッヘルは、偽りの資本主義者として、その報酬を頭金にニューヨークのアッパーイーストサイドのしゃれたアパートメントを買った。

経験を積んだ諜報員なら誰でもそう思うように、ピートもケッヘルが持ち出した機密の全容とその詳細を知りたいと思った。しかし、いまの彼には手段が限られている。解明できない部分が多すぎるのだ。そもそもＣＩＡですら、限られた範囲のことしか把握できていないに違いない。

この段階で真相を明らかにしようとすれば、途方もない時間がかかり、しかも徒労に終わるのは目に見えている。いま必要なのは待つことだ。これまでに集めた個々の情報はいったん頭の片隅に追いやり、自分が組み立てようとしている大きなパズルの穴に、それらの情報がぴったりはまるタイミングを待つのが賢明だ——それがピートの結論だった。

そこでピートは、変化に富んだケッヘルのオペレーションを違う視点から眺めてみた。ケッヘルは実に多様な顔、多様なキャラクターを使い分けていた。ロシアのマトリョーシカ人形のように、いくつもの人間像が幾重にも重なって隠れているのだ。

真鍮《しんちゅう》製のノッカーが輝く真っ赤な玄関扉の両脇に、高く白い柱が二本ずつ立っている。南北戦争以前の邸宅に見られた壮麗さを思い起こさせるような設計だ。巨大な屋敷には七つの寝室があり、円形の車寄せが玄関先の石段まで通されている。ヴァージニア州郊外、ワシントンから南に二〇マイルの場所にあるタラは、自然に囲まれた小綺麗な地区だ。フェアファックス駅から延びる道には、半エーカーの区画ごとに豪邸が建てられ、ワシントンに通勤する裕福な住民が暮らしている。その家も、リッツ・ホテルを思わせる豪勢な造りだった。

その家はしばらく賃貸に出されていた。官公庁関係者が往々にしてそうなるように、持ち主が一、二年ほど海外に赴任していたからだ。家財を送り出す前に、持ち主は不動産会社の担当者に一つだけ条件を出した。独身者にだけは貸してはいけない、と。独身の人は生活習慣がだらしないので信用できないというのが家主の考えだった。担当者は、借り手を見つけるのに少し苦労したが、結果的に二人（あるいは三人）で住みたいと希望する人が現れはじめた。やがてその家は、一部の人々の間で〈ヴァージニア・インプレイス〉として知られるようになった。

そこは、カールとハナもよく知るセックス・クラブだった。

また、二人は〈キャピトル・カップルズ〉というクラブの常連でもあった。メンバーは、土曜日の夕方にワシントンのレストランで夕食をとり、それから近くのホテルのスイートルームに移動して別の欲望を満たすのだ。ほかにも、〈ラッシュ・リバー・ロッジ〉という田舎の素朴な家にもたびたび顔を出し、大きな石造りの暖炉の前にマットレスを並べ、欲望のままに楽しんだ。ニューヨークにいるときは、〈プラトーズ・リトリート〉や〈ヘルファイア〉といった有名なクラブで間に合わせた。「ワシントンは〝世界のセックスの中心地〟だった」と、ケッヘルは懐かしそうに語っていた。

『ワシントン・ポスト』紙などに掲載されたゴシップ記事によると、ハナには相手を楽しませる才能があったという。ハナの相手をした人は、「息を呑むように美しい」「すばらしく愛想がいい」「最高のオーガズムを感じられる」などと語った。さらに、彼女は驚くほど社交的で、「三人か四人の男とダブルベッドでセックスするのが好きだった」ようだ。

一方、カールのほうは内向的な性格だったようだ。インタビューに応じた参加者はこう語っている。「みんなと一緒に楽しむこともあったけど、たいていの場合、少し離れたところで話し相手を見つけていた」

ピートはそれらの情報の意味を考え、おそらく〝燃やす〟のが目的だろうという結論に達した（〝燃やす〟というと控えめに聞こえるが、要するに〝恐喝〟のことだ）。ハナは、パーティーで何人ものＣＩＡ職員、国防省の上層部、記者、連邦上院議員とベッドをともにしたと自慢げに語っている。

こうした情事の数々は、スパイとして情報収集を行うためのものだったのか。夫婦にはなんらかの狙いがあったのか。誰か特定のターゲットがいたのか。これほど熱心にセックスを重ねるだけの理由があったのか。それとも、セックスは娯楽にすぎなかったのか。作戦とはなんの関係もない、ただの人間的な行為だったのか――ピートにはまだわからなかった。現時点では、疑問を頭の片隅に置いておくことしかできない。調査が進むうちに何かが見えてくるかもしれない。

ピートは続きを読み進めたが、その後は驚くような情報は出てこなかった。ＳｔＢ諜報員のヤン・フィラが亡命し、工作員の情報を明かしたことで、ＦＢＩの捜査官が血眼になってケッヘルを追うようになった。このことも、「モグラはモグラで捕まえる」という一つの例だ。

ＦＢＩは、アパートメントや車に盗聴器をしかけたり、電話の会話を盗聴したりしながら、ケッヘル夫妻を三年近く追い続けた。しかし、傍受した会話には、二人の正体につながる発言は出てこなかった。二人はまぎれもないプロのスパイだったのだ。

しばらく経つと、夫妻のほうもＦＢＩに監視されていることに気づき、オーストリアへの高飛びを企てた。そのことを知ったＦＢＩとＣＩＡは、一九八四年に夫妻の身柄を拘束し、刑務所に収容した。カールは非公開審理のなかで有罪を認めたが、ハナの訴訟は状況証拠に基づくものだったので、上級裁判所での審理が続いた。だが二年後、ソ連はケッヘル夫妻に対する感謝の証として、彼らを帰国させるための取引を行った。ソ連の反体制派のアナトリー・シャランスキーを釈放し、イスラエルへの移住を認めさせるという東西間の囚人交換に、ケッヘル夫妻の解放という条件が組み込まれたのだ。

ピートは、その囚人交換を取り上げた新聞記事を読んで困惑した。「二人は早朝の薄暗さのなかを重い足取りで歩き、グリーニッケ橋を渡った。顔に勝利の色を浮かべながら、自由に向かって、西ベルリンから東ドイツへと進んでいった」などと書かれている。この記者は、目撃者というよりも応援団員に近いといえるだろう。

「カール・F・ケッヘルは、口ひげを生やし、毛糸のコートを着て、どこかキツネのように見えた。妻のハナはミンクのコートと大きな白いミンクの帽子という服装だった。ブロンドの髪とセクシーな風貌、そしてはっとするほど大きな青い目をもつ彼女は、さながら映画スターのようだった」

まるでヒーローじゃないか、とピートは憤慨したが、すぐに気持ちを落ち着けた。最後に笑うのは自分だ。モグラはモグラで捕まえる。これは格言であり、戦略なのだ。獲物に近づいている確かな手応えを感じながら、彼はさらに前に進んだ。

20

ケッヘルについて調べてから数カ月が過ぎたが、ピートは誰にもその話をしなかった。その気になれば、ロッカやデリアビンや娘夫婦を頼ることもできただろうが、あくまでも自分の力だけで追求しようと決めていた。悪意に満ちた裏切りに立ち向かう――それはピートが一人で遂行すべき任務だった。ＣＩＡをかき乱す者がいる。かつては、冷笑と軽蔑の視線を向けながらピートを破滅に追いやろうとする者もいた。いま必要なのは、誰の指示も受けず、自分の良心に従うことだ。ピートはそういう思いに突き動かされていた。

調査のペースは少しずつ上がり、ゴールも定まってきた。ピートは〝穴〟に焦点を当てていった。ずっと昔、現地工作員《フィールドマン》としての最前線での任務から離れ、部屋に閉じこもって防諜活動に従事するようになった時期に、ピートはこの呼び方を考え出した。〝穴〟とは、それまで見過ごしていた機会、つまり注意を払おうと思わないような「ごく小さな異常」のことだ。「不注意や見落としや不手際によって、本来なら注目されるべき手がかりが無視されることがある」というのがピートの論理だ。加えて、もう一つ根深い疑問を抱えていた。かつて「偏執病《パラノイア》」「原理主義者」「狂信者」といったレッテルを貼られ、苦悩とともに転落していくなかで浮かんだ素朴な疑問だ。「なぜプロの諜報員は、デマに惑わされないよう訓練を受け、警戒を怠らないと誓っているにもかかわらず、何度も同じ罠にはまってしまうのだろう？」なぜ、ＣＩＡの職員たちはノセンコの正体を見抜けないのか。なぜ数々の策略や欺瞞に気づけないのか。

何年もかけてその疑問を突き詰めた結果、胸騒ぎがする結論にたどり着いた。この事態は起こるべくして起こった。しかしCIA上層部は、組織に染みついた思考の型に囚われているために、不都合な課題に向き合えずにいる。「希望的観測がはびこっているんだ」とピートは嘆いた。誰も彼も、楽観的なものの見方しかできず、厳しい判断を避けている。不都合な解釈や恐ろしい解釈があれば目をそらす。きつく目隠しをしたいまの状態では、CIAが自己欺瞞の方向に進んでいくのは当然だ。

だが、ピートはまだあきらめたくはなかった。この機会に、CIAの狭まった視野を広げ、不吉な展望を打ち砕きたいと思っていた。彼は雄叫びを上げて気持ちを鎮めた。「自分はソ連の防諜活動を熟知しているから、現実と虚構を区別できる。他人の考えと距離を置いて、自分の頭で判断することもできる。つまり、集団的思考にとらわれずにいられる。それに、どんな結果が待っていようと、正面から向き合うだけの信念はもっている」

次に何をすべきかはわかっていた。ピートは板壁をめぐらせた書斎にこもった。繭のようなその空間にいると、数歩先にあるドアの外の世界から完全に隔絶される。彼はケッヘル事件の〝穴〟を特定する作業に取りかかった。資料を読み込み、注釈をつけ、クロスチェックをする。何年にもわたる欺瞞を分析すれば、周到に身を潜めた裏切り者の姿が浮かび上がってくるはずだ。

いったい何を見落としたのか。どのような質問をしなかったのか。ケッヘルはCIAの誰とつながっていたのか。〝穴〟は何だったのか。

そして、その〝穴〟が別のモグラにつながる可能性があるのか。

ケッヘルの事件に強い光を当ててみると、見落とされていた事実がはっきりと浮かび上がり、問題点が積み上がっていった。防諜の視点から考えると、いくつかの疑問が生じる。

まず、ケッヘルはどうやって最高機密のセキュリティ・クリアランスを手に入れたのか。プラハでの生活をざっと調べただけでも赤信号が灯り、少なくとも国内治安部隊と関係があるとわかるはずだ。ケッヘルは、芸術の道を捨てて姿をくらましたのち、二年間もＳｔＢの集中訓練プログラムに参加している。誰もその事実に気づかなかったのだろうか。複雑な経歴について、ＣＩＡの分析専門家に確認は取ったのだろうか。何より、ＣＩＡにはチェコから移住した者が何十人も雇われているが、たとえ経歴に大きな問題がなかったとしても、最高機密のクリアランスを得ることはできない。なぜケッヘルは例外として認められたのだろうか。

ポリグラフのテストはどうだったのか。ケッヘルは天性の嘘つきで、機械を難なく騙せたのか。質問が甘かった、あるいは検査結果を読み違えたという可能性は考えられないか。実際、ＣＩＡは後日、検査結果の確認にあたって不手際があったと言い訳がましく説明している。しかし、そのようなミスが生じたのは偶然なのか。担当者が無能だっただけなのか。それとも、なんらかの悪意が根底に潜んでいるのか。ここで、誰も取り上げないようなやっかいな疑問が生じてくる。ケッヘルが、ＣＩＡのベテラン職員の指導を受けて、「尋問官が亡命者にどんな質問をするか」を叩き込まれたという可能性はないか。

配属先についても腑に落ちない。ケッヘルはなぜ、熟練の職員が集まる〈ＡＥ／スクリーン〉に配属されたのだろう。もっと謎なのは、〈ＡＥ／スクリーン〉での仕事がぱっとしないものだとわかると、ケッヘルは感情をあらわにして不満を訴えた。すると、彼はただちに機密事項へのアクセス権限を与えられた。そのような融通を利かせるなど、高慢なＣＩＡらしくない。

もうひとつ驚くべきことがある。ケッヘルは、〈ＡＥ／スクリーン〉での契約を終えると表の世界に戻ったが、やがて新しい扉を開き、もう一つの秘密の森に足を踏み入れた。二つの超大国が、相手を威嚇するために必要な核兵器の数について交渉を重ねながら、どうにかして相手よりも多くの兵器を保持しようと企てていたころだ。その重要な時期に、彼はあらゆるスパイが狙う部署である戦略調査部（ＯＳＲ）に入ったのだ。長年の経験から、ピートが確信していることがある。引っかかる点が一つなら、それは単なる謎だ。しかし、二つあった場合は〝策謀〟だと信じる理由になるのだ。

ケッヘルがこのような輝かしい部署に入れたのは、誰かの手助けがあったからだろうか。ＣＩＡの中に彼のキャリアを導いてくれる指導役《メンター》か管理官《ハンドラー》がいたのか。ピートはいつものように胸騒ぎを覚えた。工作員を敵陣に送り込むのはきわめて危険なので、内部に協力者が必要だ。

ピートはある仮説を立てた。ケッヘルがたびたびセックスパーティーに通っていたのは、管理官《ハンドラー》に会うためだったのではないか。妻のハナは、にぎやかなパーティーにＣＩＡ職員が来ることもあったと自慢している。しかし、生真面目すぎるＣＩＡは、その追跡調査をしなかった。保安部の捜査官はまたしても、文字どおり〝裸の〟真実に立ち向かうのではなく、目を覆ってしまったというわけだ。もし彼らがきちんと目を開いていたら、いったい誰の姿が見えたのだろう。そして、ケッヘルが情報の種を蒔《ま》き、ＫＧＢがそれを刈り取るというプロセスに関しても、多くの疑問が残っている。

まず、〈トリゴン〉の存在を密告したのがケッヘルだったことは確かだ。だが、その時期はいつなのだろう。ＣＩＡの見解では、オゴロドニクが捕まったのは一九七七年初冬ということになっている。〈トリゴン〉のために情報受け渡し場所《ドロップサイト》に仕込んでおいたケースが回収されなかったことと、長い間待たされたのちに彼から届いたケースが杜撰な代物で、写真の出来栄えもいつものレベルに達していなかったときだ。

しかし、あらためて考えてみると、オゴロドニクがボゴタのサウナでＣＩＡに勧誘されたのは一九七三年のことだ。勧誘に踏み切るまでの数カ月間、ＣＩＡはオゴロドニクの電話の盗聴やアパートメントの監視に精を出していた。彼の乱れた生活を裏づける資料をかき集め、それらを利用して本人に迫るつもりだったからだ。だが逆に言えば、電話の盗聴記録や録音データなどは、ＣＩＡがボゴタでオゴロドニクに目をつけていたことを示す証拠にもなる。それらの証拠は、翻訳と筆記録作成のために〈ＡＥ／スクリーン〉に送られた。

一九七三年二月時点では、ケッヘルは〈ＡＥ／スクリーン〉に所属していた。ＫＧＢが〈トリゴン〉の存在を知ったとされている時期より四年も早いのだ。

ピートの頭にさまざまな思いが駆けめぐった。陰謀の渦が広がっているのを感じ、緊張が高まる。モスクワ・センターは、ＣＩＡの見立てより数年早く二重スパイに気づいていたのではないか。その仮説に基づいて、ピートはあらためて事件を振り返った。

経緯は次のとおりだ。オゴロドニクは、ＣＩＡからの勧誘に乗って〈トリゴン〉としてオペレーションに従事する。だが、この新たな工作員はあまり出来がよくなかった。もってくるのは、ボゴタの大使館に散らばった鶏の餌のような情報ばかりで、苦労して集める価値はなかった。ところが一九七四年、〈トリゴン〉は急遽モスクワに戻され、重要な情報にアクセスできるようになる。いずれもハイレベルの政策文書や目撃情報といった人的情報《ヒューミント》で、衛星写真では捕捉できないものばかりだった。獣の腹の中に潜伏した者にしか手に入れられない情報だ。ＣＩＡは歓喜した。

しかしピートは、その時系列をまったく新しい視点から分析してみた。「人生に偶然は少ない。諜報の世界においてはなおさらだ」――長いキャリアのなかで何度もつぶやいた言葉を、ピートはふたたび思い浮かべた。すると、驚くべき推論が出来上がっていった。

ピートの考えはこうだ。ケッヘルから連絡を受けていたＫＧＢは、ＣＩＡがオゴロドニクに目をつけていることに当初の段階から気づいていた。そのため、〈トリゴン〉が活動を開始するとモスクワに呼び戻し、ＣＩＡが五階の廊下で小躍りするような情報にアクセスできる役職を与えた。理由は一つしかない。どれも偽情報だったのだ。もちろん、ＣＩＡ上層部を浮かれさせるために正しい情報も多少は含まれている。しかし、あとはすべてＫＧＢがでっち上げたものだ。

何年もの間、ピートが別々のものとして考えていた仮説がいま結びついた。陰謀の核心にあるのは、ＣＩＡ内部に潜入しているモグラだ。そのモグラが、ＣＩＡが何を知らないのか、そして何を知りたいのかをモスクワ・センターに伝える。モスクワ・センターはそれを踏まえて〝文書〟

を作成し、〈トリゴン〉に提供する。そして〈トリゴン〉は、その文書を情報受け渡し場所《ドロップサイト》である丸太の中の空洞に隠して管理官《ハンドラー》に届ける。以上が欺瞞工作の一連の流れだ。

そう考えると、〈トリゴン〉にまつわる謎が一つ解ける。部外者であるピートは、一般の報道を通してしか〈トリゴン〉が届けた情報がどういうものかを知ることはできない。しかし、当局によって内容がリークされたものが一つあった。それは、一九七七年に在ワシントンのソ連大使アナトリー・ドブリニンからモスクワの外務省に宛てた電報だ。それによって、核兵器運搬システムの対等性をめぐるSALTⅡ（第二次戦略兵器制限条約）の交渉が進むなか、アメリカの元国務長官で国家安全保障大統領補佐官のヘンリー・キッシンジャーが、カーター新政権を相手にうまく立ち回る方法をソ連側にアドバイスしていたことが明らかになった。

当然、キッシンジャーの〝裏切り〟に対する怒りの声が殺到したが、当のキッシンジャーは「その電報は捏造《ねつぞう》だ」と言い張った。しかしピートには、その電報がつくられた背景には大きな陰謀があるように思えた。アングルトンがいたころのラングレー関係者なら知っていることだが、CIAはキッシンジャーに対して疑念を抱いていた。アングルトンのファイルも、キッシンジャーとロシア大使の「疑わしいほど長い」個人的な会談を追及し、彼が会談の内容をきちんと説明しなかったことについての怒りと嫌味が書き連ねてある。

いまになってようやく、その計画の裏に巧妙なサイクルが仕組まれていたことがわかった。まず、モグラからKGB上層部に「ラングレーはキッシンジャーを目の敵にしている」という情報を流す。するとKGBは、キッシンジャーへの疑念を増幅する内容の電報をでっち上げ、それを

〈トリゴン〉に渡す。〈トリゴン〉はその情報をほかの情報とともにＣＩＡの管理官《ハンドラー》に渡す。その後、それらの情報はまとめてＯＳＲに届けられ、ケッヘルが翻訳したのちラングレーのデスクに配布される。そして、それを読んだ防諜員たちが混乱して、一連のサイクルは終わる。

そうした仮説を組み立てながら、ピートは別の衝撃的なシナリオに気づいた。モスクワで〈トリゴン〉が手にした電報が、実はケッヘルとモグラがグルになって書いたものだとしたらどうだろう。もしそうなら、ケッヘルは自分で書いた電報を受け取り、内容を吟味し、配布したことになる。ケッヘルのような〝いたずら好き〟からしたらおもしろくてたまらないはずだ。

とはいえ、確証はない。ピートにはわからないことが多すぎる。

疑問と推論ばかりだ。埋めなければならない〝穴〟がいくつもある。それに、モグラの尻尾もまだつかめていない。

21

ピートは、書斎に閉じこもって考えを整理した。だが、筋の通った主張を組み立てようとしたとき、思考が止まった。容疑者がいない。一人もいないのだ。それでも必死に気持ちを奮い立たせ、可能性は絞り込めたと考えた。少なくとも、どこを探せばいいのかは見えてきた。

モグラはＳＢの現職員、それかＳＢと業務上で密接な関係がある人物に違いない。裏切られたロシア人工作員の正体を知っているのは彼らだけだ。

モグラはおそらく、海外任務を繰り返す現地工作員《フィールドマン》ではない。ワシントンにいる人物のはずだ。自分が管理する二重スパイに指示を出し、保護するために、いつでも駆けつけられるよう準備しておかなければならないからだ。

さらに、ノセンコのような亡命希望者、つまりKGBがモスクワの偽情報に信憑性を与えるために送り込む〝偽物〟の亡命者と作戦上のつながりをもつ人物だと考えられる。モグラは、タイムリーな情報（CIAの秘密やゴシップ）を提供することで、欺瞞工作の歯車に新鮮な油を注ぎ、「黒幕の陰謀《マスター・プロット》」をスムーズに進めるという役割を担っている。

モスクワ・センターは、どんな手を使ってもモグラを守ろうとするだろう。やつらにとっては何より価値のある宝だ。モグラはCIAのオペレーションに深くかかわっているので、作戦が連続して失敗した場合、CIAの疑いの目が向けられるかもしれない。モスクワ・センターは、そうなることを恐れてノセンコを送り込んだのだ。モグラを守り、防諜員の目をくらませるために。「KGB第二総局の監視人《ウォッチャー》の監視のおかげ」というつくり話をしたのは、ペンコフスキーやポポフの逮捕の裏にモグラがいたのを隠すためだ。モグラの存在に気づかれるわけにはいかなかったのだ。

ピートは、動機と機会について考え、真実と偽情報、陽動と隠蔽、そして現実と非現実について考えた。

自分は、他人の考えと一定の距離を置き、自分の考えに従って判断すると誓った。自信はある。

決断の結果に向き合う準備もできている。

彼は長い時間をかけて、これから起きるであろうすべてのことについて思考をめぐらせた。

考えに考え抜いた結果、原点に戻ってきた。すべてが始まった場所、最後には戻ってくると思っていた場所だ。調査の原動力になった最大の謎。その謎に駆り立てられて、ピートは忘れていた感情を呼び覚まし、昔の屈辱を掘り起こして、過去と闘うことを決意したのだ。チェサピーク湾をゆっくりと漂うしゃれたヨット、甲高い音を立てるバースト通信機、潜水用ベルトが巻かれたまま膨張した腐乱死体——それらがいま、ふたたび目に浮かんできた。

第四部
「狙いを定める」1987年―1990年

22

「ようやく気がついた。あいつだ。あいつに狙いを定めた」。ピートはブリュッセルを訪ねてきた友人に嬉しそうに言った。ジョン・アーサー・ペイズリーに照準を合わせてまもないころのことだ。追跡はけっして簡単ではないだろう。またしても徹底的な資料集《ペーパー・チェイス》めだ。ケッヘルとペイズリーの足取りを相互参照《クロスレファレンス》しなければならない。二人の接点を明らかにしながら、ペイズリーのキャリア全体を新しい視点から精査し、そこに隠れた悪事を暴く。気の遠くなるような作業だ。それでも、方針は定まった。やみくもに資料を集めるわけではない。ターゲットは人間の顔をもつ、実在した人物だ。まずは〝穴〟を見つけなければならない。その〝穴〟を埋められたら、ずっと胸に抱いてきた仮説を証明できる。ピートはいま一度、心からの望みをかけた。モグラはモグラで捕まえる――この言葉こそピートの信条だった。ペイズリーを追って闇の中に足を踏み入れるときも、この言葉がピートを鼓舞し、背中を押したのだ。

ペイズリーはかつて、「ウィリアム・マクルーア」という偽名を使っていた。一九六〇年代後半、ピートが初めてペイズリーと会った時期のことだ。ピートは当時のオペレーションのことを思い出した。

ピートは、単なる気まぐれから過去を振り返ったわけではない。デリアビンの家で開かれたディナーパーティーでもそうだったように、彼を動かすのは「ノセンコの事件は巨大な何かとつながっている」という確信だった。ノセンコは解決の鍵《ロゼッタ・ストーン》であり、一連の出来事の中心にいる人物だ。「どれだけ時が経っても、昔の裏切りは過去のものにはならない」とピートは信じていた。そしていま、ペイズリーの過去をたどりながら、ノセンコに対して激しい尋問が行われていた時期のある場面を思い出した。その忘れていた記憶のなかに、パズルの重要な一ピース、ジョン・ペイズリーの姿があった。

あのときのCIAはとにかく必死だった。いまになって道徳的に考えると、あの尋問は残忍で許しがたいものだったと認めざるをえない。しかし、ピートは良心の呵責《かしゃく》を覚えなかった。兵士なら知っているとおり、目的と手段の関係は無情かつ実際的なものだ。後悔はない。

キャンプ・ピアリーで敵意に満ちた尋問を行っていたころ、ピートは耐えがたい重圧を感じていた。そのときの気分を説明するために、ワシントンで話題になっていたあるエピソードを引き合いに出した。最高裁判所長官のアール・ウォーレンに関するもので、彼がのちに回顧録のなかでも語っていることだ。ウォーレンは、ジョンソン大統領からケネディ暗殺の調査委員会の責任者に就任するよう要請されたものの、最初は丁重に断った。だが、自分の考えを押し通さなければ満足しないジョンソン大統領は、オズワルドがソ連で謎めいた時期を過ごしたという事実が発覚したことで「噂が飛び交っている」と言った。ウォーレンは、大統領の口から出てきた警告をよく覚えている。「事態は深刻だ。戦争になってもおかしくはない。もしそうなれば、おそらく核戦争が始まるだろう」。さらに大統領は、ウォーレンに考える余裕を与えることなく続けた。「ロバート・マクナマラ国防長官と話したばかりだが、彼が言うには、最初の一発が放たれただけで四〇〇〇万人の犠牲者が出る」。その生々しい話を聞いて、ウォーレンは即座に前言を撤回した。「事態がそこまで深刻だとおっしゃるなら、私がやりましょう」

ピートにも〝やる〟覚悟はできていた。彼はずっと、ノセンコのつくり話が大惨事《カタストロフィ》を起こすのを防ぐために最前線で戦っていたのだ。KGBとアメリカ大統領暗殺事件との関係について、ノセンコが何を知っていて、何を知らないかを突き止めるのが彼の任務だった。時間は容赦なく過ぎていった。「ウォーレン委員会の作業には期限が課せられていたので、一刻も早くリー・ハーヴェイ・オズワルドに関するノセンコの証言の真偽を確かめなければならなかった」とピートは語っている。彼はつねにそのことを意識していた。

同時に、もう一つ重要な任務があった。「ノセンコはアメリカの国益を害するために送り込まれたKGBの工作員だ」という確たる証拠を見つけることだ。尋問を続ければ、必ず何かが出てくると信じていた。彼にはゆるぎない使命感があった。愛国者として、そしてプロフェッショナルとして「KGBがノセンコの嘘で覆い隠しているモグラを捕まえる」と固く決意していた。そのような状況下では、自制や節度といった美徳はなんの意味ももたない。美徳にこだわってはプロ失格だ。それは任務を放棄するのと同じことなのだ。

ソ連圏部長のデイヴィッド・マーフィーは、ノセンコに振りまわされるのはもう終わりだと言った。だが、組織の政治にいっさい関心のないピートは、もっとはっきりとした表現を用いた。ノセンコの〝口を割らせる〟ことが何よりも重要だ、と。

一九六五年に新たな尋問を始めるにあたっては、SBの日々の仕事に忙殺されているピートのために技術的な工夫が必要だった。そこで保安部は、ピートが二つの場所に同時にいられるような仕組みをつくり上げた。

まず、ラングレーにあるピートのオフィスの二階下の安全な部屋にテレビモニターを設置する。スイッチを押すと、二四〇キロ離れた独房に隣接する小さな明るい部屋の様子が映し出される。背もたれがまっすぐな椅子にはノセンコが座っていて、鉄格子の扉と向かい合いながら、ときどき四方のむき出しの壁に鋭い目をやり、その空間から抜け出す道がないかを探っている。尋問が始まると、ノセンコは疲れ切った様子で応じる。その表情は、すでに絶望の際に追い込まれた男のそれにしか見えない。だが、ピートが話しはじめ、その声が部屋に響くと、ノセンコは抵抗するように顔を上げて話を聞く。この「リモート尋問」を目撃したある関係者は、昔のRCAビクターのコマーシャルのようだと言った。そのコマーシャルのなかでは、従順な猟犬が主人の声がするほうに頭を傾けるからだ。

ピートの尋問のやり方は、質問の内容やその日の気分によって異なった。しかし、最初はいつも冷静な口調で話しはじめ、用意しておいた質問を一つひとつ聞いていく。やがてノセンコが動揺し、矛盾や嘘が積み重なっていき、嘘で固めたストーリーが崩れはじめると一気に調子を変える。テンポを上げ、語気が荒くなる。怒鳴りつけ、ののしり、弱いところを何度も叩いて壊そうとする。ところが、ピートがどれほどの力を込めても欲しい情報は手に入らなかった。ノセンコはただ困り果て、自分の証言が「おかしいと思う」と認めるが、そこで話は終わる。

それは一種の狂気だった。ノセンコは黙り込んで両手を上げたり、絞首台の階段を上がる死刑囚のようにうなだれたりしながら、なぜ自分が矛盾や間違いを口にしたのかはよくわからないと言うばかりだった。その一方で、さきほどついた嘘は自分とはなんの関係もないというように、無実の被害者を演じ出す始末だ。

このように、ノセンコはいつまで経っても折れなかった。何も吐かない。嘘と偽情報を流布するためにモスクワ・センターから送り込まれたスパイだとは認めない。ピートはのちに、怒りのこもったため息をついてこう語った。「道徳と法律に縛られて……とうとう自白させられなかった」

もちろん、日々の尋問をピート一人で行えたわけではない。彼が参加するのは最初だけで、途中からはSBが集めた尋問チームに任せるという場合も多かった。尋問チームは少人数で構成された。「ソ連に帰る可能性のある敵を相手にしている以上、多くの諜報員の姿をさらすわけにはいかない」とマーフィーが言ったからだ。かつての現地工作員《フィールドマン》らしい鋭い判断だ。また、尋問官の技術もさまざまだった。ノセンコは英語が堪能ではなく、ストレスを感じると(あるいはピートの推測では、それ以上の追及から逃れようと決めると)まともな英語が話せなくなるので、ロシア語がわかるメンバーが必要だった。しかし、のちにマーフィーは悔しそうにこう語っている。「高度な訓練を受けてロシア語を身につけ、しかも防諜の仕事に通じている尋問官の数が足りなかった」。そのうえ、KGBのオペレーションや手口をよく知る人員もあまりいなかったようだ。そうした理由から、尋問官は曖昧《あいまい》かつ主観的な基準で選ぶしかなく、メンバーの募集要項には「冷静」「タフな性格」といった証明のしようがない形容詞が用いられた。ピート自身、ノセンコを落とせずにいるという負い目もあって、文句は言えなかった。「誰しも、最初はどこかで経験を積まなければならない。自分のまわりにも、尋問の経験はなかったのに、最後は見事に口を割らせた者が大勢いる」と、前向きな意見を口にするしかない。だが振り返ってみると、こう思わざるをえなかった。あれほど緊迫し、あれほど大きなチャンスだったにもかかわらず、チームの仕事はほめられたものではなかった、と。

同時に、一人の尋問官のやり口と態度が記憶の奥底から鮮やかによみがえってきた。瘦せた猫背の男。髭はまばらで、生え揃うのを待っているかのよう。目立った印象はなかったが、精力的で不思議なほど明るい男だった。急に部屋に飛び込んでくるようなタイプで、笑顔を絶やさず、いつ見ても元気そうだった。長々とした質問リストを用意して尋問を始め、まばたきもせず几帳面に一つひとつ聞いていく。相手の弱みを見つけたら、そこを執拗に責める。情け容赦なく責め立てて、一瞬たりとも隙は見せない。

ピートも長年の経験からわかっていることだが、尋問官の態度にはいくつかのルールがある。何人かのチームで作業を進め、一人は理解のある友人、別の一人は聞く耳をもたない敵という立場をとる。ピートはいつも、けっして悪びれない〝悪人〟の役を買って出た。しかしその尋問官は、ピート以上の〝極悪人〟になろうとしていた。彼の威圧的な声は、いまだにピートの耳にはっきりと残っている。一見、弱々しい印象の男がすさまじい声量で相手を威嚇するさまは、近くにいる者を驚かせた。そこには憎しみにも似た何かが感じられた。この男はいずれ、ノセンコが嘘をつくのをやめてまともな返事をするようになるまで、彼を逆さ吊りにすると言い出すに違いない――尋問チームの面々はそう思っていた。

その男はウィリアム・マクルーアと名乗ったが、本名はジョン・ペイズリーだとピートは知っていた。

ペイズリーが尋問を行っていたときの様子は、まるでつい先ほど目にしたかのように鮮明にピートの頭に残っている。だが最近になって、その記憶とは相容れない事実を知った。チェサピーク湾に浮かぶ元ＣＩＡ職員の遺体のニュースは、頭蓋骨に銃弾の跡があり、身体には重い潜水用ベルトが巻かれるという衝撃的な事件だったが、『ニューヨーク・タイムズ』紙の記者はさらに大きなニュースのネタを見つけた。各所を取材して回った結果、ペイズリーとノセンコに交友関係があったこと、もっと言えば、二人が単なる友人を超えた「親友」だったことを突き止めたのだ。

疑いが晴れ、釈放されたノセンコは、CIAから多額の賠償金を受け取り、一九七〇年にアメリカ人の新しい妻とともにノースカロライナ州の美しい海辺の町で暮らしはじめた。ペイズリーはたびたびその家を訪れていた。ノセンコの家からほど近いメイソンボロ島のボートヤードまでブリリグ号でやってきては、二人で一緒に過ごしたのだ。『ニューヨーク・タイムズ』紙には「頻繁にやってきて、滞在期間も長かった」と書かれている。長いときには一〇日間もその場所にとどまったようだ。

ピートからすると、にわかには信じられないことだ。ペイズリーが厳しい尋問を行う姿はまだ記憶に残っているのだ。

だが、そこになんらかのオペレーションがかかわっていたとしたら、話は変わってくる。

CIAはノセンコを釈放すると、知識人として職員の前で講義を行わせた。ピートは啞然とした。「ノセンコの疑惑はまだ晴れていない」と怒ったのも当然だろう。だが、理由はそれだけではない。プロとしての経験から、その状況に危機感を覚えていた。「CIAの職員たちを、このような人物と会わせるなどどうかしている」とピートは責めた。秘密工作を行うCIAが、これほど無防備に工作員の顔を敵の前にさらすという決断に、ピートは愕然とし、呆れ、激怒した。

CIAの軽率な「埋め合わせ」が、いずれ恐ろしい事態に発展するような気がしていた。「私がノセンコを担当していたころは、あの男がKGBの連中やその回し者と接触しないようつねに目を光らせていた」とピートは語っている。「だが、CIAが潔白を認めたことで、あの男はふたたびKGBと接触するようになったのだろう」

ピートは最近、ノセンコが〝貴重な情報〟をCIAに提供し、〝新たな事件〟を明るみに出したと称賛する報道を目にしたが、信じるつもりはなかった。CIAは騙されている。すべては、KGBの利益のために仕組まれているに違いない。ノセンコは、モスクワ・センターの命令で、CIAを混乱の渦中に引き込もうとしただけだ。

この長期にわたる欺瞞工作の核心にあるのは、活動を再開したノセンコとアメリカにいる管理官《ハンドラー》との会合だろう。かつて、ソ連が送り込んだこの亡命者に対し、その管理官《ハンドラー》は敵意をむき出しにしていた。当時SBにいた何人もの職員が、その様子を目の当たりにしている。欺瞞工作の演出としては完璧だ、とピートも感心せざるをえなかった。そしていま、二人の裏切り者は、アメリカ国民の血税で購入した海辺の家で堂々と顔を合わせている。この状況に、ふだんは気難しいKGBの連中もほくそ笑んでいることだろう。

手荒い尋問官のペイズリーと、被害者であるノセンコが、これほど短期間でここまで仲良くなる理由はない。だが、二人が最初から、与えられた役を巧妙に演じていたとしたら？　二人の出会いはオペレーションの一環であり、管理官《ハンドラー》と工作員が忠実に任務を遂行していただけだったとしたら？

仮説がこれまでにないほど明確なかたちを取りはじめたところで、ピートはさらに調査を進めた。ほどなく、ペイズリーもケッヘルと同じように、亡命に関連するいくつかの大きな事件にかかわっていたことがわかった。しかし、着実に前に進んでいくなかで、不意に恐怖を覚えた。自分の考えが間違っていたらどれだけいいか――そう思ったのだ。入念に仕組まれた陰謀の答えに迫りながら、いずれ明らかになるかもしれない真相を恐れていた。

23

その隠れ家《セーフハウス》を管理するのは元投手《ピッチャー》だった。ピート自身、かつてはスポーツに熱中していた人間なので、そのことを知って親近感を覚えた。三〇年前のある雨の日の午後、ピートはCIAが所有するセダンの助手席に座り、濡れた落ち葉を踏みながらタイヤが軋《きし》む音を聞いていた。曲がりくねった道を越えた先で、デリアビンが結果報告《デブリーフ》を行うことになっていた。記憶は定かではないが、たしか一九五五年のことだ。

しかし、その日に運転手が口にしたことははっきりと覚えている。

ピーター・シヴェスは、ディキンソン大学から〈フィラデルフィア・フィリーズ〉にストレートで入団した。速球を自慢とする彼は、大学の三振奪取記録を塗り替えた。スカウトたちはディジー・ディーン［一九三〇年代に活躍したメジャーリーグの投手］の再来だと騒いだ。しかし、メジャーリーグの打者にシヴェスの投球は通用せず、〈フィリーズ〉は彼の才能を過大評価していたと思いはじめた。数年後、シヴェスがいくつもの球団を転々とするようになったころ、第二次世界大戦が勃発し、彼は海軍に入隊した。

海軍はシヴェスに目をつけ、ロードアイランド州クオンセットにある海軍のチームでピッチャーをやらないかと誘いをかけた。だがシヴェスは断り、軍の採用担当者にこう語った。「私の両親はリトアニア移民で、ロシア語が話せます。おかげで私も、ニュージャージー州のサウスリバー出身ではありますが、モスクワの街角で遊んで育ったのと変わらないぐらいロシア語が堪能です。戦時中は、速球よりもロシア語のほうが役に立つはずです」。そして最後に、にやりと笑って付け加えた。たとえどんな言葉だろうと、自分の防御率は聞こえがよくないでしょう、と。

こうしてシヴェスは、海軍作戦本部の情報将校として働くことになった。黒海の港町コンスタンツァでの駐在時には、秘密工作に従事した。戦争が終わってからは海軍武官としてルーマニアに留まったが、それもスパイ活動の延長でしかない。やがてCIAが設立され、シヴェスは正式な職員として採用された。ロシア語を話せることに加え、ワシントン記念塔のようなしっかりした体つきだったこともあり、シヴェスは大いに重宝された。

彼はソ連亡命者の結果報告《デブリーフ》を担当し、まもなく外事部長に任命された。部長としての責任の一つがアッシュフォード・ファームだった。運転手がそこまで説明したところで、ピートが乗ったセダンは目的地に到着した。

ピートを玄関で出迎えたかつてのピッチャーは、その太い腕でショットガンを抱えていた。

長い年月が経ったいまでも、その家がピートの記憶から消え去ることはない。宮殿と言ってもいいほど大きく、チューダー様式を意識した建物だった。一九二〇年代にピッツバーグの鉄鋼王が建てた家だが、事業に失敗して手放した。次の所有者もしばらくするとローンが払えなくなったので、CIAが破格の値段で買い取ったと言われている。その赤レンガ造りの屋敷は、一九五一年にCIAが購入したころは荘厳な印象だったが、その後はろくに手入れもされず、シヴェスの家族が移り住んでからも薄汚れた雰囲気が漂っていた。屋根は雨が漏り、緑色の窓枠は塗料が剝がれ、八つもあるベッドルームの壁紙は水染みが目立ち、ところどころ剝がれている。

アッシュフォード・ファームのいいところは、外部から隔絶されているところだ。実際、CIAもその点に惹かれて購入に踏み切った。メリーランド州東海岸の奥まったところに位置し、周囲を何エーカーもの広大な深い森に囲まれている。森を抜けた先にあるのはチョプタンク川の暗い岸辺だ。近くには一軒の民家すらない。敷地周辺には鉄条網が張りめぐらされ、外部と屋敷は一本の細い道だけでつながっている。曲がりくねった長い道を進まなければ母家にはたどり着けない。武装した警備員が交代で巡回にあたっているので、侵入者はすぐに見つかってしまう。シヴェスの趣味は、敷地内にいる鹿やキジを狩ることだったが、ほかの獲物にもけっして警戒を怠らなかった。

アッシュフォード・ファームは、貴重な逃亡者、つまり敵側から寝返った諜報員のための隠れ家《セーフハウス》だった。多くの亡命者は、入国管理局をさっと通過してアメリカに来ると、まずはここに連れてこられた。そのまましばらく滞在し、尋問官に疑いの目を向けられながら身の潔白を証明するのだ。たいていの亡命者は、その期間に自分がしたことの重大さと向き合い、祖国に置き去りにした愛する者を想って涙を流す。ピョートル・デリアビン、アナトリー・ゴリツィン、ニコラス・シャドリンをはじめ、のちにCIAの資産《アセット》になる人物がこの家で過ごしていた。

彼らの名前はKGBの死刑者リストに載っていた。

ピートは、若いころに経験した戦いのことを思い出していた。一九六二年一一月、KGBの議長が「特別行動計画」を承認したのもその記憶にかかわっている。

SBが入手した命令書には恐ろしいことが書かれていた。「これらの裏切り者は、重要な国家機密を敵に渡し、わが国に大きな政治的損害を与えた。よって、死刑を宣告する。すでにこの国にいないため、国外で刑を執行する」。氷のように冷たい論理だった。第一三局には、アメリカを含むあらゆる国で刑を執行すべく、暗殺者を養成するよう指示が出された。

この死刑宣告との秘密の戦いにおいて、アッシュフォード・ファームはCIAの聖域と呼べる場所だった。動揺する亡命者たちに対しては「敵はこの境界線を越えられない」と保証した。実際、亡命者たちの居場所を知るのは不可能だ。アッシュフォード・ファームに来れば、安全が確保されたも同然だった。

過去の記憶をいったんわきに置いて、ピートはふたたび現在のことを考えた。遠く離れたブリュッセルの隠れ家《セーフハウス》から、すでに二本の電話をかけている。一本はデリアビンに、もう一本はロッカに。ピートのほうから動機や質問を伝える前に、欲しかった情報が手に入った。ペイズリーは、結果報告《デブリーフ》を行うために頻繁にアッシュフォード・ファームを訪れていたようだ。ウィリアム・マクルーアという偽名を使ったまま、ペイズリーはゴリツィンとシャドリンだけでなく、多くの亡命者の話を聞いていた。CIAがノセンコの身柄を一時的にこの隠れ家《セーフハウス》に移したときも、ペイズリーがわざわざやってきて、森の中を何時間も歩きながらノセンコと話し込んでいた。デリアビンはペイズリーのことをよく覚えていた。ふだんから人を見下すことが多いこのロシア人は、自分に対する尋問を行ったペイズリーの知性だけは認めていたのだ。ある日の午後、ペイズリーとチェスをしてなんとか勝利を収めたときのことを、デリアビンはいまでも誇りに思っているという。

アッシュフォード・ファームのことを思い出し、それから何日も考えをめぐらせた結果、ピートは二つの暫定的な結論に達した。一つは、推論というよりはこじつけと言ったほうがいいかもしれない。実際、「いまだ収まらない激しい怒りが生み出した考えだ」とピートも認めている。

かつてピートのキャリアを傷つけた非難の土台になっていたのは、「デリアビンの結果報告《デブリーフ》の記録がKGBの手に渡った」という情報だった。それはどこから飛んできたかわからない流弾——防諜分析官が言うところの「スパイラル」——だったが、その情報によって、ピートは二重スパイだという根も葉もない噂が飛び交うことになった。具体的には、「ピートはKGBの管理官《ハンドラー》にメモを渡し、アルプスの隠れ家《セーフハウス》で亡命者から聞き取った情報を伝えた」というものだ。

当時のことを思い出すといまだに怒りが込み上げてくるが、ここにきて別の可能性が浮上した。ピートの仮説はこうだ——アッシュフォード・ファームで行われたデリアビンの結果報告《デブリーフ》の記録をモスクワ・センターに渡したのは、ペイズリーだったのではないか？

その推測が正しければ、もう一つ言えることがある。隠れ家《セーフハウス》はけっして安全な場所ではなかった。亡命者の身の安全など保証されていなかった。鶏小屋のまわりをフェンスで囲んでいても意味はない。敵の仲間が正門の鍵を持っていたのだ。隙間風が入る広い尋問室の椅子にペイズリーが座ったことで、アッシュフォード・ファームの存在も、そこで話された数多くの秘密も、すべて敵の手に渡ってしまったのだ。


だが、いったいなぜ、ペイズリーはアッシュフォード・ファームを訪れることができたのだろう。彼はSBの職員でもなければ防諜員でもない。現地工作員《フィールドマン》でもなかった（少なくともピートと同じ種類の現地工作員《フィールドマン》ではない）。にもかかわらず、彼はSBが扱う重要事案の多くにかかわっている。ペイズリーは、ほかの場所でも不穏な動きをしていたのだろうか。そう考えて、ピートは恐ろしくなった。

だが、そのような推理はいったん忘れることにした。それを調べるのはもっとあとでいい。もう少ししたら、ペイズリーがほかにどんなオペレーションにかかわり、どんな秘密工作を行ったかを調べられるはずだ。だがまずは、目の前の一つの疑問に取り組まなければならない。はたして、ジョン・ペイズリーは何者なのか。この問いは複雑だが、同時に一連の事件の核心につながるものだ。ピートはいまや、きわめて重要な岐路に立っていた。ほかのことを推理する前に、パズルの中心にいるペイズリーという男の全容を把握しなければならない。この男は、ソ連から逃げてきた何人もの亡命者の結果報告を聞きながら、アッシュフォード・ファームを好き勝手に歩き回っている。ペイズリーの心の中をのぞき込み、そこが裏切りの温床になっているかを確かめる必要があった。

24

一九四八年

ペイズリーのオペレーションの原点を突き止めるべく調査を始めたところ、一人の人物の姿が浮かび上がってきた。かつての同僚であり、指導役《メンター》であり、友人でもあったジェームズ・アングルトンだ。二人の出会いは、ある暗殺事件がきっかけだった。

一九四八年のことだ。当時、中東の砂漠地帯は混乱に包まれていた。その年の五月にイスラエルが国家として誕生したことで、各地で大きな波乱が起きた。アラブ五カ国の軍隊の侵攻に対し、新国家は生存を賭けて抗戦した。機能しはじめてまだ日が浅い国連は、六月に脆弱《ぜいじゃく》な三〇日休戦をどうにかまとめてから、今度は「恒久的解決の構築」というあまりに楽観的な目標を掲げて中東に使節団を派遣した。その使節団を率いたのは、新たに任命された国連の和平調停官、フォルケ・ベルナドッテ伯爵だった。

ベルナドッテ伯爵は、精力的なスウェーデンの貴族で、戦時中は多くの外交政策を打ち出した。ドイツと連合国との休戦協定を交渉するというドン・キホーテのような試みもあれば、赤十字からの依頼を受けてナチスの収容所から何千人もの捕虜やユダヤ人を救出するという人道的な業績も残していた。そして今回は、カイロ、ベイルート、アンマン、テルアビブと目まぐるしく中東を旅して、事態を決着させるための提案を用意すると自信満々に発表した。

しかし、アラブとユダヤの双方とも、伯爵の和平提案に激しく反発した。複雑な背景がある紛争だったこともあり、和平提案という理念は日に日に非現実的なものになり、ついには誰もそのような考えをもたなくなった。ピートは当時の記録を読み、いまや忘れられた使節団の歴史をたどりながら、ある記述を探した。狙いはただ一つ——使節団に同行した二五歳の無線技士に関する情報だ。

スウェーデン貴族の一団に入り込むまで、ペイズリーは厳しい人生を歩んでいた。過去の報道や出版物を通じてさまざまな逸話を集めながら、ピートは若き日のペイズリーの粘り強さと野心に感嘆せずにはいられなかった。ジョン・ペイズリーは、妹と病弱な弟とともに、一九三〇年代のアリゾナ州フェニックス（当時は小さな街だった）で育った。うだるような暑さのなかで、その日暮らしの生活を送っていた。父親はパートタイムで労働組合のオルグを務めながら、フルタイムで酒に浸り、気づけば眠り込んでいた。そのため、子育ては母親と母方の祖父母の仕事だった。母親のクララ・ペイズリーは結核療養所で調理士として働き、祖父は夜明け前に芝刈り機と熊手《レーキ》を持って家を出て、富裕層が暮らす地区で庭仕事を探した。子どもたちはよそ者として育ち、服はぼろぼろでサイズが合わず、新しい靴を買う金もなかったので、裸足で学校に通うこともよくあった。友達は少なかった。祖父は子どもたちを世間から遠ざけようと躍起になり、ダンス、音楽、カードゲーム、映画館を「邪悪なもの」として禁じた。

しかし、幼いペイズリーは好奇心が旺盛だった。九歳のときは、フェニックスのダウンタウンにある〈ヴィックのラジオ・ショップ〉に入りびたるようになった。店主のヴィックは、放課後になると店にやってきて、いつも質問をしてくる痩せっぽちの子どもを気に入った。ヴィックこそペイズリーの最初の管理官《ハンドラー》だったのだろう、とピートは思った。やがてペイズリーは、ヴィックに手伝ってもらいながら鉱石ラジオをつくった。真夜中の暗い部屋でベッドに寝ころび、イヤホンをつけながら、彼はフェニックスの外の世界、窮屈な暮らしの向こう側にある生き生きとした世界の音に夢中になった。気づけば、いまの暮らしから抜け出し、外の世界で何が起きているのかを見ることしか考えられなくなっていた。

高校卒業後、ペイズリーはチャンスをものにした。ボストン近郊のガラップ島にある商船海洋訓練所に入校し、九カ月の課程を修了したのち、無線技士の資格をもつ下級副官になったのだ。ペイズリーのキャリアにおいては、〝船〟と〝無線〟が大きな武器だった。

戦争が始まると、ペイズリーは無線技士として、包囲されて物資不足になったイギリスやロシアに軍事物資を届けるための航海に出た。ソ連北方艦隊の拠点であるロシアのムルマンスク港には、少なくとも二回は訪れている。ピートが調べたかぎりでは、ペイズリーがソ連滞在中に何をしたのかはわからなかった。この若い無線技士は、なぜソ連のスパイになることを決めたのだろう。寄せ集めのソ連兵たちが、フィンランドやドイツの北極基地から飛来する精鋭戦闘機と勇敢に戦い、港を守り切ったことに感銘を受けたのだろうか。それとも、街を歩いているときに、めぼしい人間をスカウトする内務人民委員部（NKVD）に声をかけられたのだろうか（元SB職員のピートにとってはなじみのあるケースだ）。

また、航海の合間のペイズリーの動きも同じように謎に満ちていた。ペイズリーはアッパー・マンハッタンに住むコロンビア大学の教授数人と連絡を取り、いくつかの講座の文献リストと教科書を受け取っている。学生でもない彼に、いったいどのような縁があったのだろう。そして航海中は、子どものころに鉱石ラジオを聴いたように、ベッドに横になりながら分厚い教科書を読み進め、終戦までに独学でロシア語の基礎を身につけている。なぜ急にロシア語の勉強を始めたのかと、ピートは疑問に思わざるをえなかった。

いまとなっては確かめようがないが、商船の無線技士であるペイズリーが高度な知識を身につけようとしたのは、一人前の諜報員になるためだったのではないか。しかし、いったい誰が彼の才能を見抜いたのだろう。アメリカ側の人物なのか、それともソ連側なのか――そのこともピートには調べられなかった。

いずれにしても、戦争が終わると、ペイズリーとその人物の関係は切れたようだ。ペイズリーは、フェニックスでハイウェイ・パトロールの無線技士として働いたり、アラスカに向かう蒸気船の作業員になったりと、いくつかの職を転々としたのちオレゴン大学に入学した。授業料と寮費をどうやって集めたのかは謎だ。だが結局、一学期で退学になった。寮のベッドで、魅力的なブロンド女性と一緒に寝ているところが見つかったのだ。当時はまだ、工作員としてのスキルは身につけていなかったのだろう。

次にペイズリーが就いた仕事は、ニューヨークのレイク・サクセスに設置された国連の臨時本部の無線技士というものだ。広告を見て応募したのか、何者かが国際機関で働くよう助言した(あるいは指示を出した)のかは定かではない。だが、その臨時本部があらゆる諜報機関にとって「情報の宝庫」だったのは確かだ。

一つわかっているのは、ベルナドッテ伯爵の平和使節団が中東に向かったとき、二五歳のペイズリーが無線技士として同行していたことだ。彼は自分の任務をまっとうしながら、イスラエル、エジプト、レバノン、シリア、ヨルダンを回った。その途中で、秘密の任務に就いていたジェームズ・アングルトンと出会った。

ピートは最前線での経験から、勧誘の仕事とは相手を「誘惑」することだと知っている。諜報の世界に足を踏み入れ、策謀がはびこる環境で孤独と不安に耐えていくという決断をするには、想像もできないほどの覚悟が必要だ。当然、世界を救うという危険な仕事にかかわりたくないという人もいる。しかしアングルトンには、魔術師のように人を魅了し、スパイ活動に引き込む才能があった。

ピートも認めることだが、いまではアングルトンの評判はさまざまで、悪名高い人物だと評されることも少なくない。実際、そう言われるだけの理由はあった。法に背き、徹底した秘密主義を貫く彼のやり方は、たとえその根底にあるのが愛国心だったとしても、CIAの五階をはじめとする数々の部署で反感を買った。しかし、ペイズリーと出会ったころは、そのような悪評は立っていなかった。戦時下のイギリスとイタリアで任務を成功させ、一躍その名を高めたアングルトンは、世界を股にかけて活躍する有能な諜報員のイメージそのものだった。深い知性、型にはまらない自由な発想、上流階級ならではの洗練された態度——そうしたすべてが、共産主義との暗闘に必要なすばらしい資質だと評された。CIAの新人たちは、アングルトンを尊敬するだけにとどまらず、いつか彼のようになりたいと思っていた。

当時、CIAでの彼の肩書きは「Aスタッフ主任」だった。簡単に説明するなら、敵の機密を盗もうとするチームと、敵がこちらの機密を盗むのを阻止するチームの両方を統率する仕事だ。すでに幅広い業務を扱っていたが、アングルトンはさらに手を広げようと考えて中東に向かった。イスラエルが正式に国家として独立したばかりの不安定な時期で、季節は秋だった。

アングルトンの目的は、〝友人〟——すなわち情報源を見つけることだった。

当初、彼はイスラエルを警戒していた。このユダヤ人国家を最初に承認したのはソ連だった。アングルトンは、そこに周到に仕組まれた秘密工作が絡んでいると考えたのだ。モスクワ・センターはイスラエルに諜報員を潜入させていて、その人物がいずれ新しい身分を携えて西側に現れるというのがアングルトンの見方だった。ところが、イスラエルの諜報機関の人間と顔を合わせたことで考えが変わった。相手は、イギリス、アラブ双方に対して複雑な策謀を仕掛けたベテランのスパイだ。鋭い洞察力を備え、迷路のように入り組んだイスラエル諜報組織を操り（中央対外諜報機関「モサド」が創設されたのは、少しあとの一九四九年四月のことだ）、自分と似た〝魂〟をもっている男だった。アングルトンは感銘を受け、ユダヤ人となら一緒に仕事ができると思った。イスラエル側も、アングルトンと手を組むのは合理的だと考え、暗黙のうちに取引が成立した。イスラエルは必要に応じてアメリカから支援を受け、その対価として、鉄のカーテンの向こう側で動かしている有力な情報源にＣＩＡがアクセスできるようにするという内容だ。この最初のイスラエル訪問で、アングルトンは「ユダヤ・アカウント」の土台を築いて手中に収め、その後二〇年にわたって大きな成果を上げ続けた。

このように諜報機関同士の長期的な協力関係を構築する一方で、彼は中東の各地域を飛び回りながら、自分の私的な軍団をつくることにも力を注いだ。ＣＩＡはまだ創設されたばかりだったが、世界各地に拠点を構えるために、ひそかに工作員を集めていた。だが、一つ落とし穴があった。勧誘した工作員はアングルトンに直接報告する。つまり、アングルトンのためのスパイになるのだ。

その自由な時代に工作員になったある人物が、何年も経ってから、アングルトンの勧誘の仕方について語っている。「私と一緒に仕事をしないか」と、アングルトンは淡々と言ったようだ。「ＣＩＡのためではなく、私のために働いてもらいたい。私の目となり耳となり、秘密の任務をこなし、大使館職員には近づかない……ごく自然にやってほしい」。給料は月五〇〇ドル。当時、経費の予算は潤沢にあった。

アングルトンはペイズリーに対しても同じように声をかけたのだろう。ペイズリーについて調べ、人間性を見極めてからアプローチをかけたに違いない。彼はいつもターゲットのことを念入りに調べる。そのときもきっと、社会の片隅で育った若きペイズリーのことを調べ、彼が絶望のなかで苦しんでいることを知ったうえで、仲間にならないかと手を差し伸べたのだ。エリートが集まるチームの一員になり、邪悪な敵と戦わないか、と。ペイズリーのほうは、ずっと一人で過ごしながら独学で身を立ててきた男だ。ある日、世界を股にかけて活躍する諜報員が目の前に現れ、自信に満ちた態度で、上流階級らしい洗練されたオーラを放ちながら声をかけてきたとなれば、心が動くのも当然だ。過去を捨て去ろうとしている若い無線技士の目には、新たな人生を始め、可能性に満ちた未来に向かう道がはっきりと見えたことだろう。

以上の話は、確かな情報に基づいてはいるが、結局のところ推測の域を出ない。しかし、アングルトンがこのタイミングで勧誘を仕掛けたのは事実だ。ペイズリーの失踪後、熱心に取材を行った報道陣たちも、彼がこの時期に諜報の世界に足を踏み入れたという点では意見が一致している。ピートは、友人の巧妙なスパイ技術にあらためて拍手を送るしかなかった。人は、絶望を経験した直後が最も無防備なのだ。

エルサレムでは、ユダヤ教の安息日《サバス》が始まろうとしていた。だが、金曜日の夕方になっても太陽は高く、初秋らしくない陽気のせいで一息つくこともできなかった。その日差しの強さは、時が経っても多くの人が覚えていた。もう一つ、人々の記憶に鮮明に残っているのは鐘の音だ。礼拝は行われておらず、宗教的な理由もいっさいなかったにもかかわらず、ハパルマク通りにそびえるギリシャ正教のドーム型修道院の奥で鐘が鳴りはじめた。護送車の列が近づいてくる直前のことだった。

一九四八年九月一七日、時刻は午後の五時半ごろ。場所は、ルカ福音書に登場する聖人シメオンが住んでいたとされる、エルサレムのカタモン地区。何が起きたのかは定かではなく、人々の記憶も曖昧だ。たまたま別の方向を見ていたと言う通行人もいれば、銃声が聞こえたのですぐに逃げ出したと言う人もいる。イスラエル警察は「すぐに駆けつけたかった」と述べたが、あまり説得力はない。誰も目撃してない以上、奇跡を期待することもできない。打ちひしがれた国連当局にできるのは、護送車に同乗していた生存者が呆然とするなかで、事件の顛末について少しでも多くの材料を集めることだけだった。

エイジ・ランドストローム将軍の混乱した説明は次のようなものだ。「あのときは、ユダヤ軍式のジープに道路を封鎖されて、身動きが取れなくなった。ジープにはユダヤ軍の軍服を着た男たちが乗っていた。とつぜん、武装した一人の男がジープから降りて近づいてきて、開いた窓からトミー銃を突っ込んで……ベルナドッテ伯爵に至近距離から発砲した。銃声はほかの場所からも聞こえた。そこからは大混乱だ。私たちが病院に着いたときには……もう遅かった」

暗殺者は誰一人として特定されず、この事件は誰も起訴されることなく幕を閉じた。国外の新聞は「ユダヤ人過激派組織〈シュテルン・ギャング〉が、ベルナドッテ伯爵をイギリスやアラブの手先と見なして暗殺を命じた」と報じたが、イスラエル当局は取り合わなかった。「エルサレムはいつも噂であふれている」と、ある政府の報道官は腹立たしそうに言った。

ペイズリーは事件を目の当たりにしていたのだ。護送車両の最後尾のセダンに乗っていたのだ。その日の夜か翌日か、正確なタイミングはわからないが、混乱のさなかでアングルトンはペイズリーを勧誘した。

ペイズリーは、先のことなど考えられないほど気が動転していた。確実にいえるのは、伯爵の死によって、自分の国連でのキャリアは終わったということだ。道は閉ざされた。フェニックスに逃げ帰るしかない。昔と同じ自分に戻り、何に対しても夢中になれないまま生きていく――彼はそうしたみじめな生活を思い、絶望したに違いない。もし海の上にいたら、錨《いかり》を下ろす場所を探すだろう。

ペイズリーは、ほぼ二つ返事でCIAのスパイになると言った。アングルトンの説得力と、絶好のタイミングをつかむ才能のなせる技だとピートは思った。

だが、ピートはとつぜん不安に襲われた。もしこれが、モスクワ・センターとペイズリーが仕掛けた罠だったとしたら？　アングルトンは、気づかないうちにその罠にはまり、二重スパイに手を貸してしまったのではないか？

それから数日、ピートは不穏な考えを頭から振り払おうと努めた。泥沼の中を進み続けるには、ある程度は見て見ぬふりをすることも必要だ。そこで、ある晴れた日の朝、カンブルの森の向こうに広がる原生林を歩き回った（と、あとで友人に打ち明けている）。彼は双眼鏡をのぞき込み、目についた鳥を一羽ずつ確認した。

森にはは生命があふれている。元気のいいシジュウカラが、長い枝の節に止まって鳴き声を上げた。羽が青く、腹部は鮮やかな黄色なので、よく目立っていた。隣の木には、太くて白い腹が特徴的なカササギが、心地よさそうに止まっていた。その至福の時間を通じて、ピートは満ち足りた気持ちになった。

しかし、その夜は眠れなかった。ベッドで横になりながら、自分が抱えるジレンマに思いをめぐらせた。いったいどうやって裏切り者を見分ければいいのか。モグラにはどんな目印があるのか。はっきりしたサインがあるとしたら、それは何か。ピートは暗闇を見つめながら、自分は何を見落としているのかと考えた。

25

翌日、ピートは気持ちを切り替えて前に進むことに決めた。とにかく、過去の謎を闇の中から引きずり出さなければならない。それがどれほど苦しい作業だとしても、あきらめるわけにはいかなかった。心の支えは、自分が追っているものが〝幻影〟ではないとわかったことだ。ターゲットはすでに見つけた。これからは、ペイズリーの波乱に満ちた人生をたどればいいのだ。追い続ければ、獲物は必ずつまずいてこちらの手に落ちる――防諜員は昔からそう教わる。ピートは、けっして足を止めてはならないと自分に言い聞かせた。

しかし、まもなく新たな謎にぶつかった。ペイズリーのキャリアが追跡できなくなったのだ。アングルトンと契約を交わしたことまではわかったが、その後、諜報活動に従事した記録がどこにも残っていなかった。

ペイズリーは、工作員とは思えない行動を取っている。まず、彼は中東から離れた。国連の仕事もやめ、政府や軍の無線技士に応募することもなかった。それどころか、彼は恋に落ちてすぐに結婚し、諜報の世界と手を切っていた。

不審に思ったピートは、時代をさかのぼってペイズリーの妻のことを調べてみた。だが、彼女の経歴には、オペレーションに関連する情報は見つからなかった。マリアン・マクリーヴィーは、魅力的なブルネットの女性で、マンハッタンで働いていた。勤め先は、多額の遺産を使って〈ボストン・レッドソックス〉の球団買収に投資した、先見の明のある若き有力者の事務所だ。彼女が〈ニューヨーク・ヤンキース〉のスパイだという可能性を除けば、諜報の仕事とかかわりがあるようには思えなかった。だが、一つ不審な点があった。結婚式の数日後に、ペイズリー夫婦はシカゴに引っ越しているのだ。

ペイズリーはシカゴ大学に入学して国際関係論を学びはじめた。その三年間の修士課程では、退役軍人が戦争中の「実体験」によって単位を取得できる。「二重スパイ」として働いたことも「実体験」になるのか、とピートは顔をしかめた。ペイズリーが二重スパイだったというのは、ただの推測にすぎない。ペイズリーの生活は、業界用語で言えば「清らか」なものだったので、その推測の根拠は少しずつ薄まっていった。彼がスパイ行為に手を染めた形跡は見当たらない。

それに、学術の世界でのんびり暮らすペイズリーに、いったいどんなチャンスが舞い込んでくるというのか。

調査を進めるうちに、ペイズリーの妻が大学の学長室での職を見つけたことが判明した。学長が彼女の仕事ぶりを高く評価したことで、大学側は彼女が仕事を続けられるように、夫に全額奨学金を給付すると提案した。それまでペイズリーは、夜と週末にタクシーの運転手として働き、学費とサウスサイドのアパートメントの家賃をまかなっていたので、非常にありがたい申し出だ。ふとピートの頭に、ペイズリーの〝守護天使〟は誰だったのか、という疑問が浮かんだ。

ペイズリーの人生を裏で操っていた人物がいる——その考えはすぐに覆された。ペイズリーは奨学金を受け取らなかった。奨学金の申請書を書くことさえ、かたくなに拒んだようだ。ペイズリーは語気を荒らげてこう言ったようだ。「自分は貧しい家で育ったが、これまで誰かから施しを受けたりはしなかった。これからもそうだ。授業料は自分で稼ぐ」

その主張は、ピートからすると意味のない意地にほかならない。しかし、自分が子どものころを思い返すと、幼いころから苦労を重ねてきたペイズリーの考えが理解できないのも当然だと思えた。幼少期の体験が、ゆがんだプライドを形づくったのかもしれない。

その後も調査を続けたところ、ある情報に行き当たった。その瞬間、パズルのピースが一つにまとまった。

ペイズリーが奨学金を受け取らなかったのはプライドのせいではなく、仕事を続けるための口実が必要だったからだ。夏が来るたびに商船に乗り込み、妻を残して航海に出る理由が必要だったのだ。彼が向かう先は東欧やロシアだった。そして、航海に出るのは大学の休暇の時期だけではなかったようだ。その事実を知って、ピートは興奮を隠せなかった。「ペイズリーは授業を受けずに船で働いていた。一つの学期をまるまる休んだこともあった」と、同級生の一人がジャーナリストに語っている。

ようやくピートにも合点がいった。管理官《ハンドラー》が、ペイズリーの偽りの身分に箔《はく》をつけるために学位を取らせようと考えたのだとしたら、なおさら筋が通る。学業よりも航海を優先したのは当然だ。海外への渡航はペイズリーの本業であり、影の世界で与えられた任務だ。ほかのすべてのことは、偽りの身分をつくり上げるための道具にすぎなかったのだ。

やがてペイズリーは、ソ連の電子工学に関する論文を一〇年かけて書き上げて修士号を取得した。大学を卒業したことで、二つの生き方が一つに合わさった。彼はまもなくワシントンに移った。「仕事がもらえるなら、どんなドアでもノックするつもりだ」と彼は友人たちに語っていたが、本当に志願していた場所は一つだけだ。ドアは大きく開かれ、彼を迎え入れた。

一九五三年一二月、ペイズリーはＣＩＡの情報本部で経済情報担当官として働きはじめた。そこはＣＩＡの「ホワイト・サイド」と呼ばれる部署で、分析官と事務員と思索家が集まっている。密室のなかで極秘のスパイ活動が繰り広げられる作戦本部、通称「ブラック・サイド」からは実質的に遮断された空間だ。モグラが潜入を狙うような場所ではない。ペイズリーへの疑いが一気に崩れたような気がして、ピートは焦りはじめた。

ピートは、一つの仮説に基づいて次のように考えていた。現地工作員《フィールドマン》であるモグラは、ソ連のどこかにいる管理官《ハンドラー》と組んで仕事をしている。したがって、モグラが身を潜めているのは対ソ連のオペレーションを担当する部署だと考えられる。さらに、モグラはSBのトップに近い人物、安定した地位に就いている人物である可能性が高い。なぜなら、通常のSBの職員は現場で活動することが多く、いつ海外に転勤してもおかしくないからだ。ところが、ペイズリーはこの条件にあてはまらない。

ピートは、自分がしてきたことは無駄だったのかと肩を落としながらも調査を進めた。だが、けっして前向きな理由からではない。単にペイズリー以外に候補がいないのだ。

「ホワイト・サイド」でのペイズリーの経歴をたどっていくと、疑惑はますます薄れていった。彼はCIAの電子工学部門でキャリアを積み、ソ連の電子工学に通じる人物として高い評価を得たが、ふつうは技術部門の人間が敵の諜報員と接触することはない。その後、彼はメリーランド州フォート・ミードにある国家安全保障局（NSA）に配属され、ベルリンのソ連通信網の下に掘られたトンネルで傍受された情報を解析するチームに加わった。そのトンネルは巧妙につくられていて、情報収集の成果も上々だったが、集まったのは〝汚れた〟情報ばかりだったことがのちに判明する。トンネルの工事が始まるより前に、MI6に潜伏したソ連のモグラがこの計画を突き止めていたのだ。つまり、ペイズリーがNSAにいたところで、KGBにはなんのメリットもなかった。

NSAで二年間働いたあと、ペイズリーはふたたびCIAに戻され、今度は調査報告部に配属された。この部分を読んだピートは、おそらく深いため息をついたことだろう。調査報告部のことはよく覚えていた。名前のとおり、生真面目な職員たちが黙々と報告書を書き続ける退屈な部署だ。ある意味ではラングレーにおけるシベリアであり、退職するまでの期間を過ごす〝流刑地〟のような場所だった。敵陣でのオペレーションに関する貴重な情報はまず得られないし、モスクワ・センターがわざわざ工作員を送り込むとは思えない。

しかし、資料を読み進めるうちに、ピートは自分が大きな誤解をしていたことに気づいた。調査報告部は思っていたような部署ではなかったのだ。彼は長い間、「敵の重要な情報を握っているのは、実際に危険と隣り合わせで生きている者だけだ」という、ある種の偏見にも似た考えをもっていた。しかし、それは現地工作員《フィールドマン》としてのプライドが生み出した幻想にすぎなかった。「ホワイト・サイド」の職員でありながら、秘密の作戦に深くかかわっている人物がここにいたのだ。

ペイズリーはまず、国務省の職員という偽りの身分を使って数カ月間の東欧出張に出かけた。表向きの任務は、貿易会議に出席しながら、パーティーなどで知り合ったソ連の人間にアメリカの技術力に関する嘘を吹き込むことだ。しかし、ピートもよく知るとおり、二重スパイには二人の主人がいる。すぐれたモグラは両方の主人にうまく仕えるのだ。ペイズリーはＣＩＡの命令に従い、アメリカの電子工学技術にはひどい欠陥があるという話を広めながら、ＫＧＢの管理官《ハンドラー》と何度も接触し、正確な情報を伝えた。

こうした海外での活躍が評価され、ペイズリーはＣＩＡで着実に出世していった。やがて戦略調査部への配属が決まると、戦略問題を分析する役割を担うことになった。それもデスクワークではあったが、ソ連の核開発情報を集めるための情報源やツール、いわば〝お宝〟にアクセスできた。地球を周回するスパイ衛星から得た写真や電子情報から、ソ連に潜入した工作員から届いた情報まで、さまざまな秘密を知ることができたのだ。

ペイズリーは野心に満ちた男だった。責任が大きくなれば、そのぶん多くの情報へのアクセスを要求した。ＣＩＡ流に言えば、彼はすぐに「世界へのクリアランス」を手に入れたというわけだ。ＳＢから遠く離れた部署で働いていたペイズリーが、いったいどうやってＳＢのオペレーションに深くかかわるようになったのか――ピートはその巧妙な動きを夢中になって追った。あるときペイズリーは、ソ連の考えを理解するには、ロシアや東欧諸国からの亡命者と直接話す必要があると主張した。ＣＩＡの対応はまたしても柔軟だった。こうして彼は、キャンプ・ピアリーとアッシュフォード・ファームに迎え入れられた。

ペイズリーには、工作員がソ連から送ってくる人的情報《ヒューミント》へのアクセスも与えられた。通常、職員が手にする人的情報の報告書のなかで工作員の名前が明かされることはない。ピートはＳＢでの経験からそのことを知っている。敵国に潜入している二重スパイの正体が特定できないよう、報告書は配布前に書き換えられるのだ。しかし、ペイズリーのようなパズルの名人なら、報告書を分析し、それを書いた工作員がどこでどのような仕事をしているかを突き止めるなど造作もないことだ。勤務地を絞っていけばいずれ名前を特定できるだろう。いざとなれば、ＮＳＡの昔の同僚に連絡を取って「工作員から届いた生の報告を見せてほしい」と頼むこともできる。ＣＩＡの優秀な分析官である彼が頼めば、相手も納得するに違いない。実に諜報機関の職員らしい仕事の進め方だ。それでもうまくいかないなら、報告書をモスクワ・センターに渡してしまえばいい。連中は裏切り者の正体をすぐに突き止めるだろう。

そこまで考えたとき、ピートの背筋が凍った。ペンコフスキーとポポフも、そんなふうに正体がばれたのではないか。ＫＧＢは、監視人《ウォッチャー》の運がよかったなどという話を意図的に広めているが、そんな話よりもずっと筋が通っている。

ピートの考えには、少なくとも一つの間違いがあった。二重スパイは、機密を知るためにＳＢに潜入する必要はなかった。ペイズリーは「ホワイト・サイド」での工作によって、ＣＩＡで必要な権限をすべて手に入れたのだ。そう考えれば、「モグラは本部で働く人間だ」というもう一つの仮説にも合っている。ピートのなかにささやかな満足感が生まれた。

自信を強めたピートはふたたび追跡作業に戻った。しかしその直後、強烈な不意打ちを食らうことになった。

一九六九年、戦略調査部では論争が絶えない時期だった。鼻っ柱の強いその論争相手は、ニクソン大統領の国家安全保障担当補佐官のヘンリー・キッシンジャーだ。米ソ間で交渉中の本格的な軍備制限条約、ＳＡＬＴＩ（第一次戦略兵器制限条約）が争点になっていた。騒動の渦中にいたペイズリーは、口を開くたびに「キッシンジャーは事実を〝ごまかして〟いる」と言った。

当時のペイズリーには、「国家情報（安全保障）メモランダム」――通称ＮＩＳＭを取りまとめるという複雑な仕事が与えられていた。これは、ヘルシンキで行われるＳＡＬＴ交渉におけるキッシンジャーの主張を伝えるものだ。作業のなかで問題になったのは、ソ連が導入したばかりの〈SAM5〉地対空ミサイルが発見されたことだ。主要都市の周辺に配備されたそのミサイルは、まぎれもないゲーム・チェンジャーであり、ソ連はきわめて強力な対弾道迎撃ミサイル（ABM）で武装していると思われる、というのがペイズリーの主張だった。つまり現在のソ連は、アメリカの攻撃を受け止めたうえで、容赦のない報復に出られるとペイズリーは考えたのだ。

しかし、キッシンジャーの見解は違った。彼はソ連のミサイルを問題視せず、アメリカの攻撃を受け止めることなど不可能だと考えていた。ペイズリーの意見に対し、キッシンジャーは断固としてこう述べた。「きみは敵の科学者たちを過大評価している。連中にミサイルを無効化するなどという高度なことはできない。そんな技術力があるはずがない。〈SAM5〉は最初の攻撃でほぼ一掃できるだろう。報復に出られるほどの余力は残るまい」。さらに、「ペイズリーは超大国間の軍備協定を決裂させるために、根拠のない不安を煽っている」とまで言った。

あれから長い時が経ち、論争の顚末をたどってみると、当時はその問題がどれほど深刻だったかがよくわかった。しかし、ピートにはどうしても理解できないことがある。なぜペイズリーは、これほどまでにソ連の危険性を主張し続けたのだろう。理由がさっぱりわからなかった。もちろん、ペイズリーがCIAの分析官として、責任感をもって本気で職務に取り組んでいたとすれば話は別だ。一方、ソ連のミサイルの脅威を過小評価するはずのないキッシンジャーが、なぜABMは見かけ倒しだと言い切ったのだろう。もしかしたら、すでに真実を知っていたのかもしれない。

　ピートは、防諜員の不安定な心の中にある「鏡の荒野」を意識しながら必死に考えをめぐらせ、いくつもの仮説を立てた。一つは、キッシンジャーが必ず勝つとわかっている状況で、ペイズリーは立場を偽るためにあえてタカ派を演じたのではないか、というものだ。ペイズリーの右翼的な主張は、ソ連に対する忠誠をごまかすための策略だったのかもしれない。かつてMI6に潜入したモグラ、キム・フィルビーも同様の手口を使い、数年にわたって強硬派としての役回りを演じていた。また、ピートが知るかぎり、モスクワは交渉がまとまることを望んでいなかった。交渉が決裂し、しかもその責任をアメリカに押しつけられたとしたら、ソ連は二つの意味で勝利を手にすることになる。あるいは単に、ペイズリーはアメリカ側の仕事とソ連側の仕事の両方をこなそうとしただけという可能性もある。CIAからNISMの作成を命じられ、妻にも愛人にもいい顔をする男のように忠実に職務にあたったのだ。

　これもまた、ピートには解けない謎の一つだった。


　しかし、ソ連のミサイルをめぐる激しい論争の余韻が冷める間もなく、さらに不可解なことが起きた。ペイズリーがCIAを辞めると言い出したのだ。いくつかの報告書にそう書かれていた。

　ピートの頭にまたもや疑問が浮かんだ。いったいなぜなのか。二重スパイとしての重圧に耐えられなくなったのか。対立する大国から下される相反する任務をこなすのに疲れたのか。ある報告には、ペイズリーをよく知る人たちの証言が載っている。そこには、彼が「神経衰弱」状態にあったと書かれていた。

しかし、ＣＩＡはペイズリーを辞めさせなかった。代わりに、彼を一年間、休養のためにロンドンに送り、英国王立国防学院に入学させた。ＣＩＡがときどきそういう処遇を行うことはピートも知っていた。最前線で戦い、疲れ切った職員を、仕事からしばらく遠ざけておくのだ。ペイズリーが上層部から何を言われたのかは想像がついた。「楽しんでこい。家族の面倒をよく見てやれ。しばらく休んだら、また戦場に戻ってくるんだ」

しかし、ロンドンでのペイズリーの動向をたどったところ、ペイズリーが前線から離れたようには思えなかった。目的が本当に骨休めだとしたら、あらゆる部分に違和感がある。

まず、ペイズリーと家族が住んでいたのはグロブナー・スクエアのそばにあるＣＩＡが借り上げたアパートメントで、アメリカ大使館から歩いてすぐのところにあった。しかしペイズリーは、大使館の安全な郵便設備を使わず、グリーナム・コモンに私書箱を設けていた。ペイズリーの死後、ある気鋭の記者が情報公開法に基づいてその情報を入手したとＣＩＡの報告書に書かれている。自宅から八〇キロも離れた場所に私書箱がある――その事実を知ったとたん、ピートの頭の中で警報が鳴った。職業柄、ピートはさまざまなことに勘が働く。その後、グリーナム・コモンにアメリカの核基地があることがわかると、火災警報器が火災を知らせるように音が大きくなった。なぜロンドンの監視の目から離れた場所に私書箱を置く必要があったのか。そしてなぜ、核基地の近くなのか。誰かと影で連絡を取っていたのか。そうだとしたら相手は誰なのか。町から離れた場所に〝レターボックス〟を設けるなど、まさに工作員の手口ではないか。問題は、ペイズリーがそこに何を入れ、何を回収したのかということだ。

答えのない疑問はますます熱を帯びていった。ペイズリーは誰の命令で動いていたのだろう。糸を引いていたのはアングルトンなのか。それとも、モスクワ・センターの上層部なのか。

ピートにはわからなかった。どれほど推理力を働かせても、納得のいく答えは出てこない。しかし、追跡をあきらめるつもりはなかった。

深夜のブリュッセルで机の前に張り付きながら、ピートはある事件を振り返った。彼が「深遠で複雑なストーリー」という曖昧な呼び方をする出来事だ。それは、かつて大失敗に終わったCIAのオペレーションだった。混乱の中で、一人の男が死んだ。ピートがその事件に強い思い入れがあるのは、ペイズリーが絡んでいるという理由だけではない。ノセンコの擁護者であり、ピートの天敵だった保安部の職員が大失態を犯したからだ。

26

一九六六年

戦争の初期、ディック・ヘルムズはCIAの前身である戦略情報局（OSS）に入った。ピートともに働きはじめるずっと前のことだ。彼は、メリーランド州ベセスダにある〈コングレッショナル・カントリー・クラブ〉の芝生のフェアウェイで、命を賭けた戦いとはどういうものかを学んだ。ゆるやかに起伏する広大な土地の上には、赤い屋根のクラブハウスが城塞のようにそびえ立っている。新設のOSSは、そこを接収して訓練所として使っていた。白兵戦の教官のウィリアム・フェアバーン大佐は、訓練生たちから尊敬の念を込めて「デンジャラス・ダン」と呼ばれていた。実際、ダンは数々の伝説をもつ男だった。胴部と手のひらには生々しいナイフの傷跡が残っていた。かつて、上海警察と英国特殊作戦執行部に所属していたときの戦いの名残だ。彼は親指だけで人を殺す方法を一〇以上も知っていた。「フェアプレーなど存在しない。ルールはただ一つ。殺すか、殺されるかだ」というのが決まり文句だった。一方、フィラデルフィア出身のヘルムズは、スイスの寄宿学校とウィリアムズ大学で上流階級としての教育を受けた上品な若者だった。ヘルムズのような人間にとって、ダンの冷徹な哲学は〝啓示〟にほかならない。その哲学について考えるたびに、ヘルムズは集中し、ナチスとの暗く恐ろしい戦いに赴く覚悟ができた。

それから波乱に満ちた二〇年が過ぎたある日、ヘルムズはふたたび〈コングレッショナル・カントリー・クラブ〉にいた。相変わらず不屈の戦士ではあったが、敵はいまやナチスではなく世界共産主義だ。戦後、クラブは裕福なメンバーに返還され、ヘルムズもそこで過ごすようになった。戦後、彼は二つの大きな難題を抱えていた。一つはやっかいな離婚問題だ。当時の妻はそれなりに有名な彫刻家で、髭剃り用クリームで財を成した一族の相続人でもあった。離婚訴訟にあたっては何人もの弁護士を従えていた。だが、その消耗する戦いも、上院議場の外で繰り広げられる予測不可能な内部対立に比べればなんということもない。ジョンソン大統領からCIA長官に指名されたヘルムズは、上院での承認を不安な気持ちで待っていた。

一九六六年六月の心地よい春の朝、悩みの尽きないヘルムズがクラブのダイニングルームで『ワシントン・ポスト』紙の土曜版を開き、二杯目のコーヒーを飲みながらくつろいでいるとき、白い制服を着たウェイターが電話の呼び出しを知らせにきた。その後の展開を考えると、この電話は、デンジャラス・ダンの「殺すか、殺されるか」という哲学が、布告された戦争だけでなく静かな戦争にもあてはまることを示すものだった。事件の顚末を振り返ったピートも、仲間の二重スパイが捕まって殺害されたのはモグラのせいだろうかと考え、怒りを覚えた。

「私の名はイゴール・ペトロヴィッチ・コチノフです」。その朝、ヘルムズが電話に出ると、なまりの強い声が聞こえてきた。「ワシントンのソ連大使館で、貿易担当外交官として働いています。しかし、それは本当の仕事ではありません。本当はKGBの少佐で、KRに所属しています」

KRとは、KGBの第一総局防諜部門「コントラ・ラズベドカ」のことだ。ヘルムズは警戒しながら黙って話を聞いた。

CIAが知りたい情報をもっています、と相手は深いバリトンの声で言った。

ヘルムズは電話を切ろうか迷った。いたずら電話の可能性は大いにある。ソ連は、これからCIA長官に就任する男に恥をかかせるつもりなのかもしれない。意地の悪いジャーナリストと同じやり口だ。しかし、もし本物だったら――。根っからの現地工作員《フィールドマン》のヘルムズは、獲物を追うときの興奮を感じはじめていた。

「なぜ私がここにいるとわかった」ヘルムズはようやく口を開いた。ひとまず、考えをまとめるために時間を稼ぐつもりだった。

相手は最初、ジョージタウンのヘルムズの自宅に電話をかけていた。電話に出た妻が、このクラブにかければ夫と連絡が取れると伝えたようだ。電話の相手は一呼吸置くと、挑発するかのようにこう言った。「奥様のことは実にお気の毒です。早く足の具合がよくなるといいのですが」

ヘルムズの妻のジュリアは、つい最近、絵をかけようとして梯子から落ちたばかりだった。この男はそのことを知っている。さらにいえば、自宅の電話番号まで知っている。ヘルムズはまだ半信半疑だったが、はっきりさせようと思った。

「要件はなんだ」とヘルムズは尋ねた。答えは必ずしも重要ではないが、相手が本当にKGBの少佐なのかを確かめる手がかりになるかもしれない。話を続けるかを決める前に、もっと裏を取る必要がある。それに、軽率な判断をすれば、長官への指名が取り消されかねない。

電話の相手はヘルムズの様子を察したようで、なんとかして誠意を示そうとした。電話を切られないかと心配するように、早口で、以前にCIAとコンタクトを取ろうとしたときの経緯を詳しく語った。パキスタンにいるガスというCIA職員に連絡を取って話をしたことがあるが、だんだん不安に襲われ、結局待ち合わせ場所には行かなかったと男は言った。

ガスというのは、実際にパキスタンに駐在する職員、ガードナー・ハサウェイの偽名だ。そしてヘルムズとハサウェイは古くからの友人だった。偶然なら気にする必要はない。だが、次期C

IA長官を罠にかけるために下調べをしたという可能性もある。どちらであってもおかしくはないのだ。胸がざわつくのを感じながら、彼はわずか数秒の間に答えを決めた。

電話の相手は、中途半端なことはしたくないと言った。すぐに会うか、これで終わりにするかを選んでほしい、と。

「二時間後、この番号にもう一度かけてくれ」とヘルムズは言った。「待ち合わせ場所を教える」

ピートからすると、次に起きたことが間違いだった。その間違いこそ、ほかのすべての間違いを引き起こす原因になったのだ。この一件が失敗に終わるのも当然だ。

しかし、激しい怒りを覚える一方で、その決断に至ったロジックはピートにも理解できた。一九六〇年代、CIAには暗雲が立ち込めていた。ポポフとペンコフスキーの正体が敵に知られたことで、疑心暗鬼はつのる一方だった。しかも、ノセンコへの容赦ない尋問をめぐって、賛成派と反対派の間では毎日のように非難が飛び交っていた。

アングルトンやロッカをはじめとする職員は、こうした事態をもたらしたのはモグラだと確信していた。問題は、モグラがSBに潜んでいると彼らが考えたことだ。そのために、ピートにも厳しい疑いの目が向けられ、論理の破綻した嫌疑のせいでキャリアを傷つけられたのだ。時が経ったいま、ピートもようやく当時の状況を俯瞰できるようになった。自分が「腐ったリンゴ」だと疑われたことはいまだに許せなかったが、その経緯は少なからず理解できた。結局ピートも、かつて自分を非難した者たちと同じ結論に至っていたのだ。モグラはソ連圏部で一定の権力をもつ人物に違いない、と。

電話のあと、ヘルムズが最初に話をした相手はアングルトンだった。コチノフと名乗った男から電話がかかってくるまで二時間足らずしかない。アングルトンが驚異的な速さで仕事をこなしたことはピートも認めていた。彼はまず、ワシントン北西部にあるソ連大使館の近くにある隠れ家《セーフハウス》の管理人に連絡し、部屋を整えさせた。ウォッカを氷で冷やしたり、テープレコーダーの音声録音を作動させたりと、必要な準備はいくつもある。次に、FBIにも連絡を入れた。国内での防諜オペレーションが絡む以上、FBIの捜査官にも出てきてもらわなければならない。そして最後に、ロッカと秘密作戦主任のデズモンド・フィッツジェラルドに電話をかけた。SBの誰にもこの会合を知らせない、ということで三人の意見はすぐにまとまった。「ソ連圏部にはすでに敵が入り込んでいる。もし詳細をSBの部員に伝えれば、コチノフが隠れ家《セーフハウス》に到着する前に敵に気づかれるかもしれない」というのが共通の認識だった。

当時、SBの防諜主任だったピートにさえ知らせなかったことについては、数年後にアングルトン自身が謝罪をしている。ピートは潔くかつての同僚を許し、細心の注意が必要だったことに理解を示した。ただし、アングルトンが次に取った動きについては、「不可解であり、致命的だった」と語っている。あれから長い時間が経ったとはいえ、見過ごすことも許すこともできなかった。「このように重要な情報源の価値を見極め、最大限に利用するには、SBの経験と知見が欠かせない」とピートは考えていた。だが、アングルトンがそう考えていなかったとわかって、ピートのプライドは大いに傷つけられた。加えて、保安部がこの仕事を担当したことも我慢ならなかった。現地工作員《フィールドマン》はわずかな痕跡しか残さない。予測するのはむずかしく、同じ現地工作員《フィールドマン》でなければまず対処できない。CIA内部に敵が潜入していないかを嗅ぎまわるだけの保安部の手に負えるはずがないのだ。そして、何より許せなかったのは、アングルトンがコチノフの管理官《ハンドラー》に選んだのが、保安部のブルース・ソリーだったことだ。

ピートはソリーのことをこう評している。「ソ連について表面的な知識しかなく、KGBのことをほとんど知らない。外国人工作員を扱った経験もない」。のちにソリーはノセンコを放免し、自分の「無知さ」をいっそうさらけ出すことになる。その一件を経て、ソリーはピートの〝宿敵〟になるのだが、それはまだ先の話だ。このときのピートは単に、ソリーをコチノフの管理官《ハンドラー》にするという不可解な決定に腹を立てただけだった。

アングルトンからヘルムズに連絡がいったのは予定時刻の数分前だった。ソリーを管理官《ハンドラー》にすることも含めて、彼はオペレーションの詳細を伝えた。午後二時ちょうどにコチノフがクラブに電話をかけ、ヘルムズを呼び出したときにはもう、破滅へのカウントダウンは始まっていたのだとピートは思った。

諜報の世界では、駆け引きのことを取引《ディール》と呼ぶ。つまり、相手が提供する貴重な情報に対して、なんらかの対価が必要になる。金、西側での新たな生活、英雄になるチャンス……どのようなものであれ、相手は相応の見返りを求めている。その日の午後、コチノフがワシントンの隠れ家《セーフハウス》でもちかけた提案が魅力的なものだったことはピートも同意できる。

コチノフの前には、ソリーと、FBI捜査官のバート・ターナーがいた。大柄なターナーは、長年にわたって防諜を担当してきたベテランだ。コチノフは状況をよくわかっていたようで、最初から突拍子もない提案をもちかけたりはしなかった。そんなことをすれば、最初から疑いの目を向けている相手を一歩引かせてしまう。彼は巧妙に、着実に坂を登っていく計画を順序立てて説明した。話が終盤に向かうにつれて、ソリーとターナーの関心は一つのことに向けられた。コチノフは、いったいどんな情報を提供するつもりなのだろう。

報告によると、彼らのやりとりはだいたい次のようなものだった。まずコチノフは、アメリカでの任務は一時的なもので、任期はもうすぐ終わると言った。

それを聞いた二人のアメリカ人は、コチノフは亡命を求めるつもりだと考えた。その場合の話の進め方は事前に指示されていた。提供する情報しだいでは亡命を認めてもいい、と答えるのだ。ところが、コチノフの口からは予想外の言葉が飛び出してきた。二重スパイとしてソ連に戻りたい、と彼は言った。コチノフの目的は、モスクワ・センターでCIAの工作員として働くことだったのだ。

二人はその提案に食いついた。敵の懐にスパイを潜り込ませられたら、諜報活動において非常に有利になる。

しかし、コチノフの話はそれだけではなかった。彼は、KGBでキャリアを積んだら、間違いなくまたワシントンに戻ってくると語った。一年後か二年後かはわからない。しかし、次にワシントンに駐在するときは、自分が防諜の責任者になると断言した。

ＫＧＢがアメリカに対して仕掛ける悪事のほぼすべてを掌握する人物を操る――信じられないほど魅力的な考えだ。二人が呆然と聞き入ってしまうのも無理はない。そのうえ、コチノフはもう一つ大きな隠し球をもっていた。

彼は急に勢いづいて話を続けた。「ワシントンで防諜責任者の任務をまっとうして、無事にソ連に帰ったら、功績が認められて喝采を浴びるのは間違いない。その後はモスクワ・センターの大テーブルの席を用意してもらえるだろう。もちろん、どこまで出世できるかはわからない。そこまでは責任がもてない」。コチノフは賢明にも、最後の点については言葉を濁した。

目もくらむような話だ。ソリーとターナーの想像は間違っていない。コチノフがモスクワ・センターの幹部になり、多大な権力をもって廊下を闊歩する未来が見えた。その男はアメリカのスパイなのだ。敵の王国の扉を開く鍵が目の前にぶら下がっていた。

このゲームの進め方は二人ともよく知っていた。コチノフが成功するためには、自分が一流のスパイだと上司に証明する必要がある。仕事で成果を上げれば、そのぶん彼は出世する。つまり、コチノフには立派な土産を渡さなければならない。すばらしい品でなくてもかまわないが、がらくたを渡すわけにはいかない。モスクワ・センターの連中がコチノフの背中を叩き、「この男を人民委員《コミッサール》にすべきだ」と叫ぶ程度には魅力的なものを用意するのだ。

モスクワ・センターに二重スパイを送り込めるというならいくらでも土産を手配しよう、とソリーとターナーは言った。二人は喜んでコチノフの後援者になるつもりだった。

だが、輝かしい未来が見えたと思った瞬間、コチノフはとつぜんギアを変え、見返りに何がほしいかを明かした。そして、「それを手に入れるために自分はここにいる」と強調した。彼がしてきたすべてのことは、その要求を持ち出すために用意されたものだった。

コチノフによると、KGBが彼をアメリカに送り込んだ理由はただ一つで、その目的さえ達成すれば今後のキャリアは約束されたようなものだという。

彼の任務は、過去六年にわたってアメリカに潜伏しているソ連の亡命者を勧誘することだった。亡命者の名はニコライ・アルタモノフ。現在はニコラス・シャドリンという名前でアメリカの市民権を与えられている。亡命当時、三〇歳だったシャドリンは、ソ連海軍史上最も若い駆逐艦の司令官で、誰もが認める期待の星だった。しかし、妻と二人の子どもがいたにもかかわらず、彼は九歳年下のポーランド人医学生と恋に落ち、二人で小さな船に乗り込んでバルト海を渡り、スウェーデンに亡命を求めた。その後、スウェーデンからアメリカに引き渡されたシャドリンは、大いに歓迎され、海軍情報局の重要な地位を与えられた。だが、そのポジションは長くは続かなかった。彼がもつソ連海軍の情報もしだいに時代遅れになり、最終的に国防情報局（DIA）で退屈な事務作業を任されることになった。

シャドリンは、神に見放され、かつての〝期待の星〟としての栄光を失い、どん底の人生を送っていることに心からの怒りを覚えていた。そのことを知ったKGBは、ふたたびシャドリンを自分たちの側に勧誘しようと考えたようだ。そして、その第一歩として、コチノフを取引《ディール》に向かわせた。シャドリンはこのままアメリカに留まらせ、DIAの情報を流してもらう。しっかり働いてくれたらソ連に戻るのを認めよう——それがコチノフの上司たちが出した条件だった。

「助けてほしい」とコチノフは言った。「シャドリンを勧誘するのを手伝ってくれ。最悪、シャドリンに戻るふりをしてもらうだけでも、上層部をなだめるにはじゅうぶんだ。うまくいけば、あんたたちの望みをかなえられる」。コチノフは頭を下げて懇願した。

理由がわからない。

アングルトンは、CIA本部に戻ってきたソリーにそう言った。アメリカに亡命した裏切り者をふたたび勧誘するのを手伝ってほしいというコチノフの提案は、誰も予想していないものだった。なぜKGBは、たった一人の亡命者を帰国させるのにそこまで熱心なのか。シャドリンが握っているソ連海軍の戦略や手法に関する情報は、いまではなんの価値もない。実際にアメリカ海軍も、この男にはもはや利用価値はないと見限り、退屈な仕事場に追いやっている。

一つ考えられるのは、ソ連がシャドリンの亡命によって大恥をかかされたという説だ。あれほど注目を浴びた海軍士官が、西側で暮らすために自分のキャリアを捨てたとなれば、それに続こうと考える者が現れてもおかしくはない。ソ連側が不安に包まれたことは容易に想像できる。だが、もしシャドリンをモスクワに連れ戻せたらどうだろう。アメリカでの暮らしなど取るに足らないものだと示す証人になるはずだ。また、軍隊の規律を高めるという効果もあるだろう。さらに、ソ連に忠誠を誓うのは合理的だとアピールすることにもつながる。アメリカの暮らしよりもこちらの暮らしのほうがずっといい、と民衆に信じ込ませられるのだ。

あるいは、すべては報復のためだという考え方もある。シャドリンをモスクワに連れ帰って処刑すれば、ＫＧＢの力が及ぶ範囲がどれほど広いかを誇示できる。それは、亡命を企てようとする者への警告になるに違いない。「おまえのことは絶対に忘れない。どこへ逃げようといつかは連れ戻す」と。

アングルトンはソ連の狙いに思いをめぐらせたが、やがて考えるのをやめた。やつらが何を企んでいるかなどどうでもよかった。ロッカのほうは、コチノフは嘘をついていると考えた。ＫＧＢが彼を派遣した目的は、ＣＩＡの周辺を嗅ぎまわり、〝モグラ狩り〟がどこまで進んでいるかを確認し、さらにノセンコと連絡がつかなくなった理由を突き止めることだ、というのがロッカの見立てだった（ノセンコがキャンプ・ピアリーで尋問を受けていることは隠されていた）。もしそれがソ連側の狙いだとしたら、アングルトンは迎え撃つつもりだった。やられたことはやり返す。コチノフに偽情報を流し、敵が何を知っていて、何を知らないかを把握するのだ。

一方で、ターナーとソリーはアングルトンとは異なる考えをもっていた（ソリーは保安部所属なのでアングルトンに従う義務はなかった）。二人はコチノフが〝本物〟だと信じ、モスクワ・センターの人間を味方につけるという野望に目がくらんでいた。

いずれにしても、やるべきことは一つだった――いまやアメリカの市民権をもつシャドリンに、ソ連に戻りたがっているかのように演技をしてもらうことだ。

「好きにするといい」。アングルトンはぶっきらぼうな態度で同意した。シャドリンを説得したいのならそうすればいい、と。しかし彼は、工作員を扱った経験のない保安部職員に一つだけ忠告を与えた。「何をするにせよ、シャドリンをアメリカの外には出すな。やつを捕らえるチャンスをＫＧＢに与えるな」

こうして、正式な決定が下された。まずソリーたちはシャドリンに接触し、コチノフに協力するふりをすることに同意させた。おそらくシャドリンは、退屈なＤＩＡの仕事にうんざりしていたこともあり、二重スパイを演じるというスリルに惹かれたのだろう。ソリーたちはコチノフとシャドリンを引き合わせ、次の段階へと進んだ。

「失うものなどないと思った」――この計画にかかわったＦＢＩ捜査官の一人は、達観したように肩をすぼめてそう言った。


このオペレーションには〈キティホーク〉というコードネームがつけられた。ＦＢＩ捜査官の一人が休暇のときに訪れる、ノースカロライナ州アウターバンクスのビーチにちなんだ名前だ。最終的に、オペレーションは一〇年近く続いた。

コチノフは「シャドリンの勧誘に成功した暁には輝かしいキャリアが待っている」と言ったが、その約束が実現することはなかった。二人を引き合わせて少し経つと、別のＫＧＢの男がシャドリンとの窓口になった。コチノフはそのままモスクワに帰り、二度と姿を現さなかった。少なくとも、ＣＩＡは彼の消息を知らない。

振り返ってみると、コチノフはＫＧＢの回し者だというアングルトンの直感は正しかったのだろう。そして、「シャドリンに渡す情報がＣＩＡによる偽情報だということはコチノフには黙っておく」というソリーとＦＢＩの判断も正しかったといえる。盗み出したメモや最高機密文書から、どうでもいいようなゴシップまで、シャドリンがKGBに伝えた情報はすべてCIAがでっち上げたものだった。シャドリンは、ソ連の海軍能力に関する評価、ソ連が黒海で行ったミサイル実験についての分析、ソ連のミサイル実験場にアメリカのスパイが潜入しているという情報などをソ連に提供したが、どれも嘘だ。何年もの間、一つのチームが頭を絞って、ソ連に混乱をもたらすための偽情報を用意し続けたのだ。

偽情報を検査する責任者として、ソリーは一人のCIA職員を指名した。その男は、シャドリンが亡命してまもない時期に、アッシュフォード・ファームで直接顔を合わせている。それがジョン・ペイズリーだった。

シャドリンをアメリカの外に出すな、ソ連側の人間とはけっして会わせるな――アングルトンはそう言っていた。SBの職員であれば、全員がその警告に従ったに違いない。しかし、ちょうど疑惑をかけられていたSBのなかに〈キティホーク〉にかかわる者はいなかった。決定権をもつのはソリーとターナーだった。そして一九七五年一二月、諜報戦での大勝利を目の前にちらつかされた二人は、その誘惑に抗えなかった。

そのとき、シャドリンはKGBの担当者からウィーンに行くよう命じられていた。そこで最新式の無線機の操作方法を教わり、今後はそれを通じて報告しろという話だった。さらに、ウィーンに滞在する間に、今後アメリカで窓口になる人物――すでにアメリカに非合法《イリーガル》として潜入している人物――に会うことにもなっていた。

その話を聞いたソリーは、荷造りを始めるようシャドリンに言った。ＫＧＢが使う最新の無線機の情報に加え、非合法《イリーガル》の正体もわかるかもしれないとなれば、話に乗らないわけにはいかない。ソリーはこう言った。「おれたちがついてるから心配するな。ウィーンにいる間は、ずっと背後に隠れておまえの動きを見守っててやる」

クリスマスを迎える数日前、シャドリンは妻のエヴァを連れて、ウィーンのオペラ座のすぐそばにある重厚な〈ホテル・ブリストル〉にチェックインした（このホテルのダイニングで出てくるターフェル・シュピッツを思い出すと、ピートは思わずよだれが出そうになる）。シャドリンは、「ちょっとした用事がある」と遠まわしに言った。エヴァは夫の仕事についてはあまり詮索しなかった。とにかく、仕事が落ち着いたら行くことになっているツールスでの一週間のスキーが楽しみだった。

ウィーンに着いてから三日目の午後六時半、シャドリンはエヴァに別れのキスをすると、ヴォティーフ教会の下でロシアの友人と待ち合わせていると言って出かけていった。街の中心にそびえる双子の尖塔《せんとう》をもつゴシック様式の教会のことだ。「少し遅くなる。そのあとで夕食にしよう」と彼は約束した。

だが、シャドリンが帰ってくることはなかった。彼の遺体はいまだに発見されていない。

どこに裏切りがあったのか。

ＫＧＢは最初から報復するつもりだったのか。それがコチノフの目的だったのか。「いずれＫ

GBの幹部になる」という話をしたのも、シャドリンを誘い出すための罠だったのか。それともソ連側は、どこかの時点で、シャドリンが提供する情報に違和感を覚えていたのだろうか。どれもできすぎている、何かがおかしい、と気づいたのだろうか。シャドリンが自分たちをだまし、偽情報を流していると疑っていたのだろうか。

あるいは、KGBが本気でシャドリンの勧誘に成功したと考え、受け取る情報をすべて本物だと信じていたとも考えられる。しかし、彼が無謀にもソ連の狩場にまでやってきたために、恨みをもつ誰かに襲われたのかもしれない。

最後に、ピートの最終的な推測ではあるが、ペイズリーがこの作戦に絡んだ瞬間に時限爆弾が時を刻みはじめた可能性もある。ペイズリーは、その爆弾をCIAの目の前で爆発させるつもりだったのかもしれない。だが、シャドリンをウィーンに向かわせるという無謀な決断が下されたことで、モスクワ・センターは無理矢理ヒューズを抜いたのかもしれない。

いくつもの欺瞞が入り組むなかで、〈キティホーク〉作戦は恐ろしい結末を迎えた。ピートはあらためて、自分の考えが正しいことが証明されたと思った。モグラはモグラで捕まえる。この教訓は、こちら側にも相手側にもあてはまる。シャドリンはおそらく、CIAに潜むモグラに裏切られたのだろう。まだ仮説の段階だが、ピートはすでに確信しつつあった。

殺すか、殺されるか——OSSの教官が新米職員に叩き込んだ教訓は、あらゆる戦いの鉄則だ。そしてこの哲学は、シャドリンをはじめ、冷戦で犠牲になった人たちにも言えることだ。そう思うと、ピートの心は痛んだ。もはや後戻りできないところまで来ていた。すべてを明らかにしなければならないと彼は思った。

27

〈キティホーク〉事件を振り返ったのと同じ週の晴れた日、ピートはワーテルローの戦場にそびえるライオン像の丘の急な階段を上った。青空の下にいるだけで気分がよくなる、とピートはよく友人に語っていた。ライオン像の丘は、一〇〇年以上も前、戦場のあちこちで集めた褐色の土を固めてつくられたもので、頂上まで二二六もの階段がある。大変ではあったが、ピートはその階段を上るのが好きだった。それに、自分の考えを整理する時間にもなった。

ピートには気になることがあった。彼は当時、そのことについてよく話していたし、文章にも残している。内容は次のようなものだ。ソ連がシャドリンを使っていたとき、つまり彼が手に入れる情報が〝偽物〟だと発覚するより前、シャドリンには管理官《ハンドラー》があてがわれていた。最初はコチノフがその役を務め、途中で別の男が引き継いだ。これはモスクワ・センターの伝統的な手法だ。モグラは別のスパイと組んで動く。つねに二人一組で行動するのが彼らのやり方なのだ。一九二〇年代に初めてエストニアにモグラを送り込んで以来、あの国の諜報機関はその手口を使い続けている。モグラを潜入させるのがどれほど危険な作戦かは、ピート自身もよく知っているし、ソ連側も当然わかっている。だから、モグラの活動を支え、問題が生じた際はすぐに報告し、可能なら問題を解決するために、なんらかの手を講じているはずなのだ。二重スパイのそばには必ず守護天使がいる――それがピートの考えだった。

だが、ペイズリーは誰と接触していたのだろう。ペイズリーがモグラだとしたら、いったい誰と組んでいたのか。

ＣＩＡの人間なのは間違いない。内部の者でなければ、ペイズリーが必要とする貴重な情報を迅速に提供することはできないからだ。たとえば、アングルトンや保安部の職員がモグラに勘づいたとか、すでに追っ手が迫っているといった情報は、外部の人間にはわからない。モグラが沈む前に命綱を投げ入れられるのは組織の人間だけなのだ。

しかし、管理官《ハンドラー》であれ単なる連絡係であれ、ペイズリーの命綱を握る人物がＣＩＡにいたという説には、一つ問題があった。

どう考えても不可能なのだ。

そもそも、「一匹のモグラが入り込んでいる」というだけでも現実味がない。二人の裏切り者が連携していたなど、ありえない話に思えた。

だが、そう考えないことにはオペレーションが成り立たない。もちろん、ピートを非難する者たちが言うように、ピートの懸念や疑念が「偏執病的な妄想《パラノイア》」にすぎないとしたら話は別だ。実際、ピートの考えには数えきれないほどの間違いがあった。認めたくはないが、それは事実だ。

ふと、なぜ自分がここまでしなければならないのかという気持ちがわいてきた。必死に守ろうとしてきた組織に対する怒りを、ピートはどうにか押し殺した。

丘の頂上に着くと、頭から離れなかった疑問が消え、薄れかけていた自信が戻ってきた。ピートはいつものように、多くの兵士が命を落とした戦場を見渡し、責務と名誉のために捧げられた命に思いをめぐらせた。代々受け継がれてきた軍人家系の誇りと、みずからの強い愛国心を思い出し、自分がどんな責任を果たすべきか、誰のために果たさなければならないのかを考えた。彼の職務は、軍人である父や兄たちのそれとは異なるが、責任感と正義感という点ではけっして劣ってはいない。ピートは背筋を伸ばして遠くを見つめた。「裏切り者を見つけ出す」という任務を長らく支え、みずからの考えをここまで強固にできたのは、彼自身の主義と信念と気概のおかげだ。しかしいま、それらは複雑に絡み合い、迷路を形づくっている。ピートの思考は、迷路をあてもなくさまよっていた。

彼は静かに内省にふけったが、その時間は長くは続かなかった。いきなり現実に引き戻された。後日、友人に対して「気づいたら追跡作業の真っただ中にいた」と語っている。

そのとき、ピートははっきりと理解した。CIA内に協力者がいた。相棒がいたのだ。その人物がペイズリーの相談相手として、ベビーシッターとして、守護天使として暗躍していたのだ。KGBの将校が「一流のスパイ」だと賞賛した工作員。アメリカで二一年間の秘密活動に従事し、モスクワ・センターからその功績を高く評価された男。FBIに捕まったときに、ソ連が帰国させるための取引を行ったほどの人物だ。

カール・ケッヘルの経歴は、以前ピートが調べたとおりだった。CIAに潜入し、ソ連圏部の翻訳・分析ユニットで働き、のちに契約職員になった。この男なら、ソ連に潜入した工作員から送られてくる報告書、盗聴記録、亡命者の尋問の記録といった、ＳＢがかかわるほとんどの機密にアクセスできた。

ケッヘルがペイズリーの協力者だったというのは、論理として完璧だ。オペレーションの観点からすると、これ以上ない組み合わせだろう。ピートはいまいましく思うと同時に、感心せざるをえなかった。二人ともアメリカを拠点として活動していた。それどころか、すでにＣＩＡの内部に潜り込んでいたのだ。

ピートの頭に、またしても衝撃的な考えが浮かんだ。ピートが過去に立ち戻り、この旅を始めたのは、一見すると無関係な二人――モスクワのオゴロドニクとチェサピーク湾のペイズリー――の〝自殺〟がきっかけだった。だがもし、この二人のスパイのオペレーションがどこかで絡み合っていたとしたら、二人の死にもなんらかのつながりがあるに違いない。ピートは、自分でも気づかないうちに、そのつながりを直感的に理解していたのか。二つの死が最終的にたどり着く場所に、最初から気づいていたのだろうか。

疑惑や直感はさておき、証明するのはまた別の次元の話だ。その作業こそが何よりもむずかしい。まずは、ケッヘルとペイズリーの間につながりがあったことを確かめなければならない。波乱に満ちた二人の人生がどこで交わったのか。二匹のモグラにどのような接点があったのか。その謎を解き、自分の仮説を証明する必要がある。

ピートは、気持ちを新たにしてライオン像の丘を下りた。上る前よりもずっと前向きな気持ちになり、自信も戻ってきていた。二二六段を下りるのが一瞬に感じられるほど、新たな課題に集中していた。

二人にはなんらかのストーリーが必要だ。それも、非の打ちどころがないようなストーリーだ。ライオン像の丘の上で考えを一新してからの数週間、ピートはその推論を基に徹底的に考えを掘り下げた。ケッヘルとペイズリーは、頻繁に顔を合わせても不思議に思われないようにしなければならない。誰が、どんなふうに見ても怪しまれないような理由があったはずだ。ペイズリーに危険が迫ったときに即座に知らせられるぐらい、密にコミュニケーションを取っていたに違いないのだ。

二人の出会いは、はたからは偶然にしか見えないものだったのだろう。わざとらしい設定を用意するとは思えない。ピートの考えが正しければ、この二匹のモグラはプロの詐欺師集団を騙そうとしていた。生半可な策略ではすぐに見破られてしまう。

ピートが最初に考えたのは、二人の仕事上の接点を洗い出すことだった。二人の経歴の共通点に目を向けると、どちらもソ連からの亡命者を扱っていたことがすぐにわかった。とはいえ、ペイズリーはアッシュフォード・ファーム やキャンプ・ピアリーで生身のロシア人に質問を浴びせるのが仕事だったが、ケッヘルのほうは、亡命者と直接顔を合わせたりはしなかった。せまい部屋にこもって、ヘッドホンを通して会話の録音テープを聞くだけだ。

それでも、二人の職務に多少の共通点があるのは確かだ。その気になれば接点をもつことも不可能ではない。たとえばペイズリーなら、「シャドリンの結果報告《デブリーフ》に関して気になることがあるんだが、こちらの勘違いかもしれない。実際のテープを聞かせてもらえないだろうか」と頼むことだってできたはずだ。そうすれば、ケッヘルが働くヴァージニア州ロスリンの〈AE／スクリーン〉に駆けつける口実ができる。その後、廊下や男子トイレでたまたまケッヘルと出くわしたように見せかければいいのだ。しかし、ペイズリーがそのように何度も〈AE／スクリーン〉に出入りしていれば、いつか不審に思う人も出てくるだろう。そもそもスパイだらけの建物なのだ。ペイズリーとケッヘルの動向に違和感をもつ人が出てくるまでに長い時間はかからない。点と点を目にしたとき、それらをつなぎ合わせて線にするのがプロというものだ。ほんの少しの違和感さえもたれてはならない。さらにいえば、緊急の用事があったときに、わざわざロスリンに向かうというのも考えにくい。そうした数々のデメリットがある以上、この説はまずありえないとピートは思った。

また、もう一つ重要なパズルのピースがあった。ケッヘルは、〈AE／スクリーン〉での仕事を離れたあと、すぐに戦略調査部（ＯＳＲ）に移っている。そしてペイズリーは、三〇〇人ほどのスタッフを擁するその部署の副部長を務めていた。ケッヘルがＯＳＲに移動するにあたって、ペイズリーが手をまわした可能性は大いにある。しかし、二人の仕事内容はまったく違ったので、定期的に接触するのはむずかしい。単なる友人を装うことはできたかもしれないが、そうすると人目につきすぎる。

ピートはあれこれと思案を重ね、最終的に「この二人の接点は仕事とは関係ないところにあった」と確信した。ＣＩＡにおける彼らの領域は大きく異なる。仕事中に自然に接触するのは不可能だ。偽装工作で最も大事なのは「自然さ」だというのは二人も当然知っている。

では、ほかにどんな接点が考えられるだろう。彼らが折を見て接触し、他愛もない言葉を交わしても不審に思われないためにはどうすればいいのか。ピートは、何十年も前にウィーンに駐在していたころ、上司のウィリアム・フードに叩き込まれた戦時中のＸ－２の戦術を思い出した。いいいいいいいいいいつま先立ちで近寄る音よりも、ふつうの足音のほうが注意を引かないいいいは、「怪しまれたくないならこそこそするな。あえて人目につくようにやれ」ということだ。ピートはその教えに従い、焦点を合わせ直した。

ケッヘルとペイズリーはどこで会っていたのか。巧妙な工夫は必要ない。よくあるような口実でいい。ピートは、二人のプライベートに目を向けて、人と接するような趣味や習慣がないかを探した。ピートもよく知るとおり、どんなスパイにも私生活がある。できるだけ個人的で、できるだけ身近なもの。ごく自然に顔を合わせ、他愛もない話ができるような何か。そこに答えがあるはずだ。

ピートは考えうるシナリオを頭の中でリストアップして、一つずつ検証していった。同じ精神科医に診てもらっていたのか。同じ教会に通っていたのか。ＡＡミーティングに参加していたのか。子どもが同じ学校に通っていたのか。いずれも接触する口実にはなる。だが、二人にそのような共通点はなかった。ペイズリーとケッヘルは、まるで別の惑星に住んでいるかのように違う生活を送っていた。〝欺瞞〟以外には何も重ならない。おれは何を見落としているんだ、何が見えていないんだ――ピートはふたたび自問した。

そして、ついに一つの説に行き着いた。ペイズリーは、仕事以外の時間の大半を船に費やしていた。もしかしたら、ケッヘルも船乗りだったのではないか。そう考えると、同じマリーナにボートを係留していたとか、同じ海域で船に乗っていたとか、同じマリンショップで買い物をしていたとか、さまざまな可能性が見えてくる。ピートは、ようやく何かをつかんだと思った。間違いない。すぐに証拠を探そう。二人を結びつける何かが見つかるはずだ。

結局、何も見つからなかった。ピートにとっては最も理にかなった考え方であり、仮に自分が二人の上司だったらこの方法を採用しただろうとさえ思った。だから、あきらめずに証拠を探し続けた。

だが最後には、ピートは自分が間違っていたと認めざるをえなかった。ケッヘルは船乗りではなかった。ボートを持っていないばかりか、そもそも好きではなかったようだ。ピートが調べたかぎりでは、生まれてこのかたボートに乗ったことさえないらしい。

では、ケッヘルの趣味はなんだったのか。仕事以外の時間、西側の仕事からも東側の仕事からも解放された自由な時間をどうやって過ごしていたのか。

ピートは、これまでに集めたケッヘルに関係のある本や新聞の切り抜きなどにあらためて目を通した。あきらめるつもりはなかった。根気よく探せば、きっと何かが出てくるはずだ。

ところが、見つけるのに時間はかからなかった。

ケッヘルはパーティーが好きだった。ケッヘルと妻の奔放な恋愛事情はメディアの格好のネタになったし、ある下劣なタブロイド紙は彼を「乱交スパイ」と呼んでいた。ケッヘル夫妻は、ワシントン周辺のプライベート・クラブや個人宅で開かれるパーティーを渡り歩き、部屋いっぱいに敷き詰められたマットレスの上で、豊満な胸と裸の尻をあらわにした参加者たちと夜通し戯れた。記者たちは、欲望にまみれた夫婦の暮らしぶりを熱心に暴いていった。ペイズリーにも同じ趣味があったとは考えられないだろうか。彼もまた、欲望に従って生きる一人だったのではないか。

フードのひねくれた論理によると、「裸は偽装の役に立つ」。裸の人間が何かを隠しているとは思われないからだ。ピートは、好きな詩人が書いた一節を思い出した。「私にとって人生の目的とは、みずからの職業と天職を一つにすることだ」。彼らはまさに、無秩序な人生の乱れた営みを一つに結びつけたのだ。まさかセックス・クラブでモグラを探すとは――ピートはうんざりした気分になった。

それでも（もちろん一定の距離をおいたが）彼はその道を調べた。最初は面食らったが、考えてみるとおかしなことではないのかもしれない。もしペイズリーがモグラなら、彼の忠誠心はあらゆる意味で正常ではない。彼の内面では、危険と欺瞞と秘密が渦巻いているのだろう。性生活が混沌としていたところで驚くにはあたらない。正常さを欠いた人間は、あらゆる面においてまともではないのだ。

思ったとおり、証拠は見つかった。多くのジャーナリストが集めた情報から、ペイズリーもワシントンのセックス文化にのめり込み、頻繁にパーティーに参加していたことがわかった（最初に画期的な調査を行ったのはジョー・トレントだった）。ときには個人宅での集まりに、ときには〈キャピタル・カップルズ〉や〈ヴァージニア・イン・プレイス〉が企画する優雅なパーティーに、ときにはメリーランド州プリンス・ジョージズ郡にあるうらぶれたバーの汚い部屋に顔を出していたようだ。ブリリグ号で船上セックス・パーティーを主催したという情報も見つかった。ある女性参加者はこう語っている。「三〇フィートのヨットの上で一〇人が愛し合うと、すごく親密になれるのよ」

貪欲だったペイズリーは、セックス・クラブを経営しようとしたこともあった。一九七二年五月、CIAの同僚数人にも出資してもらい、首都から車で一時間ほど南に行ったヴァージニア州ワシントンでぼろぼろのロッジを購入した。当初は、その場所を人気のスキーリゾート地の目玉施設にするつもりだった。しかし、膨大な費用がかかるとわかり、ペイズリーともう一人のCIA職員は別のアイデアを思いついた。ほかの出資者に黙ったまま、その〈ラッシュ・リバー・ロッジ〉でパーティーを開くようになったのだ。しばらくの間は、新しいアイデアはうまくいっているように思えた。それなりに金も入ってくるので、毎月のローンの支払いにも困らなかった。しかし、シャワーさえ満足に使えないほど古いロッジだったので、常連客がつかず、やがて経営は破綻した。

ピートには信じられなかった。なぜペイズリーはそのようなリスクを冒したのか。彼は最高レベルのセキュリティ・クリアランスをもち、ホワイトハウスで国家安全保障担当補佐官とともに仕事をしていた。アングルトンの部下でもある。そうしたすべてを失うかもしれないのに、どうしてそんなばかげた遊びに手を出したのだろう。

一つ確かなことがある。ペイズリーは、欲望のままに行動しただけだ。おそらく、やめられなかったのだろう。リスクがあるのはわかっていたが、それでも自制できなかったのだ。

そして、オペレーション上の理由があったのも間違いない。セックス・パーティーは偽装の手段としては完璧だ。ペイズリーとケッヘルが話していても、気に留める者はいない。みな、ほかのことで忙しいからだ。

二人に関する記事を見比べてみると、ピートの予想は正しいとわかった。二人のつながりがようやく見つかったのだ。パーティーの参加者たちの話（ある大胆な記者が取材を行っていた）によると、〈ラッシュ・リバー・ロッジ〉や〈ヴァージニア・インプレイス〉での長い夜、盛り上がった時間のあとで、二人はよく身を寄せて小声で話していたようだ。おそらく、ほかの集まりでも、汗まみれになって楽しんだあとで、そんなふうに言葉を交わしていたのだろう。心地よい疲れを感じている二人の男が、次のラウンドが始まるまでの間、一息つきながら世間話をする――実に自然な光景だ。

なんて巧妙な手口なのか、とピートは思わず感心した。ケッヘルとペイズリーが二匹のモグラだとしたら、彼らはきわめて狡猾な方法で連携を取っていた。表から見えるように悪い遊びを楽しみながら、その裏でもっと恐ろしい悪事に手を染めていたのだ。

その後、勢いを増したピートは、ペイズリーの幅広い職歴を詳しく掘り下げていった。だがその最中、手が止まった。ＯＳＲの副部長になったペイズリーは、重要な核軍備交渉に出席するために世界各地をまわったり、国家偵察局に届く衛星写真を確認したり、ニクソン・ホワイトハウスの廊下を闊歩したりと、忙しい日々を送っていた。一九七三年のアラブ・イスラエル戦争のあとは、国連平和維持軍が使用する機密衛星通信システムの立ち上げを支援するためにイスラエルに派遣され、帰国後はＣＩＡの幹部として認められ、ニクソン大統領のために中東に関するブリーフィング・ペーパーを作成している。しかし、ペイズリーという男の価値が、アメリカにとってもソ連にとってもピークに達した一九七四年、彼はとつぜん退職した。五一歳、まだエネルギーがみなぎっている年齢のはずだ。

まったく理解できないことだ。この事実によって、ピートが積み上げてきた考えは一気に覆された。

28

一九七二年

クタフィヤ塔は、バロック様式の豪華な冠を戴いているにもかかわらず、クレムリンを守る塔のなかでは最も低い建物の一つだ。それでも三階建ての建物と同じぐらいの高さがあり、レンガ造りの要塞の地下には、帝政時代に厩舎《きゅうしゃ》として使われていた陰気な部屋が並ぶ。それらの部屋はスターリンの時代に取り壊され、「特別目的車庫」と呼ばれる空間に改造された。ロシアの諜報機関は、意味ありげな名前をつけるのを好むのだ。

そのガレージの唯一の目的（〝特別〟かどうかはさておき）は、ソ連の書記長や共産党の政治局員が乗る、磨き上げられたリムジンを格納することだ。一九七〇年代、つまりブレジネフの時代には、公用車はロシア製の〈ＺｉＬ－１１４〉だった。並外れて車体が大きく、重量は三二〇〇キロ近くあり、しかも見た目が醜い。ずんぐりしたシルエットは、スターリングラードを防衛した戦車からヒントを得たものだ。ラジエーター・グリルは、明らかにアメリカの〈クライスラー・インペリアル〉に似せている。デザインに関しては、アメリカに軍配が上がったということだ。

しかし、馬力は１１４のほうがずっと上だ。Ｖ型８気筒エンジンと二速オートマチック・トランスミッションを採用したこの車は、モスクワの環状道路を時速一八〇キロで走行できた。加えて、パワー・ウィンドウ、パワー・ドアロック、リモコン・ミラーといった西側の文化も取り入れ、無線電話まで搭載されていたので、ソ連の官僚たちは移動中も連絡を取り合うことができた。さらに、車両のメンテナンスのために、ＫＧＢが精査した優秀な整備士チームが特別目的車庫に配置された。

整備士のなかにＣＩＡの工作員がいた。

その工作員は四年にわたって潜入し、ソ連の支配者層の電子情報《エリント》にアクセスするきっかけをつくった。結果的に、彼の成果は非常に大きな影響をもたらした。まず一つは、アメリカの諜報機関とホワイトハウスの強硬派に警鐘を鳴らしたこと。そしてもう一つは、退職したジョン・ペイズリーがひそかに復帰したことだ（この事実を知ったからこそ、ピートはブリュッセルの自分の机の前で大いに喜び、自分の考えが正しかったと満足し、当時の歴史を掘り下げたのだ）。ペイズリーは、CIAの元上司に呼び出され、アメリカの軍事力に関する極秘の政府評価を行うメンバーに加わるよう頼まれた。二つの超大国が核兵器で攻撃し合った場合、はたしてどちらが勝利するかというきわめて重要な分析を行うのだ。

考えるまでもなく、そこは絶対にモグラを近づけてはならない場所であり、モグラにとってはなんとしてでも入り込みたい場所だ。

諜報の歴史をひもといてみると、当初の狙いどおりに成果を上げる任務はほとんどないとわかる。ピートも経験から、理想と現実との間にはいくつもの落とし穴があると知っていた。しかし、一九七〇年代初頭、CIAがソ連の有力者たちの会話を盗聴するために始めた計画、コードネーム〈ガンマ・ガッピー〉は、当初の楽観的な見通し以上の成果をあげた稀有《けう》な作戦だった。

CIAのD部門に所属する科学者たちがつくり上げた〈ガンマ・ガッピー〉の技術は、巧妙かつ複雑なものだった。しかし、その根底にあるのは二つの基本的な要素だ。一つは、特別目的車庫の整備士に扮した工作員が、リムジンの無線電話を毎日同じ周波数にセットすること。もう一つは、ノヴィンスキー大通りのアメリカ大使館屋上に設置されたパラボラアンテナで、市内を走るリムジンの無線電話信号を拾って音声通信に同時変換することだ。その後、大使館で働く翻訳チーム（そして地球の裏側のヴァージニア州にいる〈AE／スクリーン〉の職員たち）が、盗聴した会話を英語で書き起こしていく。

最初のうちは、おもにゴシップばかり集まった。腹まわりの肉について妻に愚痴をこぼすブレジネフ。酔っ払いながら愛人に甘い言葉をささやく政治局員。病気の母親を心から心配する官僚。取るに足らないことに思えるが、CIAの分析官やプロファイラーたちは真剣に作業にあたった。諜報の世界には錬金術が存在する。いつ、鉛が金に変わるかわからないのだ。手に入れた情報はすべてファイルに放り込み、それらがいつか効果的な武器になることを期待するのがルールだった。

だがやがて、彼らは正真正銘の〝純金〟を傍受した。

一九七二年五月二六日、モスクワでは超大国間の外交における歴史的な風が吹いていた。二年以上にわたる激しい議論と駆け引きの末、ニクソン大統領とブレジネフ書記長という二人の冷戦の戦士が初めて合意に至ったのだ。彼らは隣に並んで座り、空前の軍備制限条約に署名した。SALTIの名で知られるようになったその条約は、過熱した核兵器拡大競争に歯止めをかけるものだった。大陸間弾道ミサイルと潜水艦発射型攻撃ミサイルでいっぱいになった兵器庫は凍結され、防衛用対弾道ミサイル基地の数も制限された。この記念すべき日、祝賀ムードに包まれたクレムリン宮殿では儀仗兵《ぎじょうへい》たちのトランペットが鳴り響き、友愛と協力を誓う熱のこもった声明が披露された。テレビ局のコメンテーターは、生放送でそのセレモニーを見守る多くのアメリカの視聴者に対して、世界は前よりも安全な場所になったと伝えた。

一方、その日の早い時間に、〈ガンマ・ガッピー〉のチームは聞き捨てならないことを耳にした。もしそれが真実だとしたら、きわめて恐ろしい事態が待っているだろう。

ブレジネフは、自分が重大な過ちを犯したのではないかと不安を覚えていた。このソ連書記長は、キッシンジャーとの最後の交渉の場をあとにすると、ZiLのリムジンの後部座席に座って激しい鼓動を抑えようとした。ソ連のミサイル・サイロの数を制限したのは間違いだったのだろうか——。当初は、それくらいの譲歩ならなんのことはないと思っていた。袖の中に（正確にはミサイル・サイロの中に）トリックを隠しているから大丈夫だと高をくくっていたのだ。

ブレジネフの考えはこうだ。キッシンジャーと交わした協定では、大陸間弾道ミサイルの既存サイロの拡張は一五パーセントに制限された。アメリカの交渉担当者たちは、「ソ連側は現行の核ミサイルSS-11を引き続きサイロに格納する」という想定をもとにその条件を出したのだ。SS-11が搭載する弾頭数は一発だが、直撃すればニューヨークと同じサイズの都市を破壊するほどの威力をもつ。アメリカがそのリスクを受け入れることにしたのは、SS-11が飛んできても、着弾する前に対弾道ミサイルで迎撃できると踏んでいたからだった。

しかし、ブレジネフ書記長と彼の顧問は、ソ連側に有利に働かせる方法を考え出した。サイロの中にSS-11は入れず、発射装置には新型のSS-19を搭載するというものだ。この新型ミサイルもSS-11と同じく小剣《スティレット》のような形状をしているが、性能は大きく異なる。SS-19は、四発の核弾頭を搭載する多弾頭ミサイル（MIRV）だからだ。このミサイルを使えば、六〇〇キロトン（ＴＮＴ約八億トンに相当）の核弾頭を打ち込むチャンスが四倍になる。アメリカが大量のＡＢＭを発射して、一発か二発の核弾頭を撃ち落としたとしても、残りの核弾頭は無傷のまま目標へと向かっていく。そして一発でも命中すれば、壊滅的な影響を与えられるのだ。

それでも、ブレジネフは不安にさいなまれていた。いまになって、ＳＳ－19が既存のサイロに収まるかどうかわからないことに気づいたのだ。銃に装塡できない弾丸にはなんの意味もない。ＳＳ－19をひそかにサイロに格納できないとしたら、非常に不利な取引をしてしまったことになる。

彼はほとんどパニックに陥っていた。少なくとも盗聴中のＣＩＡ職員たちにはそう思えた。ブレジネフは国防相のアンドレイ・グレチコに電話をかけ「新型ミサイルはサイロに収められるか」と、懇願するかのような声で尋ねた。

「わからない」。グレチコ国防相は、政治家としての本能的な用心深さをもってそう答えた。「確認してまた連絡する」

その後、グレチコから返事があった。「メインのミサイル」として格納するなら問題ない、と彼は自信に満ちた声で言った。

「何よりだ」。ブレジネフは安堵の声を漏らした。

一方で、〈ガンマ・ガッピー〉のチームは愕然とした。アメリカは、共産党員たちの策略にまんまと引っかかったのだ。もし第三次世界大戦が始まったら、アメリカは貧乏くじを引くことになる――もっとも、壊滅的な状況下でも引くべきくじが残っていれば、だが。

いったいどうしたらいいのか。〈ガンマ・ガッピー〉チームが傍受した会話の概要が伝わると、ワシントンにいる諜報員たちの間で議論が白熱した。すでに条約への署名はなされた。相手を睨みつけて必死に抗議したところで撤回はできないし、こちらの面子が潰れるだけだ。同じことをするという手もあるが、相手が怒るのは目に見えている。このような大失態は二度と許されない――憤慨した政策担当者たちに言えるのはそれだけだった。

次にソ連との話し合いが行われるときまでに、連中がもっているカード（袖の中に隠しているエースカードを含めて）を把握する必要があった。何かいい方法がないかと誰もが頭を悩ませるなか、ある保守派の幹部が「コンペティション」を行うことを提案した。その幹部は人脈が広く、大統領情報活動諮問会議のメンバーも務めた人物だった。

アダム・スミスの資本主義的な知恵は、長きにわたって多くの問題を解決してきた。今度はその知恵を、アメリカの核政策の策定に用いてはどうかということだ。識者が二つのグループに分かれて意見を戦わせ、最も説得力のある意見を選ぶ。選ばれた側には、第三次世界大戦の戦闘計画を立てる権限が与えられる。

一九七六年五月、コンペを開催するという案は、CIAの新長官であるジョージ・ブッシュのところに持ち込まれた。ソ連関連の情報についての最終決定権をもつのは彼だった。「わかった。やってみるといい」。長官はあっさりと了承し、ゲームが始まった。

一方のチームA（独創性に欠ける名前だ）には、CIAの分析担当者が集まった。毎年、ソ連軍の動向を読み解く「国家情報評価」を作成してきた職員たちだ。

対するチームBには、政府や学術分野の有識者が集まった。みな、所属する組織は異なったが、好戦的な保守派という点では同じだ。

この争いは一九七六年八月に始まり、翌年まで続いた。遠慮のない戦いだった。「血みどろの争いだった。向こうは何度も言葉を失ってたよ」と、チームBのある参加者はあざ笑うように語った。

CIAの分析官たちは、冷戦はアメリカ側が勝っていると確信していた。ソ連は軍事技術の面で大きく後れをとっていて、もはや追いつける見込みはない。科学的なノウハウも資金もないからこそ、SALTIのような条約に合意したのだ。間違いなく、有利な立場に立っているのはアメリカだ。現状維持のための制度を打ち立てるのがいちばん合理的だ——というのがチームAの意見だった。

一方、チームBはこうした楽観的な見方に憤慨した。CIAは、無益で弱腰のリベラリズムに染まっている。だから、ソ連の力を「組織として過小評価」し、「根拠のない自己満足のための展望を提示」しているのだ。「ソ連はいま、第三次世界大戦を見据えたうえで準備を進めている」という現実から目を背けてはならない、と彼らは声高に主張した。敵が次の戦いを覚悟していることの説明として、チームBのリーダーは次のような論理を展開した。「ソ連は三〇〇〇万の犠牲者を出しても耐えられる。第二次世界大戦の被害に比べたらずっと少ない」。そして、背筋の凍るような暴論で締めくくった。「やつらは、次の戦争で三〇〇〇万人が死ぬとわかっても、世界を手にするために必要な犠牲だと肩をすくめるだけだ」

二つのチームの熾烈《しれつ》な戦いが終わり、勝者は保守派ということになった。政治的な色合いの強い判断が下されたのだ。もともと、インテリジェンスにおいて重要なのは、客観的なこと、脚色することなく事実を伝えること、言ってしまえば事実しか伝えないことだった。だがこのコンペを境に、強硬派たちの激しい狂信的な偏見がインテリジェンスのなかに組み込まれるようになった。結果的に、ソ連の軍事力に関するＣＩＡの国家情報評価が改定され、従来より厳しく悲観的な見方が反映された。さらに、一九八〇年にロナルド・レーガンが大統領に当選した際には、チームＢのメンバーの多くが政権入りを果たした。彼らは新たに手に入れた権力を利用して、「エリート主義」のＣＩＡを解体しようとした（ただし、その試みはわずかな成果しか上げなかった）。

しかしピートにとって、この一連の出来事で最も注目すべきなのは、二つのチームの争いのなかでペイズリーが大きな役割を果たしたことだった。ペイズリーは偽りの身分をいくつももっている。ＣＩＡを退職したあとは、表向きには市内の会計事務所で平凡な仕事に就いていることになっていた。だが実際は、ペイズリーがその事務所に顔を出したことはない。電話が通じることはめったになく、秘書はペイズリーの顔さえ知らなかった。その代わり、彼はずっとＣＩＡ本部で働いていた。新しい役職を与えられ、それまで以上の機密情報にアクセスできるようになった（ＣＩＡでは、機密情報へのアクセス権は権力に比例する）。同僚のＣＩＡ職員によると、ペイズリーは「欲しい情報があれば何でも手に入れられた」ということだ。

ペイズリーの新しい仕事は、チームＢのコーディネーターだ。チームＢの要求に従い、ＣＩＡ

のあらゆる文書やファイルを用意するのが彼の役目だった。

ピートはその事実を知って困惑した。ペイズリーが裏切り者だという説はすでにかなり濃厚になっている。その彼が、保守派と組んで何をしていたというのだろう。


答えは単純なものではない——それがピートの最終的な結論だった。真相は、二重らせんの鎖のように複雑に絡み合っている。それぞれの要素に相反する部分もあるかもしれないが、そういうものなのだ。人には多面性がある。モグラの場合は、それが人一倍多いのだ。そこで、ピートはこう推理した。

すべては偽装のために違いない。ソ連のスパイからすると、好戦的な保守派たちに混ざることは、身を隠すためのいい方法になる。

あるいは、アメリカにソ連の脅威を焚《た》きつけるという目的もあったのかもしれない。混乱したアメリカが軍事費に多くの予算を割けば、クレムリンにとってはありがたいことだ。敵が銃を買えば買うほど、バターにまわせる金は少なくなる。予算を割り当てる優先順位がおかしくなれば、アメリカの力は確実に弱まる。長い目で見れば、ソ連に有利な方向に事態は動いていくというわけだ。

あるいは、ペイズリーの複雑な生き方を考えると、単に双方の主人に忠誠を尽くしただけという可能性もある。チームBのコーディネーターとして熱心に働き、チームが望むものを片っ端から提供する。彼の権限があればむずかしい仕事ではない。熱心にファイルや文書を漁《あさ》り、チームの考えを補強するための材料を探し出す。そして、チームBにそれらを渡したら、今度はモスクワ・センターにも同じものを流すのだ。

だがピートは、ペイズリーの策略にはもう一つひねりがあることに気がついた。『ニューヨーク・タイムズ』紙の一面に、デイヴィッド・バインダーの記事が掲載された。そこでバインダーは、二つのチームによるコンペがあったことを明かしただけでなく、コンペのあとで国家情報評価が書き換えられたという事実までも世に広めた。その記事は大きな波紋を呼んだ。憤慨したリベラル派は、上下両院でこの問題を取り上げ、「これはCIAの評価に対する悪質な政治介入だ」と非難した。だが、一つ不可解なことがある。この暴露記事の情報源は誰なのか、ということだ。チェサピーク湾での怪死事件のあと、誰よりも先にペイズリーのことを大きく取り上げたデラウェアの新聞記者は、その疑問を解決しようとバインダーに接触した。バインダーは、守秘義務の鉄則を破って真実を打ち明けた――情報の出所はジョン・ペイズリーだった。

ピートは、ペイズリーの多面性についてあらためて考えた。この男は、チームBの存在をマスコミに流して保守派連中の立場を弱めた。同時に、KGBに機密を流したことでCIAを裏切ったと思われる。まさに完璧な二重スパイだ。

ペイズリーは表向きには引退していたが、実際は多忙きわまりない生活を送っていた。チームBが解散すると、彼は会計事務所を辞めて別の仕事に就いた。今度の職場はMITRE社だった。ベルトウェイには、諜報活動の資金を提供する機密予算「ブラック・バジェット」から毎年何百万ドルも受け取っているテック企業がいくつもある。その一つがこのMITRE社だ。新たな身分を得たペイズリーは、引き続きCIA本部に出入りした。最高機密へのアクセスに必要なコードが与えられ、建物内では緑色のVNE（ビジター・ノー・エスコート）パスをかざしながら、秘密の迷宮を一人で歩きまわった。

今度の任務も、モグラにとっては大きな意義のあるものだった。ソ連の核ミサイルの配備状況を撮影するスパイ衛星KH-11の最高機密マニュアルを作成するチームに加わったのだ。一九七八年一月、元CIA職員がアテネのソ連大使館に出向き、このマニュアルのコピーを売りつけるという事件が起きた。FBIがこの裏切りに気づくまでに長い時間はかからなかった。その元職員はすぐに裁判にかけられ、有罪になった。

しかし、ピートの疑念を駆り立てたのは、ソ連が上空からの監視の目をかいくぐるようになったのが一九七五年だということだ。ソ連はすでに、ミサイル・サイロの位置を偽装したり、カモフラージュしたりする方法を知っていた。KH-11はさまざまな角度から撮影が可能で、ミサイルの影を追跡することもできたが、それでもソ連の偽装を見破ることはできなかった。画像分析官が衛星写真〈タレント〉というコードネームがつけられた）をくまなく探しても無駄だった。ソ連は明らかに、衛星の目を欺く方法を見つけていた。

ソ連の科学者はCIAの想像をはるかに超えて優秀なのだろうか。それとも、こちらの内部情報を何から何まで受け取っていたからそんなことができたのか。

ペイズリーは順調に任務をこなしているように見えたが、彼の世界が少しずつ崩れはじめたのがピートにはわかった。いたるところにその兆候が見える。しかし、いい気味だとは思わなかった。むしろ、ペイズリーの動向を調べるにつれて、哀れみさえ覚えていた。裏切り者を追い続けてきたピートだが、追われる者に同情せざるをえなかった。

ペイズリーの軽率な行動を挙げていくときりがないが、同僚の一人が困惑した顔で語った言葉がすべてを表している。「ジョンはもう限界だった。いつ壊れてもおかしくなかったよ」

29

ペイズリー自身はどうだったのか。彼の人生に何が起きていたのか。

長年、観察力を磨いてきたピートには、その兆候がはっきりと見えた。そのサインは誰にでも見えるように点滅していた。なぜＣＩＡは見過ごしたのだろう。犯罪的と言ってもいいほどのひどい見落としだ。だが、怒りが落ち着くと、ピートは若かったころのことを思い出した。スパイとしての教訓を学んだ冷戦時のウィーンでの出来事だ。

氷のように冷たい霧雨が降っていたその日、ピートは居心地のいい〈ブリストル・ホテル〉の中で、環状道路に停車中の車を見張るという任務についていた。一九五四年、季節は冬だった。

この作戦はさまざまな問題をはらんでいたので、ピートはつねに警戒していた。ウィーン支局は、社交家で大酒飲みのＫＧＢ職員、ボリス・ナリヴァイコを勧誘しようと目論んでいた。しかし、実際に会う約束を取りつけようとすると、ナリヴァイコはとつぜん用心深くなった。ノーとは言わないものの、電話で踏み込んだ話をするのを拒んだのだ。時間と場所を書いたメモを封で閉じて運転手に渡してほしい、とナリヴァイコは言った。

ピートはその提案に納得がいかなかった。まず、この男は西側諜報員との密会の詳細が書かれたメモをＫＧＢの運転手に預けようとしている。それに、ウィーン支局が相手の言いなりになっているのも気に食わない。ターゲットに条件を提示させるなど無謀すぎる。ここで相手の言い分に従えば、あとで痛い目を見るのではないか。

それでもピートは気を取り直し、ロシア人の立場から考えようとした。もしかしたら、相手は単に用心深いだけかもしれない。罠を恐れているのだろう。決死の思いで密会に赴くのだから、少しでも安心できる材料がほしいと思うのも当然だ。また、ピートも自分の立場をわきまえていた。自分は新人で、下級士官で、現場での経験もほとんどない。一方、上司はみなベテランのスパイだ。ピートは毎晩のように、上司たちの戦争での武勇伝を飽きることなく聞いていた。考えた結果、不安は胸の内にしまっておくことにした。

オペレーションは順調に進んだ。ピートの心配とは裏腹に、メモは何事もなく運転手の手に渡った。ピートは安堵の息をついてホテルを出た。

そのとき、ナリヴァイコの忠実な手下、ゲオルギー・リトフキンにぶつかりそうになった。

ウィーン支局長のデスクの後ろの壁に隠し撮りした写真が何枚も貼られているので、その顔と大柄な体軀《たいく》には見覚えがあった。リトフキンも、メモを受け渡すところを見ていたのだろうか。最初からすべてが仕組まれていたのだろうか。それとも、ここで出くわしたのはただの偶然なのか。実際、KGBの拠点はすぐ近くにある。自分の職場に歩いて向かうロシア人と遭遇したとしても、驚くにはあたらないだろう。

しかし、ピートはこのときも偶然を信じなかった。人生に偶然は少ない。諜報の仕事においてはなおさらだ。そこで、今度は上司に報告した。しかし、上司は彼の心配を真に受けず、「もっと気を楽にしろ」と言った。怒ったわけではなく、神経が張りつめている新人をおもしろがっている様子だった。「ウィーンは小さな町だ。誰に出くわしてもおかしくはない。街でロシア人を見かけるたびに疑っていたら身がもたないぞ」

数日後、ピートはオペレーションの次の段階に入った。今回は、緑豊かなシュタット・パーク周辺で車を走らせる役だ。公園に堂々と立つシューベルト像の足元で、CIA職員とナリヴァイコが今夜の面会の段取りを詰めている。計画どおり進めば、このロシア人は米ドルの札束と引き換えに書類の束を渡してくれるはずだ。ピートの任務は、周辺の通りを巡回しながら、何か不審な動きがないかを確認することだった。

ピートの予感は正しかった。公園の端に、見慣れたリトフキンの姿があった。シューベルトの像のほうを食い入るように見つめている。

ピートは急いで支局に戻った。だがそのとき、勧誘を担当している工作員の声が聞こえた。「いまのところ順調だ」と、その工作員は誇らしげに言った。「ナリヴァイコが涙を流したのには驚いたよ。あとは亡命させるだけだ。それから、やつは本当のことを話してる。そうじゃなかったら大した役者だよ」

「ええ、あいつはまさに役者です」とピートは口を挟んだ。

すると支局長が口を開いた。「どういう意味だ」。いつもとは違い、語気が荒々しい。だが、ピートはあえてその違いには気づかないふりをした。

そして、先ほど目にしたことを興奮気味に話した。「これから亡命しようという男が見張りを置くなんて、おかしいでしょう?」そう言ってから、上司たちの返事を待った。

しばらくの間、誰も口を開かなかった。やがて、勧誘担当の工作員がこう言った。「おいおい、やっぱりリトフキンが気になるのか?」ピートを詰めるような口調だった。言わんとすることは明らかだ。なあ新人、いい加減にしろ。そんなふうに弱気になるな。それができないなら、もっと楽な仕事を探せ。実際、三〇歳になる前に心が折れてしまう職員は少なくないのだ。

その夜、ピートはふたたび監視役として〈ガルテンバウ・カフェ〉の店内をのぞき込んだ。なごやかな雰囲気のなか、席はディナーを楽しむ客ですっかり埋まり、活気があふれている。黒いジャケットを着たウェイターたちは、信じられないほど大量の皿を載せたトレイを肩の上で持ちながら、迷路のようなテーブルの間を縫って歩く。路上にいるピートの位置からは、居心地のよさそうな窓際の二人用テーブルがよく見えた。

頭の中では危険信号が激しく光っていた。こんな接触の仕方は間違っている、とピートはつぶやいた。自分なら、ソ連側の人間に場所を決めさせたりはしない。ソ連の管轄区で会うなどもってのほかだ。敵が車庫として使っているビルはすぐ近くにある。武装部隊が待機していてもおかしくはないのだ。

しかし、ピートは反対しなかった。用心するようにとも言わなかった。そんなことをしても意味がない。どうせ誰も真剣には受け止めないのだ。上司たちはすでに、人事ファイルに新しい功績が書き加えられるのを喜んでいる。有力なソ連の亡命者を引き込むチャンスがすぐ近くにある以上、ピートが不安を口にしたところでうとましく思われるだけだ。

まもなく、ピートはオペレーションが失敗する瞬間を目の当たりにした。満席の〈ガルテンバウ・カフェ〉で、勧誘役の上司がテーブル越しに身を乗り出したそのとき、ナリヴァイコがピッチャーに入ったビールを顔面に浴びせかけた。それを合図に、サブマシンガンで武装したソ連の兵士たちが突入してきて二人を取り囲み、何人かがすばやく出入り口をふさいだ。舞台の中央で立ち上がったナリヴァイコは、怒りを込めて、何度もリハーサルしたであろう台詞を叫んだ。カメラのフラッシュが光った。情けないことに、この事件は「まじめなソ連外交官を狙ったアメリカによる露骨な挑発行為」として、翌日からヨーロッパ中の新聞の一面を飾ることになった。

ピートはその夜、大事なことを学んだ。そして、「同じことは絶対に繰り返さない」と決意した。異常を知らせる大音量の警報があちこちから聞こえていたにもかかわらず、上司の言葉に屈して引き下がってしまった。あんなことは二度とごめんだ――それは、ピートの誓いだった。「見て見ぬふりだけはするな」と、彼はのちに部下に語っている。「嫌なにおい、不快なにおいがしたときに鼻をつまむな。そのにおいを追うんだ」。ピートが長い間、あきらめることなくモグラを追い続けられたのは、この考え方が根底にあったからだった。

長年、工作員を動かしてきたピートには、ペイズリーの生活が混乱状態にあることや、この男が助けを求めていたことがよくわかった。誰かに声をかけてもらい、崖っぷちから引き戻してほしいと願う工作員の姿がそこにあった。しかしCIAは、ペイズリーのサインに気づくことなく、むしろいっそう責任のある仕事を与え、情報へのアクセスを拡大していった。あるいは本部の責任者は、ペイズリーの状態にあえて気づかないふりをしたのかもしれない――ピートは不意にそう思った。問題に気づいたとき、人は往々にしてそういう行動を取るものだ。

しかし、ピートは目を背けなかった。一人の男の人生が崩れていく悲劇を直視した。そのうち、ある疑問が浮かんできた。いったい誰の人生が崩れていたのだろう。長年にわたる職務の重圧に耐えられなくなった、忠実なベテラン工作員の人生か。それとも、相反する立場をうまくコントロールできなくなった、裏切り者としての人生か。敵対する二人の主人の命令に従ううちに心をさいなまれ、自分が誰なのかもわからなくなり、引き裂かれた男の人生か。あるいは、何年も任務に身を捧げたあとで、ついに自分の最期を悟った二重スパイとしての人生なのか。

その答えを見つけるために、ピートはふたたびペイズリーの転落に関する資料を読みはじめた。机の上のマニラフォルダに挟んだ切り抜き記事のなかに、答えにつながる情報があるのではないかと期待した。しかし、ペイズリーの個人的な部分に迫ろうとして、自分がためらいを覚えていることに気がついた。死にゆく男の最後のあえぎを盗聴するかのような居心地の悪さがあった。

30

朝になってもピートの怒りは収まらなかった。何日も前から、怒りは激しくなる一方だ。マリアン・ペイズリーという人物が一連の事件のなかで果たした役割を調べはじめてまもなく、怒りの導火線に火がついた。新聞の切り抜き記事をくまなく探したところ、ペイズリーの妻がCIAで働いていたとわかったのだ。不意打ちを食らった気分だった。しかもソ連圏部――ピートの古巣だ。敵がモグラを送り込むならここだと、以前から想定されていた場所だ。SBが「機密情報の宝庫」なのは、CIAの人間なら誰でも知っている。だが、ピートの怒りと不安を煽ったのは、彼がブリュッセルのアパートメントから文字どおり「追い払った」男と彼女がつながっていたことだ。

マリアン・ペイズリーが担当していた業務は、一見すると雑用ばかりだった。窓のない事務所の倉庫で淡々と書類整理をするだけのつまらない仕事だ。短期の契約職員でなければわざわざ応募しようとは思わないだろう。しかし、現場を知っているピートは、新聞記事の無味乾燥な説明とは違い、彼女の職務にはもっと重要な意味があると気づいた。記事には、マリアンがSBの諜報員録の編集を手伝ったと書かれている。その記述を読んで、思わず戦慄を覚えた。つまり彼女は、ソ連圏で秘密裏に活動するすべての仲間、敵の陣地に潜入しているすべての工作員、過去および現在のすべての隠密チームの名前を知ることができたのだ。名前だけでなく、コードネームもだ。そして配偶者や子どもの情報、さらには健康診断の結果まで、あらゆる個人情報にもアクセスできたことになる。敵からすると、なんとしても手に入れたい情報だ。

ピートの頭は熱くなり、新たな火種がいくつもの炎となって燃え上がった。マリアンは短期の契約職員であり、綿密な人格調査を受けたＣＩＡ職員ではない。にもかかわらず、なぜこれほど重要な仕事を任されたのか。誰かの指示でＳＢを志願したのか。ＣＩＡは、いまや〈フォーチュン５００〉に匹敵する巨大組織になっている。数えきれないほどの部署があるなかで、毎日のように極秘情報をより分ける部屋にたまたま配属されたというのか。なぜそうなったのか。誰が仕組んだのか。ペイズリーか。それともほかの誰かか。ピートは不安で心が張り裂けそうになりながら、裏切り者たちのつながりを想像した。ペイズリーが妻を動かしたのか。やつが指示を出していたのか。二人はグルだったのか。

ブリュッセルの書斎にいても、その疑問が解明できるとは思えなかった。マリアンの痕跡は何年も前に埋もれてしまっている。ＣＩＡの情報がなければ、当時の足跡を浮かび上がらせることはできない。それでもピートは、時間と場所を飛び越えて、新聞記事の切り抜きからマリアンの上司が誰だったかを突き止めた。その名前を思い出した瞬間、蜘蛛の巣が広がった。そこにはピート自身の人生も絡まっている。彼は、すべての始まりとなった事件にふたたび連れ戻された——「ロゼッタ・ストーン」だ。

マリアンの上司はキャサリン・ハートだった。その夫のジョン・ハートは、一九七六年にウィリアム・コルビーに任命されて、ブルース・ソリーによるノセンコ事件の調査の後始末をするチームのリーダーになった人物だ。ハートは、正当な注意義務《デューディリジェンス》を履行するという誓いを立てて、ピートへのインタビューのためにブリュッセルにやってきた。ピートは、引退してからも凶事の預言者《カサンドラ》の役を担い、聞く耳をもつ者がいれば「ノセンコは正体を偽っている」と警告した。ノセンコを解放するのは、アメリカ社会にソ連の工作員を解き放つのと同じだと言い続けた。

ピートとハートは、いまでは「モグラ狩り」の本部になった板壁張りの快適な部屋で顔を合わせた。しかし会談が始まると、ハートの誓いも調査の進め方も、まったく中身がないことがわかった。判決内容が最初から決まっている裁判のようなものだ。ハートは、ノセンコ問題をめぐるピートの詳細な報告書を読もうともしなかった。しかもそれまでの九年間、ノセンコの入り組んだ話の粗を見抜いた防諜員から話を聞くことにも関心がなかったようだ。翌日、ハートが二度目の話し合いにやって来たとき、ついにピートは我慢できなくなり、この不誠実な人物を門前払いにしてしまった。

こうした経緯があったので、ノセンコを「全面的に信頼できる」と明言するハートの報告が公表されたとき、ピートは残念に思い、悔しさを感じたものの、驚きはしなかった（そもそも、祖国の諜報機関を裏切った人間を「全面的に信頼できる」と評価すること自体、おかしな話だ）。

だが、一つ想定外だったことがある。ハートとその部下たちは、誰かがノセンコに疑いの目を向けると、その人物への徹底的な誹謗中傷を行ったのだ。ハートは、自分に異論を唱える者たちの考えに「怪物の陰謀《モンスター・プロット》」という名前をつけた。怪物《モンスター》はノセンコではなく、「真実の探求において客観性と冷静さを失った者」のことだ。ピート・バグレーはその筆頭だった。

ハートの攻撃はとても効果的だった。「偏執病《パラノイア》だと非難された場合、反証するのはむずかしい」とピートも悟った。ハートとの激しい攻防は、一九七八年にハートが下院暗殺委員会に出席したときに公になった。委員会がCIAに出した要求は、大統領暗殺に関して、ノセンコが何を知っているかを証言できる職員を出席させることだった。証言は一時間半に及んだが、ハートはオズワルドについては一言も語らなかった。ただひたすらノセンコを擁護し、懐疑的なCIA職員を糾弾し続けた。ハートの非難はピートに直接向けられた。名指しであらゆる誹謗中傷を行い、「ピート・バグレーはこの亡命者の殺害を企てた」とまで申し立てた。「あの男は悪意をもって私を攻撃した。どれもでたらめだ」と、ピートは怒りをあらわにしている。

それから長い年月が経ったいま、蜘蛛の巣のようにもつれた人間関係に大きな危険が潜んでいることに初めて気がついた。ピートは精巧につくられたパズルをじっと見つめた。パズルの中心にいるのがノセンコだ。それから、最初はノセンコの尋問官だったが、のちに相棒になったペイズリーもだ。彼は船でノース・カロライナまで出かけ、ノセンコの新居で何週間も過ごしていた。キャンプ・ピアリーで、ノセンコに対して荒々しい尋問を行うペイズリーを見ていたピートには、この二人の仲がよかったというのが信じられなかった。ピートがジョン・ハートと週末をともに過ごすようなものではないか。だがもちろん、ペイズリーが最初に見せた敵意が芝居だったとしたら話は変わってくる。

大きく広がった蜘蛛の巣には、ほかにも多くの糸が絡まっている。ペイズリーの妻を自分の部下にしたCIA職員の夫は、ノセンコの擁護者であり、ピートの敵だ。そして奇妙なことに、契約職員だったはずのマリアン・ペイズリーは、きわめて重要な機密情報を保管する進入禁止区域に毎日のように出入りしていた。

ピートはとにかく頑固だ。しかし、何度試してみても、頭の中で組み立てたパズルのなかに新しいピースがはまらない。そこで、偶然に目を向けることにした。偶然のなかにも、裏切りの真相につながる手がかりがあるはずだ。それを見つけなければならない。

マリアン・ペイズリーがこの陰謀に巻き込まれていたとしたら、もはや元に戻れなくなった夫、いずれ二重スパイの容疑をかけられるかもしれない夫をどうするつもりだったのだろう。ピートは考え、ある答えにたどり着いた。端的にいえば、彼女は逃げ出したのだ。

報道によると、マリアンは夫の〝アヴァンチュール〟には同行しなかったという。ペイズリーはワシントン中を駆け回ってパーティーを渡り歩いたが、彼女は隣にいなかった。むしろ、二七年間の結婚生活に終わりを告げたいとさえ思っていた。一九七六年、彼女はヴァージニア州マクリーンのヴァンフリート・ドライブの広い家からペイズリーを追い出した。さらに、夫が（少なくとも表向きには）退職したことも相まって、彼女の怒りはふたたび燃え上がり、事実上の別居から正式な離婚に発展させるつもりだと真剣に口にするようになった。

独身気分に戻ったペイズリーは、あてつけるかのように遊びまわり、しまいにはマリアンの親友のベティ・マイヤーズと不倫関係になった。二人はほとんど一緒に暮らしていて、そのことを隠そうともしなかった。ペイズリーの友人や子どもたちもそのことを知っていた。ピートが読んだある記事には、マイヤーズが「私たちが不倫するように仕向けたのはマリアンだ」と主張し、ペイズリーとの関係を正当化したと書いてあった。しかし、マリアンの見方は違った。その裏切りによって、彼女とマイヤーズの仲は決裂した。ペイズリーの死後に行われた保険調査で、マリアンは供述書にこう書いている。「彼女とは二度と会いたくないし、口も聞きたくない」。マリアンは、二人の不倫は公になる何年も前から続いていたのだろうと疑っていた。夫の世界は混乱に満ちていたが、一つだけ確かなことがあった。彼は天性の詐欺師なのだ。

とはいえ、マリアンと夫の関係が完全に切れることはなかったようだ。別々の家で暮らしながらも、二人はときどき一緒に寝ていた。一方、ペイズリーはマイヤーズとも夜をともにした。彼は私生活でも二面性をもつ男だった。別居中の妻もガールフレンドも、彼がベッドで両方を相手にしているとは思っていなかった。専門用語で言えば〝承知〟していなかったのだ。

だがペイズリーは、彼なりの流儀で両方に愛情を示し、どちらの関係も続けようと努力した。別居してはいたが、マリアンとは夫婦生活のカウンセリングに通い、ベティ・マイヤーズとは恋人用のカウンセリングに通っていた。自分はどちらの女性に対しても同じように尽くしている——彼はそのことをわかってもらいたかったのだ。

ピートにとって、この話はペイズリーが二重スパイの資質を備えている証拠にほかならなかった。しかも、二人を喜ばせていたというのだから、優秀な二重スパイだ。

ピートは、ペイズリーの不純な部分を批判するつもりはなかった。しかし、よい父親であるピートからすると、ペイズリーの子どもたちがかわいそうでならなかった。子どもたちは父親の罪の犠牲者だ。ペイズリーの生き方が、子どもたちの人生を狂わせたのだ。

一九七三年八月、ヴァージニア州郊外。ある蒸し暑い夏の夜のことだ。ペイズリーの一〇代の息子エディと数人の友人が車に乗り込み、ワシントンに遊びに出かけた。途中から酒を飲みはじめ、夜中になっても飲み続けていたようで、車内にはビールの缶が散らばっていた。

エディは一九六六年製の〈フォード・ギャラクシー〉に乗り、ジョージタウンからキーブリッジを渡ってジョージ・ワシントン・パークウェイを走った。ほかの友人はもう一台の車でついてきた。ハイウェイに入ると、二台の車は競争するように走り出した。制限速度は時速八〇キロだが、そんなことは誰も気にしない。酒の勢いもあった。とにかく、その夜はレースに勝つことが何より大事だ。

前を走るのはエディだった。勝利は間違いないと思われたそのとき、彼はなぜかルート一二三号線に入ってしまった。ラングレー——CIA本部に通じる出口だった。

だが出口に向かう途中、エディはカーブでコントロールを失い、木に衝突した。警察の事故報告書には、「衝突時のスピードは時速一三〇キロから一六〇キロだと推定される」と書かれている。その事故によって、親友のブライアン・デムラーが死亡した。

ブライアンの遺族はペイズリー家を訴え、悲しい裁判が行われた。打ちひしがれたエディは、判事に短い言葉で事実を告げた。「ダウンタウンに出かけて、少し飲み過ぎて、帰り道はGWパークウェイでレースをしました。夢中になっていたら、木に衝突してしまいました」

判事はエディを少年扱いにして、仮釈放した。一方、父親のほうは、終身刑に服すのかと思えるほど悲痛な様子だったようだ。いくつもの資料にそう書かれている。「この事故でジョンはひどく苦しんでいた」と親しい友人の一人は語る。ペイズリーの人生を破綻に向かわせた一つの要素だったのだろう。

母親のマリアンにとってもつらい出来事だった。彼女は深く悲しみ、嘆きながら、ついに離婚を決意したと弁護士は言う。彼女は、その一件がただの事故だとわかっていた。しかし同時に、精神分析医がよく言うように「ただの事故など存在しない」とも考えていた。実際、マリアンはのちに何度もそう語っている。

そして彼女は、自分をだますのはもうやめようと決意した。事実と向き合い、自分たちの人生に行き違いがあることを認めなければならない。常軌を逸した家族の混乱、夫の人生を覆う秘密のベール——それらのせいで家族全員が犠牲になってしまった。取り返しのつかない状態になるまで見て見ぬふりをしていたことに、身を裂かれるような激しい罪悪感を覚えた。

ペイズリーの娘のダイアンも、不幸な家庭で育ったために、彼女なりの不幸を背負っていた。しかし父親は、ほかのことに気を取られていて、娘を助けようとはしなかった。子どもがどれほど困っていても、肩をすくめて放っておくだけだ。「毎日顔を合わせるわけでもないのに、どうしておれが面倒を見なければならないのか」とでも言うような態度だったと、愛想を尽かした親戚はそう語った。

自分の人生さえまともに管理できない男が、ほかの人間をまともにできるはずがない――ピートはそう毒づいた。やはり、裏切り者には忠誠を誓うことなどできないのだ。


世界は謎に満ちている。ペイズリーが新たに独身用のアパートメントを手に入れたことも不可解だった。なぜそこに住む必要があったのだろう。ワシントン北西地区マサチューセッツ通り一五〇〇番地、赤レンガ造りのシンプルな高層ビルの八階。ダウンタウンから郊外のラングレーの事務所までのルートは、ラッシュアワー時にはひどく渋滞する。家賃も安くはない。CIA本部周辺なら、もっと手頃な物件がいくらでもあったはずだ。それに、そのアパートメントでは、ペイズリーの生涯の趣味ともいえるアマチュア無線がほとんど使えない。電波を拾うための精巧な屋上用アンテナを立てる許可が下りなかったのだ。彼にとっては耐えがたいことだったに違いない。

数々の不便を受け入れてまでペイズリーがその場所を選んだのはなぜか。ピートの頭に一つの仮説が生まれた。コンパスの針が、いつもと同じ方向を指していた。記録によると、そのビルは「ナイトクローラー」の巣窟だった。

SBで働いたことがある職員なら知っていることだが、ナイトクローラーとは、特別な訓練を受けたKGBの工作員のことだ。みな、ダウンタウンにあるソ連大使館の外交官という偽りの身分をもっている。彼らの仕事は、日が沈んだあとにワシントンの歓楽街を歩きまわり、政府の事務員、議員の秘書、軍人といった、公的機関に関係のある人物を探し出し、甘い罠《ハニーポット》に誘い込むことだ。そして、熱い抱擁を交わす姿を隠しカメラで撮影する。朝になると、捕まえた獲物に選択を迫る。機密情報を持ち出すか、身の破滅を覚悟するか、好きなほうを選べ。ワシントンのゲイバーは、ナイトクローラーたちの格好の狩場だった。

八階にあるペイズリーの部屋から廊下を進んだ先には、八人のＫＧＢ諜報員が住んでいた。夜ごとに機密情報を盗み出している二チームのナイトクローラーと、最高レベルの機密情報に自由にアクセスできるＣＩＡの職員が、歩いてすぐの場所で暮らしていたのだ。

だが、問題はそれだけではない。ナイトクローラーたちの取りまとめ役で、大使館付きのＫＧＢ防諜員であるヴィタリー・ユルチェンコのことをピートは考えた。ユルチェンコは精力的な仕事ぶりで知られ、のちにＫＧＢの幹部にまでのぼりつめた人物だ。そして当時のＦＢＩ監視報告から、このビルによく出入りしていたことがわかっている。ＦＢＩは、彼が部下のナイトクローラーの様子を見にきているのだと考えた。しかし、いまになって、ピートの頭に別の疑念が浮かんだ。ユルチェンコは、自分のモグラを確認しにきていたのではないか。大使館付きのあの男が、ペイズリーを操っていた張本人だったと考えられないか。

その可能性は大いにあった。同じプロとして、ピートは敵のあざやかな手口に感心した。ユルチェンコはＦＢＩのカメラの前を平然と通り過ぎていた。何かを気にする様子はなかった。おそらく、自分がビルを訪れたことを記録に取らせようとしたのだろう。ビルにナイトクローラーを住まわせたのは、ＦＢＩに疑惑を抱かせないための仕掛けだったのだ。実際、ＦＢＩは「ＫＧＢの上級職員がゴリラどもの世話をする場面をとらえた」と喜んだが、本当の狙いには気づかなかった。ユルチェンコは、監視の目を巧妙にかいくぐってモグラと会っていたのだ。

しかし、どれほど見事なオペレーションだろうと、永遠には続かない。どれほど優秀な工作員だろうと、多くの嘘が積み重なった重荷を担ぎ続けることはできない。神経は確実にすり減っていき、いつか限界が訪れる。ふとした物音にはっと驚き、暗闇のなかに幻を見るようになる。誰かに狙われている気がして夜も眠れなくなり、やがてその不安が現実のものになる。ある日、動かぬ証拠を突きつけられ、すべてが終わる。チェサピーク湾で最期の航海に出るまでの数週間の記録からは、ペイズリーがすすり泣く声が聞こえてくるようだった。ピートは、絶望の叫びにも似たその声に耳を澄ました。

ある日、ペイズリーはすべてを投げ出してブリリグ号で冬の海に飛び出したが、二日後には港に帰ってきた。「気持ちが乗らなかったんだ」と彼は友人に話している。その後、昔の仲間に連絡を取り、商船隊に戻れないかと尋ねた。新しい仕事を見つけたいと、妙に意気込んだ口調だったようだ。またあるときは、娘が働くヴァージニア郊外のレストランを訪れ、たまたま会った電子工学の仕事をしている人に大声で話しかけた。「なあ、おまえの知り合いを紹介してくれ。人生を変えたいんだ。世間知らずの若造だったころみたいに、船の無線技士になりたいんだ」

そうかと思えば、ＶＮＥパスを使って、ＣＩＡ本部の二階にある防諜部の中枢にアポもなくやってきたこともある。ある議員がKGBに情報をリークした件について調べてるんだ、とペイズリーは主任に話した。しかし、あとで調べたところ、そのような調査は行われていないとわかった。神経が高ぶっていたペイズリーは、誰かが自分のことを調べていないかを確かめようとしたのかもしれない。

それから、ペイズリーが財布をなくしたことがあった。彼は、カード会社に電話してカードを止めるのではなく、『ワシントン・ポスト』紙の広告欄に遺失物願いを出していた。ふつうでは考えられない行動だ。このときばかりは、何人かの友人も不審に思ったようだ。数日後、ペイズリーが失くした財布を持っているところが目撃された。財布の中にはクレジットカードが詰まっていた。彼は無事に財布を見つけたのだろうか。それとも、そもそも失くしてなどいなかったのか。もし、新聞に広告を出した真の目的が「事前に取り決めていたシグナルを管理官《ハンドラー》に送る」ことだったとしたら、すべてのつじつまが合う。彼は、自分の人生が崩れていくのを感じ、助けを求めたのかもしれない。だが、ソ連側にシグナルを送ったとして、なぜ偽名を使わなかったのだろう。偽名を使ったら逆に目立つと考えたのか。たしかに、CIAの監視チームがすでに彼に目をつけていた場合、疑惑がますます濃くなるのは避けられない。いずれにしても、答えは闇の中だ。

一九七八年八月二五日、ペイズリーは五五歳の誕生日を迎えた。つねに神経が不安定で、人を裏切ってばかりいる男だったが、この日だけは少し気分がよかったようだ。ベティ・マイヤーズが、ペイズリーの新しいアパートメントに何人かの友人を集めてパーティーを開いたおかげだろう。にぎやかな会が終わり、二人だけになったあと、ペイズリーがめずらしく明るい表情を見せたとマイヤーズは語っている。悩みから解放され、魂に生気が吹き込まれたように見えたという。

マイヤーズはその日のことをこう振り返った。「みんなが帰ったあと、彼は床に座って、誰かが持ってきてくれた風船を膨らませました。一つ残らず膨らませて、きちんと結ぶと、それらを両手で抱えて窓を開けて……マサチューセッツ通りに向かって放り投げました。風船はいろんな方向に飛んでいきました。彼のそんな姿を見られて、本当にうれしかったんです」

しかし、その時間は長くは続かなかった。ペイズリーが多少まともになり、幸せな感覚を味わったその日、新たな暗雲が立ち込めた。その記録を読んで、ピートは驚きを隠せなかった。自分がずっと、誰かの足跡をたどっていたことがわかったからだ。ペイズリーの誕生日、あるCIA職員から保安部長に連絡が入った。内容は次のとおりだ。「戦略調査部元副部長のジョン・アーサー・ペイズリーは、KGBに通じていると思われる」

31

一九七八年

デイヴィッド・サリヴァンは、長く寂しい道を一人で歩くプロフェッショナルだった。彼は多大な不満を抱えていた。問題を提起してもまともに取り合ってはもらえず、むしろ中傷の的になり、筋違いの疑惑をかけられる始末だった。多くの人を巻き込んだチームAとチームBのコンペでは強硬派の分析官を務め、CIAは情報をねじ曲げていると批判した。彼は当時、ソ連がアメリカのスパイ衛星から核兵器を隠せるのは、衛星の運用に関する情報を手に入れたからだと主張したが、同意してくれる者はいなかった。SALTIが批准された際は、すぐに「これは狡猾なロシア人の策略だ」と断言し、そのことを示す証拠があると触れ回った。だが、良心に基づいて警告したにもかかわらず、「上層部からとがめられて終わった」とサリヴァンは語っている。

憤慨したサリヴァンは、聞く耳をもたないCIAの人間ではなく、自分に共感してくれる相手に訴えることにした。その判断が、のちに自身の破滅を招くことになるとは思っていなかった。彼は、ヘンリー・"スクープ"・ジャクソン上院議員の補佐官に、SALTへの批判をつづったみずからの報告書を渡した。ジャクソン議員は、邪悪なソ連と条約を締結するのは無駄だと信じている人物だった。『ニューヨーク・タイムズ』紙によると、許可なく情報提供が行われたことを知ったCIA保安部長は「激怒した」ようだ。上院議員やその補佐官は高いレベルのセキュリティ・クリアランスをもっているが、そういう問題ではない。うぬぼれた分析官が自分の判断でCIAの報告書を議会に渡すなど、けっして許されない。

サリヴァンのほうも、処分を受けるために保安部に呼び出されたときには、これ以上ないほど腹を立てていた。もううんざりだ——彼は溜め込んでいた不満をすべて吐き出した。

サリヴァンは徹底的に戦った。一九八八年にサリヴァンのインタビュー記事を読んだピートも、できることならその場に駆けつけて加勢したいと思ったことだろう。一九七八年八月の朝、サリヴァンは保安部長のロバート・ガンビーノと向き合い、ピートをずっと悩ませていた悪夢を遠慮なく言葉にした。

「CIAは腐ってる」と、彼は怒りをぶちまけた。「信じられない話だ。私の仕事がこんなふうに扱われるなんて、どう考えてもおかしい。もっと評価されるべきなのに」

ガンビーノは何も言わなかった。

サリヴァンは続けた。「われわれはすべて失った。スパイ衛星の力も、人的情報も、信号情報も、何もかも。これらが全部、たまたま起きたことだと思うのか?」

ガンビーノは、あえて口を出さずに話を続けさせた。

「CIAにモグラがいる」。サリヴァンはついにそう口にした。そして、一〇人の名前が載ったリストをガンビーノに渡した。最大の容疑者はジョン・アーサー・ペイズリーだった。

ガンビーノは、自分勝手な分析官には取り合わなかった。むしろ保安部長として、サリヴァンを厳しく処分するつもりだった。しかるべきタイミングで、しかるべき処分を下す。それでサリヴァンとCIAの縁は切れる。

一方で、ガンビーノは仕事に対してはどこまでも真摯な男だった。何が大切かはわきまえているし、サリヴァンの指摘を完全に無視するのは間違っているとわかっていた。サリヴァンは優秀だが、思い込みが強く、自意識過剰なところがある。だが、それはガンビーノの個人的な見解だ。

リストに載った一〇人については、ただちに調査を始めなければならない。そして、そのうちの一人はとくに注意が必要だ。

やがてガンビーノの調査チームは、ペイズリーが一九五三年以来ポリグラフ検査を受けていないことを突き止めた。ペイズリーが裏切り者であろうとなかろうと、保安部にとっては恥ずべき事実だ。ペイズリーほどのアクセス権限をもつ人物なら、通常は年に一度は検査を受けさせられる。たとえなんらかの事情があったとしても、二年に一度は検査を実施するだろう。ところが、ペイズリーの検査が最後に行われたのは二五年も前だ。このようなケースは前代未聞であり、一刻も早く対処しなければならない。

一九七八年九月二二日金曜日、ペイズリーは保安部からの手紙を受け取った。そこには「高いレベルのセキュリティ・クリアランスをもつ者は、全面的な身元確認調査を定期的に受けてもらう」という説明があり、ペイズリーも例外ではないと書かれていた。つまり、該当する人物は、過去一〇年間にわたるシングルスコープ背景調査（セキュリティ・クリアランス取得のための身元確認調査の一種）が必要になるのだ。配偶者、隣人、職場の関係者に対するインタビューも行われ、税金還付書類や銀行記録も参照されるという。「まずは手紙に同封された履歴書を記入してほしい。書類を確認後、ポリグラフ検査の日時を決めるために再度連絡する」ということだ。

手紙そのものは、調査の対象になる職員全員に送られるもので、命令口調ではあるが内容はいたって平凡だ。

しかし、ペイズリーはそれだけですべてを理解した。

二日後、彼はパタクセント川の大きな河口、メリーランド州ラスビーの離れた入り江に向かった。そして、係留してあるブリリグ号のロープを外し、風のないチェサピーク湾の静かな暗闇へと出航した。ペイズリーが生きている姿が確認されたのはそれが最後だった。

いったい何が起きたのか。答えがわかる日は来るのだろうか。「もつれた糸の結び目を一つずつ解きほぐす」ことが可能なのだろうか。ピートは証拠を詳しく調べ、知恵と分析を総動員して解明に取り組んだ。しかし、ブリリグ号で起きたことに関しては、わかったことよりも謎のほうが多い。

なぜ、ＣＩＡの機密書類が船室にあったのか。機密文書が本部の外に持ち出されることはない。まして、引退した職員のヨットにあるはずがない。

なぜ、バースト転送機が船室にあったのか。ＣＩＡは、このような高度な電子機器をペイズリーに提供した記録はないという。では、誰が渡したのか。この装置は、何万もの言葉や信号を送受信するために使われる。通信を暗号化して、人工衛星に送るための周波数帯変換器《スクランブラー》だ。敵地に潜入した工作員は、この装置を使って自国の諜報機関と連絡を取る。しかし、ペイズリーはどこの諜報機関とやりとりしていたのだろう。どの国の人工衛星が、彼が出す信号を受信していたのか。

なぜ『ワシントン・ポスト』紙の偽の社員証が船内にあったのか。この新聞社はソ連大使館と小道を隔てて隣接している。ペイズリーはこの社員証を使って新聞社の建物を通り抜け、管理官《ハンドラー》と密会していたのだろうか。

なぜ、ヨットの甲板に銃弾が散乱していたのか。誰の銃のものだったのか。争っていたのだろうか。そして銃はどこにあるのか。船内に火器は見つからなかった。

そして、あの膨れ上がった腐乱死体だ。ペイズリーの行方がわからなくなってから八日後、パタクセント川河口の東の海域で浮いているのが発見された。左耳の後ろを銃弾が貫通した穴があり、そこから脳味噌が流れ出ていた。死体には重い潜水用ベルトが二本巻きつけられていた。ペイズリーは自殺したのだろうか。だとしたら、その理由は何か。経済的な問題はなかった。それに、妻とガールフレンドの証言によると、ペイズリーには気分の浮き沈みこそあったが、精神的に深く落ち込んでいるようには見えなかったという。「思い当たる節がない」と二人は嘆いていた。それに、公式の見解どおりの方法で自殺することが可能なのか。一七キロの鎖を身体に巻きつけ、甲板から飛び降りると同時に空中で頭を打ち抜けるものなのか。しかも、銃創は左耳の後ろにある。右利きのペイズリーが、飛び降りている最中に身体をひねって発砲するだろうか。また、なぜ潜水用ベルトを使ったのか。何か壮大な計画があったのか。死体が誰にも見つからないよう、永遠に海の底に沈めておくつもりだったのか。別にそうする必要はなかったはずだ。彼は二種類の保険に加入していて、どちらも自殺の場合でも保険金が支払われる。さらにいえば、二本の潜水用ベルトはどこから来たのか。事件後にインタビューを受けた人たちは、口をそろえてこう言った。ペイズリーはベルトを一本しかもっていなかった、と。そうだとしたら、あのベルトは誰のものだったのか。

大急ぎで遺体を火葬したのはなぜか。遺族による身元確認すら行われないうちに、遺体は焼かれて灰になった。検死もいい加減で、信憑性に欠けた。そして驚いたことに、ＣＩＡとＦＢＩはメリーランド州警察に対して、このベテラン職員の指紋記録は残っていないと言い切った。また、遺体は一週間も水中にあったために損傷が激しく、目視で身元を確かめるのは不可能だった。加えて、検死報告では、遺体は身長一七〇センチ、体重六五キロとされていたが、商船隊の資料には、身長一八〇センチ、体重七七キロとある。海に浮かんでいた死体は、本当にジョン・ペイズリーだったのだろうか。

ペイズリーが姿を消した夜、沿岸警備隊は「チェサピーク湾東岸、ソ連が夏に使っている別荘で、異常な量の通信トラフィックが発生している」と報告した。いったい何があったのか。パイオニア・ポイントの海岸べりにある別荘で、無線技士は誰と交信していたのだろう。緊急事態だったのか。なんらかのオペレーションが進行中だったのか。

同じ夜、ポーランドの商船フランスツェク・ズブルツスキー号が、月夜の闇の中をボルチモア港へ向かって航行していた。翌日になると、船は大西洋を越えてロッテルダムに向かった。この船は、スパイたちの謀略のなかでなんらかの役割を果たしたのだろうか。チェサピーク湾を航行しているときに誰かを拾ったのか。大西洋を渡る間、船には秘密の旅行者が乗っていたのだろうか。

ピートは、こうした数々の疑問について真剣に考えた。思いつくかぎりの曖昧な仮説や必要な条件を挙げていき、揚げ足を取るのが好きな防諜員たちが持ち出すであろう矛盾や問題点を並べ立てた。たしかに断定するだけの材料はない。それでも、ピートにはわかった。間違いない。

彼は生きている。ジョン・ペイズリーはあの夜、チェサピーク湾では死ななかった。

彼は生きている。引き揚げられた無惨な変死体はジョン・ペイズリーではなかった。火葬されたのは彼ではなかった。

彼は生きている。追っ手が迫ってきているのに気づいたペイズリーは、事前に示し合わせておいたシグナルを送ったのだ。「助けてくれ」と。

彼は生きている。KGBの脱出工作部隊が計画を実行した。別の誰かの頭に銃弾が撃ち込まれた。名もなき犠牲者は、自殺を偽装するために、潜水用ベルトを巻かれて海に沈められた。

彼は生きている。チェサピーク湾を深夜に航行していたポーランドの商船がエンジンを落とすと、船のわきから梯子が下ろされる。近くに浮かぶ小さな船の甲板にいる男が、梯子をつかみ、闇にまぎれて急いでのぼっていく。男は甲板で出迎えられ、すぐに下の階の船室に案内される。船がロッテルダムに入港するまで、けっして外には出ない。

彼は生きている。問題に直面したCIAは、何十年も続いた欺瞞工作を表沙汰にして大騒ぎを起こすのではなく、賢く立ち回ることに決める。ペイズリーは下級分析官にすぎないとメディアに伝える。文書は紛失していない、機密情報も盗まれていない、諜報員の名前もリークされていない、遺体の身元を確認するための指紋の記録もない、と。そして迅速に遺体を火葬にまわす。これで証拠は残らない。

彼は生きている。いまごろはソ連のどこかにいるはずだ。長年、モスクワ・センターのモグラとして活躍したジョン・ペイズリーは、英雄として歓迎されたのだ。

あるいは、ピートの考えはすべて間違っているのだろうか。手がかりをたどった結果、とんでもない仮説を立ててしまったのか。信頼できない情報源に頼ってしまったのか。自分が手に入れた情報は、単なる悲しい人間ドラマに陰謀論的な脚色を加えてしまったのか。ピートは、自分が生涯をかけて行ってきた任務を正当化するために、一人の不幸な人物を狡猾な裏切り者に仕立て上げたのだろうか。

それに、ペイズリーの死後、上院情報委員会がペイズリーの死をめぐる調査を行っている。そのことを無視するわけにはいかないだろう。二年がかりの調査を経て、委員会は一九八〇年に「国家に対する誠実な奉仕者としての（ペイズリーの）卓越した功績を損なう情報は何も見つからなかった」と発表した。「ペイズリー氏の死が、対外諜報や防諜と関係があったという見方を裏付ける情報は発見されなかった」と結論づけたのだ。

しかし、本当にそうなのだろうか。これで決着がついたというのか。ピートは、委員会が出した結論がやけに慎重な言いまわしを用いているのが気になった。「裏付ける情報は見つからなかった」というのは、いかにも法律家的な言いまわしで、断定するのを避ける表現だ。加えて「報告書の全文は機密文書に分類する」と委員会が決定したことも引っかかる。ペイズリーの死は他殺なのか。自殺なのか。それとも彼はまだ生きているのか。この疑問についての詳細な調査結果が公開されず、そのまま政府の書庫にしまい込まれてしまったことに、ピートは深く失望した。

さらに、この公式発表は、意外な人物によって信頼性が損なわれることになった。委員会の事情に通じた人物、もっといえば、調査の指揮をとった情報委員会顧問であるマイケル・エプスタインが、無念そうにこう言ったのだ。「この事件の顚末が明らかになることはないだろう。すべては謎だ。われわれには……調査のための手立てが本当になかったのだ」

『ワシントン・ポスト』紙もこの報告書に関する記事を掲載し、エプスタインの心境に理解を示した。ある記事には次のような記述がある。「事件に詳しい多くの関係者から見れば、(委員会が出した結論は)実際に起きた謎における一つの章にすぎない。誰もが納得する答えを出すのは不可能かもしれない」。ピートは、同じく『ワシントン・ポスト』紙の記事のなかで、もう一つ似たような言葉を見つけた。CIAの公式スポークスマンが、ペイズリーの死についてこう語っていた。「何が起きたのかは誰にもわからない。われわれも、彼がどのように死んだのかは承知していない」

しかし、わからないことは罪ではない。ピートもそのことを認めていた。報告書が最高機密に分類されたからといって、CIAが恥ずべき事実や都合の悪い真実を隠蔽したとは言い切れない。諜報機関が仕事の内容を機密扱いにするのは日常茶飯事だ。隠すことこそ、彼らの習性なのだ。諜報機関の人間の口数が少ないことは、何かを疑う理由にはならない。現実は複雑で、ときに間違った方向に進んでいく。しかし、必ずしも邪悪なわけではない。

しかし、この暗い路地を怪訝そうな顔で歩いているのはピートだけではなかった。チェサピーク湾でブリリグ号の漂流が発見されてから一二年後、ノースカロライナ州選出の超保守派であるジェシー・ヘルムズ上院議員は、上院外交委員会において、ペイズリーの凄惨な死について公式な質問を投げかけた。また一九八九年には、「ジョン・ペイズリーは、長年にわたって、ソ連のモグラとしてCIAに潜入していたのだろうか」と同僚に聞く一方で、外交委員会に「彼がソ連に通じていた可能性を示す証拠」を審査してほしいと要請した。さらに、「ペイズリーとソ連圏の諜報機関の関係について、アメリカ政府がこれほど長く疑問を抱かずにいた理由はなぜか」と説明を求めた。そして最後に、「ソ連圏の諜報機関の人物がCIAに潜入していたか否か」についての結論を出すために、委員会から調査を要請してほしいと求めた。

しかし、ヘルムズの試みは阻止された。委員会のメンバーの過半数が彼の提案を否決したのだ。こうしてペイズリーの一件は、その入り組んだ秘密や謎とともに、不可解な未解決事件として疑惑だらけの不気味な海を漂うことになった。

ピートにとって、それは長い旅だった。真相に迫ろうとして、険しい道をここまで進んできた。ジュネーヴの居心地のいい隠れ家《セーフハウス》から始まり、神聖なワーテルローの平原を経由し、かつての亡命者が主催するディナー・パーティーに参加して、それによってスパイ一家が誕生することになった。ピートは、誰かが犯した罪の犠牲になった工作員たち――ポポフ、ペンコフスキー、トリゴン、シャドリン――の復讐を果たそうとした。ノセンコの秘密をいまも守ろうとする〝壁〟を壊すために、懸命に闘った。すでに一線を退いた老スパイではあるが、CIAを守るために進み続けた。彼らが自分の助けを求めていなかろうが、自分だけでなく尊敬する上司までもが攻撃されようが、人生を捧げた組織に尽くそうとした。いくつもの障害があり、数々な屈辱を受けてきたが、それでも引き下がるつもりはなかった。ピートは一人で戦った。それこそが彼の任務だった。

一方で、「すべての答えが明らかになることはない」とピートは認めた。モグラはペイズリーだと確信していたが、それがわかったからといって解決にはならない。いまのピートにできるのは、ともに冷戦を戦ったスパイ仲間たちに自説を披露することだけだ。アングルトンもその一人だ。彼はピートの話に真剣に耳を傾け、「ペイズリーは、きみが考えたとおりの男だ。間違いない」と言った。しかし、それでもピートは心から満足することはできなかった。

「私は少なくとも、埋もれた真実の大枠を掘り起こすことには成功した」。ピートはそう語り、自分の成果を誇りに思おうと努めた。だが、ベテラン防諜員がみなそうであるように、彼も現実主義者《リアリスト》だ。だから、探してきた〝確たる証拠〟は、ほかの多くの秘密とともに、敵の金庫の中に永遠に隠されるとわかっていた。狙った獲物のことをよく知るには、獲物の魂の奥底をのぞき込む能力が必要になる。しかし諜報の世界では、なかなかうまくはいかない。敵は全力で秘密を守ろうとする。そして、それはこれからも変わらない。

第五部

「月の裏側」1990年―2014年

32

まず、壁が崩れ落ちた。有刺鉄線もコンクリートブロックも、すべてが瓦礫《がれき》と化した。それからの変化は、まるで世界そのものが激しく動いているかのようだった。ペレストロイカ政策のもとで経済は混乱し、グラスノスチによって自由化が進められた。ソ連は、ピートが数々の策略を仕掛けた敵だった。殺人的で排他的な敵だった。だから、あらゆる手を講じて徹底的に戦ったのだ。だがその敵も、とうとう迫りくる死期を感じ取ったようだ。そして、一九九〇年代が始まると、冷たい戦争は冷たい平和へと移り変わっていった。

ピートは驚いた。ソ連の崩壊はあまりに唐突で、予期しない出来事だった。彼は唖然としながらも、はるか昔のことを思い出した。高校の理科の授業でのことだ。その日、天文学の先生は絶対的な真実を一つ教えてくれた。「月の裏側はけっして見ることができない」。しかしその言葉は、のちに時代遅れの科学として忘れられた。時とともに、点描や写真や天体図を通じて、月の裏側がどういうものかを知れるようになったのだ。

そんな昔のことを思い出しながら、ピートは物思いにふけった。最初のうちは、「長く生きるといろいろなことがあるものだ」と、老年の男らしく感傷に浸っていた。しかし、まもなく一つのイメージが浮かんだ。彼が思い出したのは、第二次世界大戦後、かつての敵同士が集まって、兵士としての共通の体験を通じて仲を深めながら思い出を語り合う姿だ。そしてこう考えた。「冷戦が本当に終わっているのなら、かつてのKGBの戦士とも同じように打ち解けられるのだろうか?」

彼らの立場からあの事件を見ることができたら、土に埋もれた真実が明らかになるかもしれない——ピートはそう期待した。

思わず興奮がわき上がってきたが、すぐにわれに返った。こんな思いつきで行動していいのか。この歳で、いまさら何ができるというのか。CIAを辞めてからもう二〇年近く経った。おとなしく引退生活を送るべきではないのか。好きなように本を読んで、孫たちと遊んで、冷戦の勝利を喜んで、のんびりしていればいいだろう。それに、この長く曲がりくねった道はすでに歩いた。モグラを追って、裏切りのジャングルの茂みをかき分けながら前に進んだ。それで何を手に入れた? 言いたくはないが、長年かけて得られたのは〝仮説〟だけだろう。やめておけ。おまえの時代は終わった。過去は過去でしかない。白髪頭の元スパイが忘れられた謎を調べたところで、何も変わりはしないんだ。

しかし、ピートは自分を抑えられなかった。過去の謎を頭から追いやるのは不可能だった。結局のところ、この謎を追うことは彼にとっての最重要任務なのだ。

ピートは新しい計画を練った。重要なのは、ここぞという瞬間を待つことだ。後ろ盾はないし、諜報機関に知らせるつもりもない。単身で乗り込み、かつては敵国に忠誠を誓っていた冷戦の戦士と接触する。ソ連圏の年老いた諜報員や防諜員に近づいて、「時代は変わった、話をしようじゃないか」と呼びかける。プロとしてではなく一般市民として、自由な空気のもと、腰を下ろして昔話を語り合うのだ。

しかし、ピートにはつねに現地工作員《フィールドマン》としての目的がある。気楽な世間話も、はるか昔のオペレーションの思い出話も、本当の目的を隠すためのものだ。その裏には、より複雑な任務がある。ピートの狙いは、自分がこれまでに何を見落としていたのかを明らかにすることだ。そのための情報を手に入れるのが目的だった。やむをえなかったにせよ、怠慢だったにせよ、CIAは嘘や謎を真実として受け入れた。ピートは、今度こそ確たる証拠を見つけ、それらを一掃したかった。いまやCIAの常識になってしまった木を揺らして、枝につかまったモグラを振り落としたかった。

それに、ピートの頭にあるのは過去のことだけではない。現代の人々に警告したいという思いもあった。過去の裏切りのパターンを明らかにすれば、これから生じる危機に気づけるだろう。すっかり無気力になった諜報機関も目を覚ますに違いない。警告の内容は明らかだ。数々の証拠から、裏切りはまだ続いていると考えられる。つまり、いまでは新たなモグラが入り込んでいると考えて間違いない。

　さらに、本人ははっきりとは言わなかったが、ピートを駆り立てる理由はほかにもあった。きわめて根の深い、個人的な動機だ。彼は長年にわたって罵詈雑言を浴びせられてきた。「正真正銘の偏執病《パラノイア》」「根拠のない疑い」「陰湿な結論」などと言われ続けた。ピートからすると、いずれも「実証できる事実」だと怒りを覚えずにはいられなかった。そこで、長年受けてきた中傷を打ち消すために、反論の余地のない証拠を集めようと考えた。それができれば、ようやく汚名を返上できる。さらに、同じ思いをもつ同時代の仲間、つまりアングルトンやロッカやデリアビンといった愛国心をもつ者たちの名誉も取り戻せる。

　こうして、ピートは仕事に取りかかった。知人に紹介してもらったり、手紙を出したりと、とにかく骨が折れる作業だ。自由で開放的な一九九〇年代から、ロシアの熊がふたたびうなり声を上げて威嚇する新世紀にかけて、以前は想像もしなかったような人脈をつくっていった。彼は、かつてソ連圏の諜報機関で働いていた人物と語り合い、酒を飲んだ（まさに〝痛飲〟した）。彼が会った人物は二〇人近くにものぼる。かつての敵が、ブリュッセルやパリやベルリンを訪れるときは、会議、研究、ドキュメンタリー作品の制作といった口実をつくって会いに行った。かつての〝禁断の地〟の奥深くに足を運び、黒海のリゾート地ソチの涼しい風を浴びながら旧敵と話し込むこともあった。また、赤の広場を散策したこともある。すぐ近くに恐ろしいルビアンカがあり、その拷問室に亡霊が悲しく漂っていることは考えないようにした。

もちろん、いつも順調に話が進んだわけではない。永遠に癒えない傷もある。ＫＧＢの幹部だったある男は、歯をむき出しにしながら「おまえたちとの戦いはまだ終わっていない。忘れるな」と警告してきた。また、ピートを睨みつけながら「ＫＧＢは死んでいない」と冷ややかに告げるベテランの元スパイもいた。

とはいえ全体的には、かつて対立したロシア人は驚くほど友好的だった。みな率直に話をして、もってまわったような物言いはしなかった。引退した老スパイたちは、一つのコミュニティをつくっていた。誰もが同じような深夜の恐怖を味わい、階段を上ってくる重い足音や、執念深くドアを叩く音に耳をそば立てた経験があった。そして、同じような危険を乗り越え、同じような恐怖に何度も立ち向かったおかげで、人生が研ぎ澄まされていた。「みな嬉しそうに昔話をしたし、こちらの話にも興味をもっていた」と、ピートは自分の驚きについて書いている。モスクワ・センターから離れた場所にいた彼らは、内部情報にかかわるピートの質問に対しても進んで答えてくれた。そしてそこには、「この男なら、おれたちから聞いた情報を悪用したりはしないだろう」という信頼も感じられた。記録には残っていないが、ピートはおそらく一線を越えないように心がけたのだろう。つまり、「西側に潜伏するスパイのことだけは尋ねてはならない」とわかっていたのだ。

鍵穴からのぞき込む時代は終わった。それどころか、ドアは大きく開かれた。ピートは興奮を抑えられなかった。あるときは、KGBの二つ星将校の上品なアパートメントで酒を飲んだ。そこは、長年の忠誠への褒美として、国が彼に与えた住まいだった。二人はウォッカのボトルを何本も空けながら長い夜を過ごし、夜明けの気配が窓から入り込んできてもまだ話し込んだ。また、ピートが必死に苦笑いをこらえた出来事もあった。元KGBの男が、自宅の豪華なバスルーム（金のトイレが印象的だった）を自慢げに案内してくれたのだ。元の持ち主はヴィクトル・アバクーモフだと男は言った。悪名高いスメルシ（スターリン直属の防諜部隊）の殺し屋であり、大粛清の熱心な支持者でもあった人物だ。ほかにも、ピートの目に勝利の涙が浮かんだこともある。KGB創設者のフェリクス・ジェルジンスキーの像が、ルビアンカ前の高い台座から転げ落ち、みじめな姿で倒れているのを目にしたのだ。まさに〝月の裏側〟と呼ぶべき光景だった。

このように、かつての敵に接触し、KGBの深層に秘められた記憶を手に入れようとするなかで、ピートはモスクワ・センター内に「特殊スパイ部隊」が存在したことを知った。その部隊がどのようなオペレーションに従事しているかは、ほかの部署には知らされていなかった。部隊の責任者は、野心に満ちたオレグ・グリバノフ将軍だ。グリバノフは、防諜と国内治安を担当する第二総局の指導者で、何年もの間、執拗なまでに敵のスパイを捕らえる任務についていた（西側では「ソ連のJ・エドガー・フーヴァー［初代FBI長官］」として冷ややかな敬意を向けられた）。おもに「欺瞞作戦」に従事するその部隊は、〝第一四部〟という名前で知られていた。

33

そのホテルは、田園風景が広がる美しい村、プレンデンにあった。緑の芝生と背の高い雑木林が広がるこの村は、かつて東ドイツの共産党エリートたちが夏のレジャーを楽しんだヴァンドリッツ地区の中心に位置している。しかし一九九四年当時、ドイツはすでに統一され、四年間かけて数々の変革が行われていた。明るい春の日差しの下にいると、この国が東西に分断されていたことなど忘れてしまいそうだとピートは思った。とはいえ、道の先には大きな地下施設が存在する。地元では、建設を命じた共産党指導者にちなんで「ホーネッカーの地下壕」と呼ばれている施設だ。核ミサイルで空が埋め尽くされる〝運命の日〟に備えて、八万四〇〇〇トンの強化コンクリートを使って建造されている。東ドイツの国防評議会は、社会主義革命という大義のために、真っ先にそこに避難することになっていた。

その日の朝も、ピートはいつものように早く起きた。静かなうちに考えを整理し、テレビ撮影が入る会合に向けて準備をするつもりだった。しかし、その前にコーヒーが飲みたかった。彼は木造のらせん階段を下りて、朝食を食べに向かった。

部屋はすでに陽光に包まれ、糊《のり》のきいた白いテーブルクロスと重厚感のある銀食器が輝いていた。ピートのほかには誰もいないと思っていたが、隅の小さなテーブルに一人の客が座っていた。フクロウのような丸顔で、はげかかった大きな頭の上にうっすらと白髪が見える。黒枠の眼鏡をかければ、いかにも会計士のような風貌だ。

ピートはすぐに、男が誰だか気づいた。直接目にするのは初めてだが、かつてラングレーのオフィスの金庫に保管していた敵の顔写真のなかでは、その人物がいちばん目立っていた。

ピートは迷わず近づくと、「ご一緒してよろしいですか」と尋ねた。

「ええ、もちろん」。相手は流暢な英語で答え、右側の空いている席を指し示した。

二人は自己紹介を交わした。すべては芝居だ。元KGBのセルゲイ・コンドラシェフ中将と、元CIAソ連圏部防諜主任のピート・バグレーは、過去三〇年間、お互いの動向を追い続けてきた仲だ。

しぼりたてのオレンジジュースと濃いめのコーヒーを挟んで会話が流れていった。顔を合わせたスパイたちがするように、二人もスパイの世界に入った経緯について語り合った。ピートは、自分の一族と海軍の関係を話した。だが、KGBにいた者なら知っていることばかりだろう。視力に問題があったせいで別の仕事を探さざるをえなかった、それで行き着いたのがCIAだったのだ、と彼はユーモアを交えながら話した。ロシア人のほうも興味深そうに話を聞いた。

ピートの話が終わると、次はコンドラシェフが語りはじめた。彼は戦後、防諜局の国内部門に配属されたと打ち明けた。何年もの間、モスクワにあるアメリカ大使館を最大のターゲットにして仕事をしていたようだ。

ピートは興味を引かれた。何年経っても忘れられない昔の恋人のように、ある古い事件が脳裏によみがえった。事件の中心人物は、コンドラシェフと同じ時期にモスクワのアメリカ大使館を狙っていたＫＧＢのやっかい者だ。だがそのＫＧＢ職員は、あるとき急にワシントンに出張してきた。ピートはずっと、その理由を不思議に思っていた。しかし、いまその疑問を持ち出すべきなのか。軽率な質問一つで、ピートがじっくり進めてきた計画が一瞬にして破綻するかもしれない。コンドラシェフが激怒して立ち上がり、大きな足音を立てて去って行き、二度と口を利いてくれなくなるという最悪なビジョンが頭に浮かんだ。いいか、慎重にやるんだ、とピートは自分に言い聞かせた。

とはいえ、このチャンスを無駄にするわけにもいかなかった。そこで、明るい調子で、満面の笑顔を浮かべながら、前置きや説明はいっさいせずに「ずっと気になっていることがあります」と切り出した。「モスクワのアメリカ大使館をターゲットにしていた工作員が、名前と身分を偽って短期間だけワシントンを訪ねてきたことがあります。いったい、目的はなんだったんでしょう、通常の業務から離れて短いアメリカ出張に出かける以上、相応の理由があったはずです」

そして待った。重い沈黙が続き、だんだん不安が押し寄せてきた。ピートは自分を責め、手際の悪さを恥じた。年は取るものじゃない。もっとうまい聞き方があったはずだ。相手をおだてるべきだった。雰囲気づくりをしておくべきだった。あるいは、この疑問は胸に秘めておくべきだったのかもしれない。この際、相手が何も答えずにいてくれたらいい。それか、「知らない」と一言だけ返してくれたらそれでいい。少なくとも、それならお互いの面目を保てる。この関係をまだ続けられるし、いずれ収穫があるかもしれない。

そのとき、ロシア人がようやく口を開いた。その返事は、ピートと同じように簡潔なものだった。「ああ、あれは重要な協力者に会うためです」。彼は平然とそう言い、一瞬だけ間を置いた。おそらく、そのまま続けるべきか迷ったのだろう。そして、こう付け加えた。「その人物の正体は最後までばれませんでした」

ピートは、長年の疑問がようやく解消したという気分にはなれなかった。むしろ、続きが聞きたい。しかし、その〝協力者〟というのは誰なのかと聞けば、コンドラシェフとの関係が終わるかもしれない。ピートは迷った末に口を開いた。「なるほど……やっぱりそうでしたか。私もそうではないかと思っていたんです」。それ以上は何も言わなかった。

諜報の世界には、「秘密という資本はむやみに消費してはならない」という暗黙のルールがある。その点から考えると、二人のやりとりは例外的なものだ。画期的、と言ってもいいかもしれない。ある意味では、二つの国の未来を予感させる出来事だった。

それから一三年間、コンドラシェフが二〇〇七年に心臓発作で亡くなるまで、二人の元スパイは友人として親交を深めていった。その交流のなかで、彼らは土に埋もれていた重要な秘密を掘り起こし、昔の疑惑を明らかにした。ピートは、コンドラシェフの協力を得ながら手がかりをつかみ、旧ソ連の諜報員とのネットワークを広げ、証拠を集めていった。長年、頭を悩ませてきた疑問の答えが見つかりはじめた。

誰が何を言ったか。どうして断片的な情報がパズルの中にうまくはまるのか。情報源は誰なのか。ピートはそうしたことに関しては誰にも明かさなかった。プロとして、かかわった人々に配慮したのだ。また時とともに、プーチン率いる「新生ロシア」に不吉な兆候が積み重なっていくのが見て取れた。「ソ連の崩壊後、しばらくは平和な時代が続いた。だが気づけば、あらゆる物事が用心深く隠されるようになった」とピートは嘆いている。自分のグループの仲間を公表すれば、国家による報復があるだろう。名誉を剝奪され、年金も受け取れない。死後も恨みは消えず、遺族は重い代償を払わされる。

一方、コンドラシェフは、元CIAのピートとの関係を隠そうとはしなかった。新たな諜報機関――いまや対外諜報はロシア対外情報庁（SVR）、国内治安はロシア連邦保安局（FSB）が担当していた――に対してもだ。そこでピートは、コンドラシェフをグループのスポークスマンに仕立てるのが賢明だろうと判断した。そのグループは、数年にわたってピートに協力してくれた約二〇人の元KGB幹部だ。コンドラシェフには、彼らの意見を代弁してもらうことにした。

そして、ピートは本の執筆に着手した。秘密部隊である〝第一四部〟の内情を明らかにする本だ。その部隊の存在を知ったことで、数十年にわたってピートを苦しめた謎を解く道筋が見えたのだ。そこにたどり着いた経緯を世に伝えるのがピートの目的だった。ストーリーは、コンドラシェフ一人の言葉で語られる。内容はおおむね事実に即していて、明快かつ率直に書かれている。しかしその裏には、多くのプロフェッショナルたちの声が詰まっていた。彼らのひたむきな協力があったからこそ、諜報の歴史に埋もれていた真実が浮かび上がってきたのだ。

コンドラシェフもピートと同じで、順を追って話を進めることを好んだ。そのため、すぐに第一四部のことを取り上げるのではなく、まずは〈ブーメラン作戦〉のエピソードから始めた。

一九五八年一一月（コンドラシェフは詳細な時系列にこだわった）、GRUのピョートル・ポポフ中佐が駐在先の東ベルリンから呼び戻された。「最近の学生デモ騒動に関するモスクワ・センターの懸念について協議する」という話だったが、実際は違った。ポポフは、モスクワに到着すると同時にルビアンカの暗い地下室に連行され、敵意に満ちた尋問を受けた。

コンドラシェフは言った。「強い圧力をかけると、人は誰でも潰れる。これは不変の真理だ。拷問の長さや激しさは人によって違うかもしれないが、行き着く先は同じだ」。ポポフは少しずつ、断片的に自白するようになった。彼は自分の「判断のミス」を認めたものの、大きな秘密だけは守り抜こうと必死に耐えた。しかし、最後にはすべてを吐いた。自分は六年間、ソ連の兵器や核戦略の進捗に関する公式文書をCIAに渡していた、と。

コンドラシェフの話を聞きながら、ピートは印象的だった場面を細かく思い出していた。ウィーンで任務にあたる若き現地工作員《フィールドマン》だったときのことだ。骨まで凍りそうな寒い夜、寒さに耐えるために足踏みをしながら、彼は中心街付近の暗くて狭い通りの戸口で待っていた。すぐに取り出せるよう、上着の外ポケットの中に入れた拳銃がずっしりと重い。目をこらし、敵の姿がないかを見張る。道の向かい側を、紺色のオーバーコートに身を包んだポポフが足早で通り過ぎ、管理官《ハンドラー》のもとに向かっていく。その夜、ポポフが届けたパッケージを確認したとき、ピートはなんとも言えない高揚感に包まれ、勝利の陶酔を味わった。「ソ連陸軍野外令」——国防総省《ペンタゴン》が必死になって手に入れようとした敵の作戦バイブルだ。ポポフを担当する四人チームの一員として働いた三年間は、とにかく内容が濃かった。そのうえ、信じられないほど大きな成果を上げられた。そのぶん、ポポフの処刑を知ったときは喪失感に打ちのめされた。仲のいい友人が死んだのと同じぐらい、悲しみと混乱に襲われた。

その記憶が、ピートを現在に引き戻した。つい先ほど耳にしたことの意味に気づいた。

彼はコンドラシェフの話をさえぎった。本当に一九五八年一一月なのか。その年、ＫＧＢはポポフを自白させたというが、ポポフはその後も一年近くＣＩＡのために働いていた。彼が処刑されたのは一九五九年一〇月末のはずだ。

コンドラシェフは落ち着き払った様子で笑みを浮かべ、こう言った。「そのとおりだ。話を続けてよければ説明しよう」

ポポフの自白のあと、モスクワ・センターは暗い雰囲気に包まれた。自国の工作員が寝返り、オペレーションの内容が知られてしまった、モスクワは血を流していた。しかし上層部にできるのは、ＧＲＵ長官のシャリン将軍をクビにすることだけだ。だが、いまさらそうしたところで、事態が好転するわけでもない。

そこで、オレグ・グリバノフ将軍の出番になった。「グリバノフは、かなりのやり手だ」。コンドラシェフはピートにそう言うと、いよいよとばかりに話の核心に入った。グリバノフは、その陰鬱とした状況から抜け出す手段を思いついた。ＫＧＢは、創設初期から「攻撃的防諜《ナストゥパテルノスチ》」を基本理念としている。グリバノフは、ポポフが売ったＧＲＵの機密情報がアメリカに対する〝武器〟になると気づいたのだ。そして彼は、その新たな任務を〈ブーメラン作戦〉と名付けた。

その後、〝ブーメラン〟を発動させるために第一四部が設立された。作戦のコンセプトは単純だが、目の付けどころが鋭かった。ポポフがリークしたことで価値がなくなった情報をリサイクルする。一見すると価値がありそうだが、実際はごみ同然の情報を混ぜて、それを敵に投げ返すのだ。第一四部がつねに先手を打ってＣＩＡを混乱させる。そして何より重要なのは、機密情報を偽造することで、モスクワ・センターの大きな秘密を隠すことだ。つまり、なぜポポフの正体がばれたのかという疑問から気をそらさせるのだ。

ピートは注意深く話を聞いた。まっすぐ、真剣に相手の目を見つめる。しかし、コンドラシェフの様子は、ピートが長年抱いていた疑惑、つまり「ＣＩＡにモグラが潜んでいる」ことをほのめかしているようには見えなかった。

「口を挟まないようにするのが本当に大変だった」と、ピートはのちに語っている。実際、彼はそのとき、全身が燃えるような感覚を味わっていた。ポポフの正体を明かしたのは誰なんだ、名前を言ってくれ――そう叫びたくてたまらなかった。しかし、その質問をした瞬間、すべてが終わるかもしれない。そこから先の話を聞けなくなるかもしれない。コンドラシェフは、ソ連のために生涯を捧げてきた男だ。そのような人物が、冷戦期のＫＧＢが隠していた最大の秘密をあっさりと口にするのだろうか。

いまは我慢するしかない、とピートは心を決めた。このゲームを長く続けよう。コンドラシェフに主導権を握らせ、彼の思うように話を進めさせるべきだと判断した。だが最後には――つまり失うものが何もなくなったときには――この質問をしよう。その瞬間が来たら、ありったけの声で叫ぼう。裏切り者の名前を聞き出すのだ。だから、いまはただ待つしかない。プロなら誰でも知っている——何事もタイミングが命なのだ。

コンドラシェフは、ピートが必死に葛藤を抑え込んでいることに気づいていたのかもしれない。しかし、その気配を表に出すことはなかった。むしろ、彼は急いで話を進めようとはせず、ときどき後戻りをしながらピートが気づいた矛盾点を掘り下げた。

「きみの言うとおり、ポポフが逮捕されたのは一九五九年だ」と、コンドラシェフは淡々とした口調で言った。「だが、彼がその一年前に自白していたのは確かだ。わかっているだろうが、ポポフは第一四部にとっての最初の事例だった。グリバノフはCIAを罠にはめるためにポポフを仕事に戻した。そして、一年間は活動を続けさせた。モスクワで新しい役目を与えられたポポフは、その後はでたらめな文書しか渡していない。第一四部が悪意をこめて書き上げた、なんの価値もない偽情報だ。CIAを混乱させるためにでっち上げたんだ。それと、ブーメラン作戦にはもう一つ意味があった。グリバノフと彼の秘密部隊の体験学習だ。実際のオペレーションを通じて、彼らのスキルを磨き上げたというわけだ」

ピートが書き残した記録のなかに、そのときのやりとりだと思われる記述が残っている。それによると、コンドラシェフはこう言ったという。「ペンコフスキーは監視活動で見つかったと昔から言われているが、信じてはならない」

ピートには、相手がGRU大佐のオレグ・ペンコフスキー大佐について話しているのだとわかった。「冷戦期における最も偉大なスパイ」だと歴史の本で賞賛されている人物だ。一九六二年のキューバ危機では、勇敢な行動で「世界を救った」二重スパイだ。そしてペンコフスキーの件も、ピートの疑惑をいっそう強めた原因だった。

コンドラシェフは話を続けた。「実は、ＫＧＢはしばらく前からペンコフスキーの正体に気づいていた。だが第一四部は、多大なリスクがあるにもかかわらず、その後も彼を外国に行かせた。理由はいまでも明かせない」

しかし、ピートはすでにその理由を察していた。モスクワ・センターは、ポポフの正体が明らかになった経緯を隠すために、あえて逮捕の時期を遅らせたのだ。逮捕までの一二カ月は、偽装工作のための時間だった。そしてその後、ＫＧＢの監視人《ウォッチャー》の懸命な努力が実ってポポフの正体に気づいたという話がつくられた。ＣＩＡは見事に騙された。これに味をしめたＫＧＢは、また同じ手口を使った。ペンコフスキーの正体に気づいた理由として、以前と同じ嘘を引っ張り出したのだ。

しかし本当は、二人の二重スパイの正体を明かしたのはモグラだ。

コンドラシェフの話の方向が核心に近づいているのを感じ、ピートは興奮した。長年、欺瞞の下に埋もれていた大きな秘密の熱気が伝わってきた。しかし、いまはただ待つしかない。

夕方、長い一日が終わったあと、ピートとコンドラシェフは大きな池のまわりを並んで歩いていた。薄明かりのなか、ウシガエルがにぎやかに合唱している。二人ともすっかり疲れ果て、しばらくは口を開かなかった。その少し前、二人は店に入って酒を飲み、孫たちの写真を自慢げに見せ合った。ピートはてっきり、今日はこのまま家族の話をして終わるだろうと思っていた。

ところが、コンドラシェフは第一四部の話に戻った。

コンドラシェフは、ついさっきまでその話をしていたかのように語りはじめた。「西側に偽情報を流すことに成功したグリバノフは、次の段階に移った。彼は敵にスパイをやったんだ」

ピートは、このロシア人が言う「やる（give）」は「派遣する（dispatch）」という意味だと理解した。つまり第一四部は、西側に二重スパイを送り込んだのだ。

「第一総局でこのことを知っているのは私だけだった。ほかの者は作戦の存在すら知らない」

「どうやってほかの職員に知られないようにしたんだ」とピートは尋ねた。プロフェッショナルとして、敵が用いた方法に興味があった。

コンドラシェフの説明は次のとおりだ。第一四部の職員が、固い革のケースを持って定期的に彼のオフィスに現れる。ケースの中には作戦の進捗についての報告書が入っている。コンドラシェフが読んでいる間、運搬役の職員はそこで待つ。報告書からけっして目を離すな、とグリバノフから厳しく言われているからだ。コンドラシェフが読み終えたら、閲覧したことを確認する書類にサインをもらい、レポートと一緒に返してもらう。運搬役はその両方を革のケースに入れて退室する。この方法なら、第一総局のほかの者に報告書が読まれることはない。グリバノフは秘密を守ることに異常なほど執着していた、とコンドラシェフは言った。

「なぜきみが選ばれたんだ？」とピートは尋ねた。

コンドラシェフは、少し誇らしげな様子でこう答えた。「私が対外諜報の副部長だったことはきみも知っているだろう。だから職責上、海外での偽情報関係のオペレーションはすべて把握する立場にあった。さすがのグリバノフも、この鉄則をつくった将軍たちともめる気はなかったようだ」

そして脈略もなく「ポリアコフだ」と言った。それこそ、第一四部が派遣した最初の工作員の名前だった。

「なんだと？」ピートは叫んだ。

しかし、驚いたわけではない。GRU中佐ディミトリー・ポリアコフのことはよく知っていた。ニューヨーク駐在時にFBIに機密情報を渡していた男だ。その後、ラングーンやモスクワでも任務にあたっている。ニューデリーでの二度の駐在時はCIAが彼を担当した。ポリアコフがKGBに捕まって処刑されたとき、CIAは異例にも「冷戦における最大の情報源」と公に彼を賞賛した。

ピートは四〇年間、ポリアコフはKGBの回し者だと確信していた。

だがCIAのほかの職員は、ピートの懸念を一蹴した。「何から何まで陰謀だと決めつけるのはやめろ」と、五階の連中は厳しく彼を諭した。諜報機関が身内のスパイを敵に渡すはずがない、リスクが大きすぎる、と。CIAの考え方はいつになっても変わらない。いつだってルールは同じだ。亡命志願者がソ連の諜報員だとわかったら、すぐさま手厚く歓迎する。その人物が純粋な亡命者に違いないと判断し、けっして疑おうとはしない。

しかし、コンドラシェフはいま、まさにその裏をかくために第一四部が設置されたと言った。

身内の諜報員を二重スパイとして送り込むために。

ピートはもっと詳しく聞きたかった。そこで、困惑したような口調で反論してみた。言いがかりをつければ、もっと踏み込んだ話をしてくれるかもしれない。

「だが……ポリアコフは処刑されただろう。KGBが自分から送り込んだ裏切り者なのに、なぜ処刑したんだ」

「あの男が、こちらが想定していない情報まで渡していたからだ」

「どうしてそんなことがわかったんだ」。ピートは遠慮することなく説明を求めた。そしてすぐに、自分の軽率さを悔やんだ。

コンドラシェフは口をつぐんだ。会話が〝禁断の領域〟に入り込んでしまったことを強く意識しているようだった。彼は慎重に言葉を選んだうえで、はっきりと言った。「アメリカの諜報機関内に情報提供者がいたからだ」

ピートは激しく動揺したが、どうにか平静を装おうとした。興奮を表に出してはならない。しかし、彼にそこまでの演技力はなかった。コンドラシェフは、目の前の男の様子が変わったことに気がついた。コンドラシェフのほうも居心地の悪さを感じているようだった。一触即発の状況だったが、ピートは直感的に、この男は話せるかぎりのことを話してくれたのだと理解した。おそらく、自分は思っている以上に踏み込んだ発言をしてしまったのだろう。ピートは引き下がることにした。

二人は心地よい沈黙に包まれながら、寝る前の一杯を飲みに向かった。ピートの頭の中では、先ほど耳にした言葉が延々とこだましていた。心に溜まった澱《おり》が一気に解放されたような気分だった。彼らはアメリカ諜報機関内の情報提供者から聞いた――モグラから聞いたんだ。

その後、ピートは踏み込んだ質問をしないよう気をつけながら、コンドラシェフとの友情を深めていった。そしてある日、ピートが確信していたとおり、ついにノセンコの話に行き着いた。しかし、大きな太鼓の音とともに予告されたわけではない。トランペットが鳴り響き、「これから大いなる啓示が告げられる」と合図されたわけでもなかった。コンドラシェフがノセンコに言及したとき、ピートは最初、組織内での派閥政治の危険についての話だと思って注意を払わなかった。モスクワ・センターにもラングレー同様「スパイはどこにいても背後に気をつけなければならない」というお決まりのジョークがあるという話かと思ったのだ。

話は一九六二年二月初旬の出来事から始まった。コンドラシェフはその日、グリバノフ将軍の部屋に向かうよう命じられた。彼は驚くと同時に少し警戒した。KGBのやり口を考えると、これからメダルをもらうのか、鎖につながれて地下に放り込まれるのか、さっぱりわからないからだ。部屋に行くと、グリバノフはすぐに本題に入った。第一四部は、CIAに複雑な作戦を仕掛ける準備を進めている。きみにも手伝ってもらいたい。第一総局を辞めて自分の下についてもらえないか、という内容だった。「きみには私の副官になってもらう。新しい階級も用意しよう。きみは晴れて一つ星の将軍になるんだ」と、グリバノフは魅力的な言葉を並べ立てた。

コンドラシェフの頭の中にさまざまなことが浮かんだ。第一四部はいま、大胆で複雑な任務にかかわっているという噂がある。それに、将官になるのは少年時代からの夢だ。給料も上がるだろうし、大きなアパートメントに引っ越せるかもしれない。しかしコンドラシェフは、一日だけ考えさせてくださいと言った。いまの上司のイワン・アガヤンツ将軍に相談せずに部署を移るというのは、さすがに不誠実だと思ったのだ。

「相談する必要などない」と、グリバノフは語気を強めた。傲岸不遜《ごうがんふそん》という言葉がこれほど似合う者はそういない。人の部下を勝手に引き抜いて相手を怒らせても気にしないのだ。しかしコンドラシェフは、アガヤンツと相談したうえで決めると言い張った。それくらいの礼儀を尽くすのは当然だ。

アガヤンツは、部下の相談を聞いてこう言った。「たしかに魅力的な誘いではある。気持ちが動くのも無理はない。だが、落ち着け。きみは第一総局でまもなく将官に昇進する。それに、その作戦は……長い目で見ればきみのためにならないだろう。グリバノフは必ず失敗する。あの男はどこまでも荒っぽいんだ。作戦には緻密な準備が不可欠だというのに、あまりに事を急いでいる」

コンドラシェフは上司の意見に従うことに決め、グリバノフの誘いを断った。

ピートは、それで話が終わったと思った。しかしまだ続きがあった。

コンドラシェフは、第一四部が立てていた作戦の内容を明かした。それは、CIAへの潜入を志願する第二総局の諜報員の送り込みを手伝うことだった。その男は、ジュネーヴで開かれる軍備会議に出席するソ連代表団の警護という立場で、アメリカ側の人間に接触することになっていた。男の名はユーリ・ノセンコ。与えられた任務は、アメリカにいるＫＧＢの情報源を守ることだ。

ピートにとって喜ばしいはずの瞬間だったが、彼は押し黙り、しばらく動かなかった。人生が大きく一回転したような気がして、めまいを覚えた。ジュネーヴの隠れ家《セーフハウス》から始まり、何十年もかけて追い続けたにもかかわらず、確たる証拠が手に入らなかった。しかしいま、新たな事実が明らかになった。第一四部は、ただ一つの恐ろしい目的を果たそうとした。長く暗いトンネルの向こうに隠れたモグラを守ろうとしたのだ。ポポフ、ペンコフスキー、トリゴン、シャドリン――無惨にも殺された工作員たちは、程度の差はあるだろうが、ＣＩＡに潜入した二重スパイによって犠牲者になったのだ。そして、その裏切り者を守るために送り込まれたのがノセンコだった。

ＣＩＡはかつて、ピートの警告に耳を傾けようとしなかった。それどころか、彼の調査の邪魔をして、その考えをあざ笑った。偏執病《パラノイア》だと揶揄し、強迫観念に取り憑かれていると蔑んだ。だがようやく、ピートの考えが正しいことが証明された。彼が名誉にかけて探し続けてきた〝確たる証拠〟が手に入ったのだ。

ピートの心を読んだかのように、コンドラシェフはこう聞いた。「いったいなぜ、ＣＩＡはあの男を信じた。なぜノセンコを受け入れたんだ」

こうして、残る疑問はあと一つになった。その答えがわかれば、長い追跡の旅が終わる。満足のいく結論にたどり着く。大きな謎がついに解き明かされるのだ。

ピートはコンドラシェフに尋ねた。

34

ジョン・ペイズリーは何者なんだ。

二人が目的地に近づいたとき、鉛色のモスクワの空から雪が降りはじめた。激しい吹雪のせいで遠くが見えない。赤い花崗岩の建物は教会の門塔だろうか。それとも、先ほど見学した、一六世紀の修道院を構成するバロック様式の建物やドーム型の塔の仲間なのか。ピートはそんなことを考えながらコンドラシェフのほうを見たが、無視された。朝からずっとその調子だ。ピートが歩み寄ろうとしても、コンドラシェフはそっけない返事をしたり、失礼なまでに黙り込んだりするだけだった。しかし、文句を言える立場ではない。昨夜、自分がしたことを考えると、友情が壊れてもおかしくはないだろう。ピートは、コンドラシェフが大声で怒鳴って自分を追い出そうとしたことについて考えた。当然のことであり、いまだに気まずさが消えない。すべては自分のせいだとピートは反省した。

コンドラシェフの小さなアパートメントはクレムリンから川を隔てたところにある。そこで夕食をとったのが始まりだった。ピートは手土産のワインを片手に持ち、ある意図を腹に据えて部屋を訪ねた。

そのあとの出来事は、まさに一種の〝尋問〟だった。ワイングラスに最初の一杯を注ぐ前に始まり、夕食の間もずっと続いた。コンドラシェフは何度も話をそらそうとしたり、もっとなごやかな話題を持ち出そうとしたりしたが、ピートはやめなかった。老スパイは、人生の残り時間だけでなく、この任務の時間もあまり残っていないとわかっていた。

「ペイズリーのことを教えろと必死に問い詰めた」と、ピートはのちに友人に語っている。

「教えてくれ。あいつがモグラだったのか？　第一四部が仕掛けた策略は、あいつを守るためのものだったのか？」

「新聞で読んだことしか知らない。自殺したと報じられていた」。コンドラシェフはそう答えて追及をかわそうとしたが、説得力がなかった。

自殺じゃない、とピートは言い返した。「あれが自殺のはずがない。偽装工作にもなっていない。単なる嘘だ。頼む……知っていることを教えてくれ」

「もうその質問はするな。いい加減しつこいぞ。ここは私の家だ。友人としての礼儀というものがあるだろう」

「いいから……答えを教えてくれ」と、ピートは相手の叱責を無視して続けた。

「なんの答えだ」

「ペイズリーについて何を知ってる？　きみは第一四部の作戦報告書を見たんだろう？　たしかにそう言った。一つひとつの記述に目を通すのが仕事だと言っていた。だから知ってるはずだ。誰がノセンコに指示を出していた？　ノセンコは、問題が起きたら誰のところに逃げるように言われていた？　あいつは誰を頼りにしていたんだ？」

「私に国を裏切れと言うのか！　国家機密を明かせと言うのか！」コンドラシェフはついに声を荒らげた。

そういうことになるかもしれない、とピートは認めた。しかし引き下がろうとはしなかった。コンドラシェフは懇願するように言った。「きみが追っているのは昔の亡霊だ。安らかに眠らせてやってくれ。わかっているだろう……きみにはもうなんの責任もない。私だってそうだ。われわれの時代は終わったんだ。さあ、もう一杯やろう。ペイズリーのことは忘れるんだ」

「それはできない」とピートは答えた。不変の真実を語るかのような、完璧なまでに落ち着いた口調だった。

信念のこもったピートの声を聞いて、コンドラシェフの顔に動揺の色が広がった。考えをまとめる時間が必要そうだった。彼は少し間を置いてから、毅然とした口調で言った。「急に気分がすぐれなくなった。少し休む。今日は帰ってくれ」

翌朝、コンドラシェフから電話がかかってきたので、ピートは驚いた。これから会えないかという誘いだった。二〇分後にホテルのロビーに行くと彼は言った。誘いの言葉はそっけなく、どこか冷ややかに感じられたが、朝食をとるうちに向こうの気持ちもやわらぐだろうとピートは期待した。彼もコンドラシェフに謝りたかった。少なくとも、自分があんなにも荒っぽい態度をとってしまった理由をきちんと説明する必要がある。

しかし、朝食はとらなかった。それどころか、コンドラシェフはたいした説明もなくピートを地下鉄まで連れていった。ルジニキ・スタジアムの駅でコンドラシェフが降りたので、ピートも黙って続いた。それから二人は寒空の下を少し歩いた。先を歩くコンドラシェフを追いかけて、ノヴォデヴィチ修道院の高い城壁を通り抜けた。

そこは夢の世界だった。広大な公園には、一〇〇を超えるバロック様式の建物や塔が点在している。ロシア王室が若い女性たちにベールを被せてかくまったという歴史がある場所だ。ピートは浮かれた気分で散策した。新しい発見をすること、それまで知らなかった何かを知ることに、彼はいつも大きな喜びを感じた。そして、これは仲直りのためにコンドラシェフが用意してくれたプレゼントなのだろう、とありがたく受け止めた。

しかし、あとで考えてみると、ピートの考えは間違っていた。コンドラシェフはこのとき、覚悟を決めようと必死にもがいていた。そのための時間が必要だった。公園を訪れたのも、最後の鍵を開ける前に気持ちを整理するためだったのだ。

暗くなりかけた冬の空の下で、スモレンスク大聖堂の小塔がそびえ立っている。陰鬱な城から飛び出したかのような、金色に輝く五つの丸天井《ドーム》を見上げていると、コンドラシェフから合図があった。「行こう」

二人は、修道院の南側の壁の隙間から外に出て少し歩き、赤い花崗岩の門塔の近くに来た。

ピートは建物に近づいた。新雪をまとっていながらも、暗く重苦しい雰囲気を漂わせている。その横には飾り気のないレンガの壁が広がり、曲線を描きながら何エーカーもある平坦な敷地を取り囲んでいる。そして目の前には、灰色の墓石が整然と並んでいた。

ノヴォデヴィチ墓地だ、とコンドラシェフは言った。

そこがピートの長い旅の終着点だった。

それから七年後、ピートは死の床についていた。二〇一〇年、ベルギーで医師からガンを宣告されてから四年が経っていた。長い闘病生活もついに終わりを告げようとしていた。愛する家で、枕元には家族がいた。妻、スパイの世界で生きる娘夫婦、表の世界を選んだ息子と娘。ピートの顔に、恐怖や苦しみはいっさい見えなかった。ある友人は「安らかな最期だった」と語っている。

死を迎えるまでの数週間、ピートは周囲からこう聞かれた。何かやり残したことはないか、言い残したことはないか、と。ピートはそのことについて考え、痛みに苦しみながらも、最後の仕事を片付けようと決めた。

彼は、CIAを蝕んだ「裏切りの歴史」との戦いを通じてわかったことを書いた。組織の怠慢、プロとしての信念の欠落——そうしたことを世間に訴えたかった。また、裏切り者はこれからもアメリカの諜報機関の脅威になるだろう、と警告しておきたいという思いもあった。

しかし、あの日ノヴォデヴィチ墓地で知ったことについては書かなかった。「書きたい気持ちはあったが、どうしても書けなかった」と、彼は友人に話している。CIAでのキャリアを通じて、ラングレーの〝毒蛇〟に嚙みつかれる痛みを知った。相手は、いつでも容赦なく攻撃を仕掛けてくる。CIAの長いナイフは無情なほどに鋭く、彼の評価を徹底的に切り裂こうとした。ピートは何人かの知人にそう語ったが、話を聞いた人たちによると、その様子から憎しみは感じられなかったという。むしろ、不治の病を受け入れるかのような、あきらめにも似た感情が表れていた。

　とはいえ、ピートが率直に考えを述べたところで、強硬な反論がいたるところで持ち上がるだろう。ＣＩＡ機関誌は「バグレーはたしかに、ソ連の欺瞞工作の動機を特定し、膨大な状況証拠によってその裏付けを行った。それでも、ノセンコはソ連の指示で動いていたわけではない」と論じるエッセイを掲載した。さらにその後、「きわめて重要な（「都合のいい」という見方もある）情報の出所について、バグレーは匿名の元ＫＧＢ将校を使っている」と厳しく批判する論文も掲載された。すべてはピートのつくり話だ、とでも言うような底意地の悪い批評だった。

　実際、ピートへの個人攻撃的な側面はだんだん強まっていった。たとえば、彼はＣＩＡの講堂で講演を行う予定だったが、直前になって上層部の指示で中止が決まったことがある。また、もう少し規模の小さい話だが、ワシントン市内の博物館での講演も中止にするよう圧力がかけられた。


　しかも、狙われたのはピートだけではなかった。信念を伝えようとする父親の〝罪〟のせいで、子どもたちまでもが容赦ない攻撃にさらされたのだ。ピートは愕然とした。

　二〇一二年三月、ジョージタウン大学のウィルソン・センターで「モグラと亡命者と欺瞞」と題するシンポジウムが開催された。その討論会はＣＩＡの暗黙の了解を得て行われたもので、ＣＩＡのＯＢや現職員も何人か参加した。ＣＩＡ広報部も、討論の記録を記者たちに積極的に配布した。ピートは、ブリュッセルから電話での発表を頼まれ、率直に話をしたのだが、彼の意見はあまり聞き入れられなかった(ある元CIA高官は「元KGB諜報員が、テネント・バグレーに対して本当に真実を語るだろうか。どうか健全な疑いの目をもつようお願いしたい」と強調した)。しかし、ピートはそういう扱いには慣れていた。そもそも防諜とは、意見の違いを織り合わせてつくり上げる織物のようなものだ、と冷静に受け止めた。しかし、ピートを驚かせ、怒りに震えさせた出来事がある。ある参加者が、許しがたい発言をしたのだ。

その人物とは、ドキュメンタリー映画監督のカール・コルビーだった。彼の父親は、元CIA長官のウィリアム・コルビー——ずっと昔、アングルトンやロッカをCIAから追い出し、ノセンコをCIAで雇い上げ、モグラ狩りを「非生産的」だと否定した人物だ。今度は、CIA職員ではないその息子が、過去の戦いに加わったのだ。カールは、シンポジウムで新しい敵と対峙した。

かつてのCIA長官の息子は、発表の締めくくりとしてこう述べた。「最後に一言だけ言わせてください。父の子孫、後継者は誰なのか。私たちコルビー家とは、いったいなんなのか。私の一族には、国際的な銀行家もいれば、司法省の弁護士もいます。そして私もいます。私の息子は海兵隊の士官です。核軍縮に携わるアナリストも、教育コンサルタントもいます」

そしてあざ笑うかのように続けた。「一方で、アングルトンの娘たちはどうでしょう。二人とも、シーク教徒としてサンタフェの寺院で高尚な暮らしを送っているのです」

高尚な暮らしのシーク教徒——ピートは反対派たちの執念深さを理解した。自分がなんらかの言葉を残せば、誹謗中傷の戦いに火がつくことになる。それは彼の本意ではない。戦いは、ピートが戦場を離れ、もはや反論できなくなったあとも続いていくだろう。けっして勝つことのできない論争だ。それどころか、誰に攻撃が向けられるかもわからない。

それに、ピートはすでに満足していた。「答えがわかった」と、彼は二人の友人に打ち明けている。しかし同時に、ノヴォデヴィチ墓地で見つけた証拠は確定的なものではなかったので、凝り固まった非合理な考えを正すことはできないとも理解していた。これから先、「匿名の情報源」「都合のいい情報」などと言ってピートの主張を否定する者が出てくるのは目に見えていた。秘密の生涯を終えるにあたって、彼はもう一つだけ、秘密を墓まで持っていこうと決意した。

ある夜のことだ。衰弱し、死に近づきつつあるピートは、家族とともに書斎にいた。板壁がめぐらされた、彼が心からくつろげる空間だ。彼はBBC制作の『ヘンリー五世』のビデオを流した。大好きなシェイクスピアの劇で、多くの場面の台詞を覚えていた。俳優と一緒になって台詞を語るのが習慣だったが、その夜はもう力が残っていなかった。

それでも、胸に迫る演技で勇猛なイギリス国王を演じたデイヴィッド・グウィルリムが、聖クリスピンの日のスピーチを高らかに始めると、ピートも同じ言葉を口にしようとした。最初はうまく声が出なかったが、どうにか力をふりしぼった。ピートの言葉は、少しずつ正確ではっきりしたものになり、一語一句に強い信念が込められた語りに変わった。

「老人はもの忘れしやすい
だがほかのことはすべて忘れても

その日に立てた手柄だけは
尾鰭をつけてまで思いだすことだろう」シェイクスピア『ヘンリー五世』(小田島雄志訳)

その瞬間、ピートは後ろにあるすべてのものを振り返り、前にあるすべてのものを見つめて、こう思ったに違いない――そう、まさに自分のことだ、と。

翌日、ピートはこの世を去った。

「どういう意味だ?」ノヴォデヴィチ墓地の入り口に立ったまま、ピートはコンドラシェフに尋ねた。

「言えないことがある、と言ってるんだ。けっして口にできないことがある」。目の前のロシア人の口調にやましさは感じられないが、秘密を打ち明けている様子でもなかった。

「なら、実際に見ればわかるか? 墓が見つかるのか?」

「名前がわからなければだめだ。第一四部のしきたりで、他国の工作員を埋葬する際は偽名を使う。そうすることで、秘密を秘密のままにしておくんだ。謎はその後も残り続ける」。コンドラシェフは、ピートをこの墓地に連れてきた理由とは関係ない、きわめて抽象的な話をするかのように言った。

ピートは黙ったまま考え込んだ。今日までに知ったことは何か。まだ知らないことは何か。そして、相反するその二つを天秤にかけた。彼はようやく、自分が成し遂げたことに心から満足できた。

「結果がどうであれ、何かを理解するのはいいことだ」。それが最終的な結論だったとピートは友人に語っている。

「友よ、それが老いというものだ」。コンドラシェフは少し笑顔を見せて言った。

ピートも微笑みを返した。気持ちが楽になったそのとき、雪が激しく降りはじめたのに気づいた。二人の老スパイは、暖炉のある暖かい場所を探すことにした。あるいは、旅の終わりのウォッカも目当てだったのかもしれない。

エピローグ――秘密の重圧

秘密は苦しい。その重圧に押しつぶされそうになる。マリアン・ペイズリーの秘密は不吉で、耐えがたいほど重い。時とともに苦しみは増していき、けっして終わらない。手放したい。誰かに打ち明けたい。

告白は裏切りにはならない――彼女は自分に言い聞かせた。ただ重荷を下ろすだけだ。しかし、行動には移せなかった。夫がしたことを正当化するつもりはないが、それでもやはりできない。

代わりに、マリアンは新しい作戦を考えた。彼らを挑発して、行動を起こさせる。秘密が彼らの職業だ。私が行動を起こしたら、駆けつけざるをえない。この重圧から楽にしてくれる。助けてくれるに違いない。

彼女はＣＩＡに手紙を書いた。

「やむをえない事情があるので、不本意ながらもこの手紙を書いています」という書き出しで始まった。「ＣＩＡ職員の妻としての二〇年間、夫がそばにいなくとも、ＣＩＡなら助けてくれると思っていました。しかし、今度ばかりは裏切られました」

彼女は、ＣＩＡがついた嘘をそのまま投げ返した。夫の活動が「表の世界だけではなかった」ことはもちろん、検死が見せかけのものだったことや、チェサピーク湾から回収した遺体は身長も体重もジョン・ペイズリーとは異なっていたことに言及した。ＣＩＡもＦＢＩも、夫の指紋記録は残っていないと主張したが、そんなはずはない。それに、なぜあれほど急いで火葬にしたのか。彼らは妻にさえ遺体を見せなかった。

火葬されたのはジョン・ペイズリーではない――彼女はそう締めくくった。

書き終えるとだいぶ気分がよくなった。しかし、すべてを伝えたわけではない。秘密は守った。それでも、これだけ書いたらじゅうぶんだ。あとは、彼らがどう動くかを待っていればいい。

最初の反応には大いに腹が立った。ＣＩＡ長官のスタンスフィールド・ターナーからの返事だ。そこには、ＣＩＡには捜査権限がなく、「メリーランド州警察に任せざるをえない」と書かれていた。

次の反応には恐怖を覚えた。電話が盗聴されているのを弁護士が発見したのだ。弁護士は、家のほかの場所にも盗聴器が仕掛けられていると考え、電子工学の専門家に相談した。その結果、煙突にセンサーが仕込まれていて、誰かが家を出入りするたびに信号が送られていたと明らかになった。

その後、事態はさらに悪化した。ジェームズ・アングルトンからとつぜん電話があり、ランチに誘われた。彼はすでに退職したと言ったが、彼女は言葉どおりにはとらえなかった。彼はＣＩ

Aから追い出されたのだ。しかし、誘いには応じた。彼女も必死だった。抱え込んだ秘密のせいで、限界を迎えていたのだ。アングルトンなら心の負担を軽くしてくれるかもしれない。この有名なベテランスパイなら、苦痛を和らげてくれるかもしれない、という期待があった。

二人はワシントン市内の陸海軍クラブで会い、マティーニを飲んだ。アングルトンは、夫のキャリアや海外渡航について質問を投げかけたあとで、自分の見解を話した。きみの夫は裏切り者で、どこかの時点でソ連のために働くことを決心したに違いない、と。そのうえで、もう一度きみの考えを聞かせてほしいと彼女に詰め寄った。

マリアンは理解が追いつかなかった。失礼します、と言って席を立ち、その場をあとにした。秘密も一緒に持ち帰った。アングルトンであれ、誰であれ、他人に復讐の機会を与えてはならない。自分がこの重圧に耐えていくしかない。

だから、絵葉書のことは誰にも話していない。マリアンのもとには、毎月、違う絵葉書が届く。チリのヴァルパライソから届いたこともあった。「元気にしてるか。家族はみんな元気か。また会いたいよ」。そこには〝サンディー〟というサインがある。彼女の知り合いにサンディーは一人しかいない。ジョンの友人だが、彼が乗ったスリランカ行きの飛行機は、あるときレーダースクリーンから消えた。その後は機体も遺体も見つかっていない。別の絵葉書で、〝サンディー〟はジョン・メイスフィールドの『海へのあこがれ』の最後の一節を引用していた。夫が暗唱するほど好きな詩だった。

「陽気な放浪仲間たちが語る　楽しい物語だけあればいい
長い仕事が終わったら　静かな眠りと安らかな夢が待っている」

マリアンは胸が張り裂けそうになった。しかし、秘密は心の奥深くにしまっておくことにした。長い仕事が終わったいま、せめて静かな眠りに就かせてあげたい。ジョン・ペイズリーがまだ生きているとは、誰にも言わない。

情報源について

この物語の主人公ピート・バグレーが死去した際、新聞の追悼記事で、彼の複雑で変化に富んだ生涯が簡潔に紹介された。『ワシントン・ポスト』紙の見出しは、バグレーのことを「ソ連からの亡命者ユーリ・ノセンコをめぐる論争のなかで重要な役割を果たした」人物としてとらえた。『ニューヨーク・タイムズ』紙の記事には、「謎多きソ連のスパイが自国を裏切るのを手助けしたのち、その人物が本当はソ連の二重スパイであることを半世紀にわたって証明しようとした元CIA諜報員」と書かれている。ニュアンスの違いはあるが、意味はおおむね同じだ。

たしかにノセンコの一件は、バグレーのプロフェッショナルとしての人生の中核をなすものだった（彼はそれを「ロゼッタ・ストーン」と呼んだ）。しかし、私がバグレーの非凡なキャリアに着目した理由は、事件そのものに興味があったからではない。ノセンコ事件を経て、彼がどのように「CIAに二重スパイが入り込んでいる」と確信し、真相究明のためにどう闘ったかを掘り下げたかったからだ。モグラ狩りのなかで直面した危機や落とし穴、そして最終的に手にした成果をストーリーとして組み立てるにあたっては、アメリカの諜報機関の活動に精通するエド・エプスタインの言葉に大いに触発された。エプスタインは、友人であるバグレーの追跡劇について次のように述べている。「彼がみずからの力で答えにたどり着くまでの経緯は、ハリウッドのスパイ映画のプロットになるだろう」。しかし彼は、自身のエッセイにそのような刺激的な言葉を残したものの、すぐに別の話題に移ってしまった。私にはそれが残念でならなかった。

そこで私は、二つの指針を掲げて調査を進めることにした。一つは、現実の追跡劇を描くこと。もう一つは、ピート・バグレーという人物の冒険をありのままに写し出すノンフィクション作品にすることだ。

しかし、作業を進めていくうちに、自分が地雷原に足を踏み入れたことに気がついた。調査のあらゆる段階で、予想以上の抵抗に遭ったのだ。裏世界の事情に通じているとされる人のもとに行き、私が突き止めた真相を提示すると、それ以上話をするのを拒否されることも多々あった(かつて勤めた組織の名誉を守ろうとするためだったり、個人的な恨みが絡んでいたりと、理由はさまざまだ)。どうやらこのテーマは、ずっと昔に〝敵〟と〝味方〟にはっきり分かれ、長い時を経てその構図が固まってしまったようだ。そして、この因縁の戦い(物語のなかでその雰囲気を伝えられるように努めよう)においては、何が真実なのかも、真実を明らかにする意義すらもどうでもいいことだった。眠れるモグラをそのまま眠らせておく――それが関係者の出した結論だったのだ。

また、本というかたちで真相に迫るにあたっては、情報源をどうするかという問題も同じぐらい深刻だった。情報を提供してくれた人はいたものの(ほとんどは懸命な説得の末にようやく口を開いてくれた)、みな匿名を希望した。彼らは、それまで表に出ていなかった重要な情報を明かすことには同意しても、本名を明かすことだけは頑として拒否した。理由の一つは、「スパイは影の存在であるべきだ」というプロとしての考えがあったからだろう。しかし、もう一つの大きな理由は、彼らが「報復を恐れている」ことだった。諜報機関の内部では、スパイたちがさかんに争いを繰り広げている。その争いで「誹謗中傷」という攻撃手段がよく使われるのは本書にも書いたとおりだ。そうした攻撃は、ピート・バグレーやジョン・ペイズリーの友人や家族にも及んでいた。私はそうした関係者の何人かとじっくり話をしたが、インタビュー(数日かけて行われることが多かった)に応じてもらえたのは、当人の身元を明かさないと私が約束したからだった。

この約束は、私の名誉にかけて守るつもりでいる。

それでも、本書には驚くべき新事実をいくつか盛り込んである。

では、どうやって私は真相に迫ったのか。雪の降る午後、モスクワの由緒ある墓地の入り口で大団円を迎えるまでの旅に読者を連れていけたのはなぜか。さらに、私の情報源には、バグレーの話と同じく「都合よく匿名の人物」が登場する(CIAの機関誌がバグレーの話を「疑わしい」と評した最大の理由だ)。いったいどうすれば、この話が実話であると読者に納得してもらえるのだろうか。

また、このことも課題の一つだったが、なぜ「実話でありながらミステリーのような謎とスリラーのような動きを兼ね備えた物語」に仕上げられたのか。なぜ、数々の事件をめぐる緊迫したドラマについて、その情報源に言及することなく語れたのか。つまり、学術書のように長々しい記述にならなかったのはなぜだろうか。

ここで、本書の執筆にあたって指針としたルールを紹介しよう。まず、直接引用の記述の場合は、インタビュー、政府文書、刊行物、または報道を参照し、そのままの言葉を使っている。また、具体的な状況についての描写は、少なくとも二人の人物から直接聞いた情報か、あるいは政府文書やすでに公開されている文書で裏を取った。

この物語の骨子ともいえる、マリアン・ペイズリーに関する記述を例に挙げよう。私が調査を始めたとき、彼女はすでに亡くなっていたのでインタビューはできなかった。彼女の考えや意見は、家族から直接聞いた情報のほか、情報公開法で入手した文書、彼女の友人たちへのインタビュー、ジェームズ・アングルトンが亡くなる前の数カ月の間に話をした人たち（つまりペイズリー夫人との昼食の件やペイズリー事件に関する彼の見解を知る人たち）へのインタビュー、ペイズリー夫人の代理弁護士がＣＩＡと司法省に提出した訴状、息子の自動車事故と同乗者の死亡に関する保険裁判の記録、書籍や新聞に掲載された本人の発言などを参照した。

調査のために行なったインタビューの件数は、長時間に及んだものも含め、計八三回にのぼる。また、最近になってようやく一般に公開された政府文書も大いに役立った。そのなかには、七一八ページに及ぶユーリ・ノセンコに関するＦＢＩ資料（ファイル番号63－６８５３０）、ピョートル・デリアビンに関するＣＩＡの資料、とくに最近になって参照できるようになったウォーレン委員会に対する非公開証言に関する資料、そしてペイズリーの家族と弁護士が最初に開示請求を行った、ペイズリー事件に関する数百ページにのぼる資料などが含まれる。

また、ピート・バグレー自身が実体験に基づいて書いた迫真の物語（『Spy Wars』『Spymaster』）や、ペイズリー事件に関する多くの書籍や記事（とくにウィリアム・R・コーソン、スーザン・B・トレント、ジョゼフ・J・トレントの『スパイは未亡人を残した』と、『ニューヨーク・タイムズ』紙のタッド・シュルツ、ウィリアム・サファイアによる調査報道には非常に助けられた）、CIAのモグラ狩りに関する数々の書籍も貴重な典拠になった（なかでも参考になったのは、デイヴィッド・C・マーティンの『ひび割れたCIA』、デイヴィッド・ワイズの『Molehunt』、ジェファソン・モーリーの『The Ghost』、ロナルド・ケスラーの『FBI秘録』、エドワード・J・エプスタイン『Angleton Was Right』だった）。

以下は、各章ごとのおもな出典である。

プロローグ

William R. Corson, Susan B. Trento, and Joseph Trento, *Widows* (New York: Crown Publishers, 1989) [*Widows*]（ウィリアム・R・コーソン他『スパイは未亡人を残した』文藝春秋、１９９３年）；ペイズリー家関係者へのインタビュー [Paisley]; *Maryann Paisley v. The Travelers Insurance Company* Depositions [Paisley Depositions]; Fairfax County, Virginia, Courthouse Records (Law Numbers 325748 and 34684) [Fairfax Courthouse]; *Wilmington News-Journal*, May 20, 1979.

1

バグレー家関係者へのインタビュー [Bagley]; Tennent Bagley Collection #1833, Howard Gotlieb Archival Research Center, Boston University [Collection 1833 BU]; David E, Hoffman, *The Billion Dollar Spy* (New York: Anchor Books, 2016) [*Billion*]（デイヴィッド・E・ホフマン『最高機密エージェント：CIAモスクワ諜報戦』原書房、２０１６年）; Maris Goldmanis, "The Case of Aleksandr Ogorodnik," Numbers Station Research Information Center; Martha Peterson, *The Widow Spy* (Wilmington, NC: Red Canary Press, 2012); Bob Fulton, *Reflections on a Life* (Bloomington, IN: Author House, 2008); Christopher Andrew and Vasili Mitrokhin, *The Sword and the Shield* (New York: Basic Books, 2001) [*Sword*]; Duane R. Clarridge, *A Spy for All Seasons* (New York: Scribner, 1977) [*Seasons*].

2

Tennent H. Bagley, *Spy Wars* (New Haven, CT: Yale University Press, 2007) [*Wars*]; Bagley; Collection 1833 BU; *Widows*; Paisley; Raymond Rocca Collection #1832, Howard Gotlieb Archival Record Center, Boston University [Collection 1832 BU]; Tad Szulc, "The Missing CIA Man," *New York Times Magazine*, Jan. 7, 1961 [Szulc]; Internet Archives, Full Text of John Arthur Paisley, FBI, https:archive.org/stream/John Arthur Paisley [Internet Archives]; documents.theblackvault.com/documents/fbifiles/coldwar/johnpaisley.pdf[Black Vault]; US Senate Select Committee on Intelligence, Jan. 1, 1979, to Dec. 31, 1980, 97193.pdf[Senate]; Paisley Depositions; Widows; Paisley; Maryland State Police Report first cited in *Widows*; Joseph Trento, "The Spy Who Never Was," *Penthouse*, March 1979; Maryland Park Service Report, IR-45-78-268; Coast Guard Documents; CIA Security Memos, FOIA [Security]; 諜報機関関係者へのインタビュー [IS]; *Wilmington News-Journal, New York Times, Washington Post* coverage [Press]; Colonial Funeral Home, Falls Church, Virginia, Records, first cited in Widows [Colonial Funeral]; Edward Jay Epstein, *The Annals of Unsolved Crime* (New York: Melville House, 2012) [Annals].

3

Paisley; Wars; Tennent H. Bagley, *Spymaster* (New York: Skyhorse Publishing, 2015) [*Spymaster*]; Edward Jay Epstein, *James Jesus Angleton: Was He Right?* (New York: FastTrack Press, 2014) [Right]; David C. Martin, *Wilderness of Mirrors* (New York: Skyhorse Publishing, 2018) [*Wilderness*]（デイヴィッド・C・マーティン『ひび割れたCIA』早川書房、１９８５年）; David Wise, Molehunt (New York: Random House, 1992) [Molehunt]; "Moles, Defectors, and Deceptions," Center for Security Studies Conference, Georgetown University, March 29, 2012, edited by Bruce Hoffman and Christian Ostermann [Conference]; Tennent H. Bagley, "Bane of Counterintelligence: Our Penchant for Self-Deception," *International Journal of Intelligence and Counterintelligence* 6, no.1 (1993) ["Penchant"].

4

Bagley; *Wars; Spymaster; Sword; Wilderness; Molehunt; Right;* IS; "Peter Deriabin, 71, a Moscow Defector Who Joined CIA," *New York Times,* Aug. 31, 1992; Peter Deriabin and Frank Gibney, *Secret World* (New York: Ballantine Books, 1980) [*World*]（P・デリャビン他『秘密の世界――あるソ連国家保安将校の回想』日刊労働通信社、１９６１年）.

5

Bagley; IS; Collection 1832 BU; Jefferson Morley, *The Ghost* (New York: St. Martin's Press, 2017) [*Ghost*]; *Right;* Tom Mangold, *Cold Warrior: James Jesus Angleto'n: The CIA's Master Spy Hunter* (New York: Simon and Schuster, 1991) [*Cold Warrior*].

6

Bagley; IS; Right; Conference; *Widows*（ユヘピペティへのインタビュー）; *Molehunt; Wilderness; Wars*; Collection 1833 Bo.

7

Widows; Bagley; *Cold Warrior; World;* IS; *Ghost; Molehunt; Wilderness; Right*.

8

Wars, particularly for quoted dialogue; *Wilderness; Ghost;* Bagley; IS; *Molehunt; Right;* Internet Archive Freedom of Information Act FBI Nosenko Files, identifier-ark: ark./13960/14dn92285 [FBI Nosenko]; *Sword*; William Hood, *Mole: The True Story of the First Russian Intelligence Officer Recruited by the CIA* (New York: W. W. Norton, 1982) [First]; Clarence Ashley, *CIA Spymaster* (Gretna, LA: Pelican, 2004) [Ashley]; John Limond Hart, *The CIA's Russians* (Annapolis, MD: Naval Institute Press, 2003) [*Russians*]; David E. Murphy, Sergei A. Kondrashev, and George Bailey, *Battleground Berlin: CIA vs. KGB in the Cold War* (New Haven, CT: Yale University Press, 1977) [*Battleground*]; *Seasons*.

9

Bagley; *Wars*, particularly for quoted dialogue; FBI Nosenko; *First; Russians; Battleground; Wilderness; Ghost; Molehunt; Right*.

10

Wars, particularly for quoted dialogue; Bagley; IS; *Russians; Ghost; Battleground; Cold Warrior; Wilderness;* Conference; Collection 1832 BU; Collection 1833 BU; "Penchant"; *Billion*.

11

Wars; Bagley; House Select Committee on Assassinations, 95th Congress Hearings (Washington, DC: Government Printing Office, 1979) [Assassinations]; Report of the President's Commission on the Assassination of President John F. Kennedy (Washington, DC: Government Printing Office, 1964)[Report]; *Cold Warrior; Right;* Edward Jay Epstein, *Legend: The Secret World of Lee Harvey Oswald* (New York: McGraw-Hill, 1978) [*Legend*]; Press.

12

Wars, particularly for dialogue; Assassinations; *Legend; Right; Ghost*; FBI Nosenko; Collection 1833 BU; Collection 1832 BU; Bagley.

13

Wars（ユヘピアビディアンへのインタビュー）; Bagley; *Ghost;* Report; *Sword;* John Barron, KGB: *The Secret Work of Soviet Secret Agents*

(London: Hodder and Stoughton, 1974); Jerold L. Schechter and Peter S. Deriabin, *The Spy Who Saved the World* (New York: Charles Scribner's Sons, 1992) [*Saved*]; Oleg Penkovsky, *The Penkovsky Papers* (Garden City, NY: Doubleday, 1964); Ben Macintyre, *The Spy and the Traitor* (New York: Crown, 2019)(ベン・マッキンタイアー『KGBの男——冷戦史上最大の二重スパイ』中央公論新社、2020年); "Penchant"; Conference; *Billion*; Leonard McCoy, "The Penkovsky Case," *Studies in Intelligence*, declassified September 2014; *First*.

14

Wars, particularly for dialogue; *Ghost*; *Legend*; Report; Assassinations; IS; Bagley; Conference; "Penchant"; FBI Nosenko; *Sword; Cold Warrior*; "The Analysis of Yuri Nosenko's Polygraph Examination," Richard Arthur testimony to Select Committee on Assassinations, US House of Representatives, March 1979 [Polygraph]; *Wilderness; Molehunt;* Press.

15

Wars; Bagley; Richard J. Heuer Jr., "Nosenko: Five Paths to Judgment," *Studies in Intelligence* 31, declassified Fall 1987 ["Paths"]; *Right; Ghost; Wilderness; Molehunt;* Polygraph.

16

Bagley; IS; *Wars;* Collection 1832 BU; Collection 1833 BU; "Paths"; *Ghost*.

17

Bagley; *Wars; Widows*.

18

Wars; "Ex-CIA Employee Held as Czech Spy," *New York Times*, Nov. 28, 1984; Cynthia L. Haven, *The Man Who Brought Brodsky into English* (New York: Academic Studies Press, 2021); Tracy Burns, "Life During the Communist Era in Czechoslovakia," https://www.private-prague-guide.com; Richard Cunningham, "How a Czech 'Super Spy' Infiltrated the CIA," *The Guardian*, June 30, 2016 [Cunningham]; Ronald Kessler, "Moscow's Mole in the CIA," *Washington Post*, April 17, 1988 [Kessler]; Ronald Kessler, *The Secrets of the FBI* (New York: Crown, 2011) [Secrets](ロナルド・ケスラー『FBI秘録』原書房、2012年); "Unknown Spy Sites," International Spy Museum, https:l/www.spymuseum.org ["Sites"]; Conference; *Sword;* Fairfax, Virginia, court records, cited first in *Widows* (at Law No. 38430) [Court]; *Billion*; *Right;* Press.

19

"Sites"; Cunningham; Kessler; *Widows*, particularly Fairfax, Virginia, court records; Conference; *Wars;* Bagley.

20

Wars; *Spymaster*; "Paths"; Cunningham; Kessler; Conference; *Billion; Sword; Widows*; Bagley; IS.

21

Wars; Bagley; IS; *Spymaster*.

22

Bagley; IS; Polygraph; *Widows; Molehunt; Ghost;* Bagley Testimony, House Assassinations Committee, Doc ID: 32273600; FBI Nosenko; "Paths"; *Legend; Right;* Szulc; William Safire, "Slithy Toves of CIA," *New York Times*, Jan. 22, 1979 [Safire].

23
Russians; Wars; Bagley; John Steadman, "Forget ERA, Sivess' True Passion Was for CIA's Game of Intrigue," *Baltimore Sun*, March 17, 1966; *Widows; Spymaster; Ghost;* James Disette, "Cloak, Dagger, and Chesapeake," Parts I and II, https://www.chestertownspy.org/spies-pf-the-eastern-shore; Ann Hughey, "The House That Hid the CIA's Secrets," *Wall Street Journal*, April 19 1991; Polygraph; Collection 1832 BC.

24
Widows（とくに沿岸警備隊の記録および家族へのインタビュー）; *Ghost; Cold Warrior;* Szulc; Safire; Internet Archives; Black Vault; Paisley; IS; Paisley CIA biographical file, FOIA[Biog File]; Bagley; IS; Press.

25
Wars; Widows（とくにペイズリー家へのインタビュー）; Paisley; Deposition; Black Vault; Internet Archives; CIA, "Standard Assessment of Paisley," May 14,1957, FOIA; Robert D. Vickers Jr., *The History of CIA's Office of Strategic Research* (Washington, DC: Center for the Study of Intelligence, 2019); David Shamus McCarthy, "The CIA & the Cult of Secrecy," 2008 Dissertation, William & Mary Scholar Works [Dissertation]; Joe Trento, *Wilmington News Journal* and passim regarding P.O. box; Szulc; Safire.

26
Thomas Powers, *The Man Who Kept Secrets: Richard Helms and the CIA* (New York: Knopf, 1979); *Wilderness;* Henry Hurt, *The Spy Who Never Came Back* (New York: Reader's Digest Press, 1983); *Widows;* Joseph J. Trento, *The Secret History of the CIA* (New York: Forum Prime, 2001); Wars; Bagley; Tad Szulc, "The Shadrin Affair: A Double Agent Double-Crossed," *New York Times Magazine*, May 8, 1978; *Sword;* Collection 1832 BC; "Paths"; Robert G. Kaiser, "A Non-Fiction Spy Story with No Ending," *Washington Post*, July 17, 1977; *Wars*; Bagley; IS; Press.

27
Wars; Bagley; IS; Conference; "Penchant"; *Widows*; Kessler; Cunningham; Secrets; Court; Deposition; Internet Archives; Black Vault; Szulc.

28
William Safire, "Deception Managers," *New York Times*, Aug. 6, 1981; Federation of American Scientists, "Weapons of Mass Destruction," https://nuke.fas.org/guide/russia/icbm/; The Special Collection Service & Gamma Guppy, https://nsarchive2.gwu.edu; *Widows*（とくにリチャード・パイプス、デイヴィッド・ビンダー、シーモア・ハーシュへのインタビュー）, *The Price of Power* (New York: Summit, 1983); Dissertation; Jeffrey T. Richelson, "The CIA and Secret Intelligence," National Security Archive, March 2005; Jeffrey T. Richelson, *The Wizards of Langley* (New York: Basic Books, 2005); "The CIA Mission Impossible," *Time*, Feb. 6, 1978; Richard Pipes, "Team B: The Reality Behind the Myth," *Commentary*, Oct. 1986; Bill Keller, "The Boy Who Cried Wolfowitz," *New York Times*, June 14, 2003; Internet Archives; Black Vault.

29
Widows; Wars; Bagley; *Russians;* IS.

30
Deposition; *Widows*（とくにベティ・マイヤーズへのインタビュー）; Black Vault; Internet Archives; Bagley; "Paths"; House Assassination Committee Transcripts, 1978; Safire; Szulc; Fairfax Courthouse (originally

cited in Widows); Paisley; Kessler; Conference; *Sword*; Jason Fangone, "The Amazing Story of the Russian Defector Who Changed His Mind," *Washingtonian*, Feb. 2,2018; Stephen Engleberg, "CIA Gives a Rare Glimpse of Life of a Top Soviet Spy," *New York Times*, Nov. 9, 1991; *Annals*; Right; デイヴィッド・サリヴァンへのインタビューは *Widows* から引用。

31

Widows（とくにデイヴィッド・サリヴァンへのインタビューおよび彼との会話）; Tim Weiner, "CIA Officer's Suit Tells Tale of Betrayal and Disgrace," *New York Times*, Sept. 1, 1996 [Weiner]; Richard K. Betts and Thomas Mahnken, editors, *Paradoxes of Strategic Intelligence* (Milton Park, UK: Routledge, 2004);IS; Dissertation; Internet Archives; Black Vault; Press.

32

Widows（とくにデイヴィッド・サリヴァンへのインタビューおよび彼との会話）; Internet Archives; Black Vault; Weiner; Collection 1832 BC; Collection 1833 BC; Bagley; Paisley; *Annals;* Szulc; Safire; Coast Guard records, first cited in *Widows*; "Report to the Senate of Select Committee on Intelligence, January 1, 1979-December 31,1980" (Washington, DC: Government Printing Office, 1981); Blaine Harden, "FBI Tells Senate Panel Paisley Probe Unjustified," *Washington Post*, Apr. 4, 1979; Timothy S. Robinson, "Full Report on Paisley to Be Secret," *Washington Post*, Apr. 24, 1980; Jesse Helms Archive Center, Record Group/Senatorial Papers, 1953-2004; *Wars;* Bagley.

33

Wars, particularly for quoted dialogue with Kondrashev; Bagley; Spymaster; IS; *Saved*; "Penchant"; *Russians; Sword; Ghost; Molehunt; Legend;* Peter Wright, *Spycatcher* (New York: Penguin, 1987)（ピーター・ライト『スパイキャッチャー』朝日新聞社、1987年）; Elaine Shannon, "Death of the Perfect Spy," *Time*, July 22, 2007; Hy Rothstein and Barton Whaley, *The Art and Science of Military Deception* (New York: Artech House, 2013).

34

Bagley, particularly for passages that are specifically quoted and appear within quotation marks; IS; *Spymaster*; "Penchant"; Conference; "Paths"; David Robarge, "Cunning Passages, Contrived Corridors," *Studies in Intelligence* 53 (Dec. 2009); *Ghosts*.

エピローグ

Paisley; *Widows*, particularly for details about postcards and subsequent theft; Maryann Paisley, *Appellant v. Central Intelligence Agency*, 724 F.2d 201 (D.C. Cir., 1984); Internet Archives; Black Vault; Szulc; Deposition.

謝辞

著作に関する講演のあとや、好奇心旺盛な友人たちとの夕食会の場で、よくこんな質問をされる。私のようにジャーナリズムにかかわる人間は、いろいろなことに首を突っ込んでまわっているが、危険な目には遭わないのか、と。そう聞かれるたびに、私は虚勢を張りつつも「長年、著述や報道にかかわってきたが、何より怖いのは締め切りに間に合わないことだ」と答えてきた。しかし今回の仕事には、いままでとは違うストレスがつきまとった。調査と執筆をコロナ禍の真っ最中に行ったからだ。

原稿を文字で埋めていく仕事なので、たとえコロナ禍だろうと大きな変化はないだろうと思われるかもしれない。たしかにそのとおりだ。私の気持ちが原稿から離れ、何十年も前のコネティカット州の平原や、濁った池の中を漂っていたとしても、身体そのものはデスクチェアに釘付けになったままだ。目に見えない脅威が潜む外の世界は、丘の上に建つわが家からはとても遠く感じられた。

しかし、執筆のために調査を行うとなると話は変わってくる。見えない脅威のなかに自分の足で入り込まなければならない。もちろん、秘密の世界を探る仕事はいつでも危険と隣り合わせだ。人は誰しも、秘密を明かすのを嫌がるからだ。だが今回に関しては、踏み込んだ質問をしてしまったとか、しつこく問い詰めたといった理由で相手を怒らせたわけではない。きわめてリアルで、手で触れるほどはっきりとした不安を感じていたのは、インタビューを行う環境や、その段取りをつける作業に怖気づいてしまったからだ。

一つ例を紹介しよう。コロナ禍初期、ワクチンがまだ儚い希望でしかなかったころのことだ。当時、私はトラブルを避けるために飛行機には乗らないようにしていた。しかし、ある情報源が、何度も電話で話し合った末にようやくインタビューに応じてくれると言った。待ち合わせ場所はワシントン郊外のベルトウェイ沿いにあるオフィスビルで、時間は朝の九時ということになった。ホテルに泊まる気になれなかったので、私は当日の夜中に車を走らせた。長い道のりだったが、無事に待ち合わせ時間の数分前に目的地に到着した。

だが、そのあとで恐ろしい展開が待っていた。通された会議室には窓がなく、空気がよどんでいた。しかも相手は、運命論を信じ切っていてマスクすらつけなかった。そのような環境で、私は情報源と何時間も向き合った。

それは私のキャリアにおいて最もストレスを感じたインタビューだった。危険と正面から向き合っているような気がした。

本書のストーリーのように紆余曲折に満ちた調査のなかでは、同じような状況はほかにもあった。私はどうにかそれらを乗り越え、（少なくとも現時点までは）感染することなく情報を集められた。そして、ついに本書の執筆に取りかかることができたのだ。

これほど危険な時期に天職を果たせたことには、感謝の念と奇跡を感じざるをえない。ここまで、貴重な助言と支援を下さった方々にお礼を言わせてほしい。

リン・ネスビットは、私がこの仕事に就いた当初からのエージェントであり、大切な友人でもある。聡明で率直、そして必要なときにいつもそばにいてくれる。彼女の事務所のミナ・ハメディにも、とても真摯に対応してもらった。

ハーパーコリンズ社のジョナサン・ジャオは、鋭敏かつ思慮深い編集者であると同時に、すばらしい紳士だ。彼のような資質をもつ人はめったにいない。彼とともに仕事をするのは実に楽しく、これまでも多くの著作を出版させてもらった。また、同じくハーパーコリンズ社のジョナサン・バーナムも、この業界では稀有な存在だ。最初の読者としての彼の支援に心から感謝する。さらに、同社のチームのほかのメンバーのデイヴィッド・ハウ、トレイシー・ロック、トム・ホプキをはじめ、多くの方々にも助けられた。この本を世に送り出せたのは彼ら全員のおかげだ。

ハリウッドでは、幸せなことに、ボブ・ブックマンとずっと仕事をしてきた。この先も、お互いの苦労（と挫折）をともにしていけたらと思う。ジェイソン・リッチマンは、気が利いたサポートと鋭い洞察で私を支えてくれた。同じくクレイグ・エマニュエルも、法律面に限らず、それ以外の分野でも数々の知恵を発揮してくれた。

ここ二、三年は、私の前作『*Night of the Assassins*』をリミテッド・シリーズ化するために多くの時間を費やしてきた。とても優秀なチームと一緒にその仕事ができたことを嬉しく思う。さらに、アレックス・ガンサ、ハワード・ゴードン、グレン・ゲラー、そして驚くほど知的なジョナサン・モストウたちは、全員かなりの紳士だったので、とてもありがたかった。

そして、コロナ禍のためにしばらく距離を置いていたものの、頼りにした友人たちの名前を以下に挙げたい。スーザン&デイヴィッド・リッチ、アイリーン&フィル・ワーバー、ジョン・レヴェンタール、ブルース・タウブ、ベッツィ&レン・ラポポート、サラ&ビル・ラウチ、バーバラ&テッド・ラヴィネット、パット、ボブ&マーク・ラストハウス、ケン・リッパー、キャシー・レイナー、クラウディ&アンドリュー・スコンカ、ニック・ジャレッキー、グレイドン・カーター、デスティン・コールマン、デイジー・ミラー、ベス・デューディー、アーリン・マン&ボブ・カッツ、サラ・コレットン。

私の三人の子どもたち、トニーとアンナとダニーは、社会に出て忙しく過ごしている。彼らが活躍してくれることは、老いた父にとっての大きな誇りだ。

妹のマーシーは、私にとって神のような存在だ。彼女がいなかったら私は大変なことになるだろう。

そして、新型コロナウイルスが猛威を振るい、この丘の上でロックダウンを強いられるなかで、毎日を楽しく彩ってくれたのはイワナだった。

【著者】ハワード・ブラム（Howard Blum）

1948年生まれ。作家。元ニューヨーク・タイムズ紙記者（ピュリッツァー賞調査報道部門で2回ノミネート）。ノンフィクションを中心に『American Lightning』、『Wanted!』、『The Gold of Exodus』、『The Floor of Heaven』、『In the Enemy's House』など多数。邦訳出版されている作品として、『暗闘』、『ナチス狩り』、『アウトゼア』、『オデッサ USA』がある。

【訳者】

芝 瑞紀（しば・みずき）

青山学院大学総合文化政策学部卒。訳書にフィッサー『ある特別な患者』、エプスタイン『シャンパンの歴史』、レイア『アメリカが見た山本五十六』（共訳）、オバマ『約束の地』（共訳）、トランプ『世界で最も危険な男』（共訳）などがある。

高岡正人（たかおか・まさと）

東京大学教養学部卒。ハーバード大学ケネディスクール行政大学院で修士号取得。外交官として、インド、英国、豪州などで海外勤務経験があり、外務省経済局参事官、財務省国際局審議官などを経て、イラク、モンゴル、クウェートで特命全権大使を務める。現在、中央大学特任教授（国際関係論担当）。

裏切《うらぎ》り者《もの》は誰《だれ》だったのか

CIA対《たい》KGB諜報戦《ちょうほうせん》の闇《やみ》

●

2023年9月5日　第1刷

著者…………ハワード・ブラム

訳者…………芝《しば》 瑞紀《みずき》／高岡正人《たかおかまさと》

装幀…………一瀬錠二（Art of NOISE）

発行者…………成瀬雅人

発行所…………株式会社原書房
〒160-0022 東京都新宿区新宿 1-25-13
電話・代表 03（3354）0685
http://www.harashobo.co.jp
振替・00150-6-151594

印刷…………新灯印刷株式会社

製本…………東京美術紙工協業組合

ISBN978-4-562-07338-2, Printed in Japan